Génétique moléculaire des plantes

Génétique moléculaire des plantes

Frank Samouelian, Valérie Gaudin et Martine Boccara

Éditions Quæ
c/o Inra, RD 10, 78026 Versailles Cedex

Collection Synthèse

La multifonctionnalité de l'agriculture
Une dialectique entre marché et identité
Groupe Polanyi
2008, 360 p.

VIrus des Solanacées.
Du génome viral à la protection des cultures
Georges Marchoux, Patrick Gognalons, Kahsay Gébré Sélassié, coord.
2008, 896 p.

Exploitations agricoles familiales en Afrique de l'Ouest et du Centre
Mohamed Gafsi, Patrick Dugué, Jean-Yves Jasmin, Jacques Brossier, coord.
2007, 472 p.

Summer mortality of Pacific Oyster *Crassostrea gigas*. The Morest Project
Jean-François Samain, Hellen Mc Combie, editors
2008, 400 p.

Bioclimatologie. Concepts et applications
Sané de Parcevaux, Laurent Hubert
2007,336 p.

Plantes transgéniques : faits et enjeux
André Gallais, Agnès Ricroch
2006, 304 p.

L'agronomie aujourd'hui,
Thierry Doré, Marianne Le Bail, Philippe Martin, Bertrand Ney,
Jean Roger-Estrade, coord.,
2006, 384 p.

Reproduction sexuée des conifères et production de semences
en vergers à graines,
Gwenaël Philippe, Patrick Baldet, Bernard Héois, Christian Ginisty,
2006, 572 p.

© Éditions Quæ, 2009   ISBN : 978-2-7592-0294-2   ISSN : 1777-4624

Avant-propos

Les plantes ont accompagné l'histoire de la biologie en contribuant largement à la connaissance du vivant. La génétique est ainsi née avec Johann Gregor Mendel (1822-1884) au milieu du XIXe siècle. Les travaux de Mendel sur le pois l'ont conduit à formuler les lois gouvernant la transmission des caractères héréditaires. En étudiant diverses variétés de maïs dans les années 1940-1950, Barbara McClintock[1] (1902-1992) a découvert les éléments mobiles, ou transposons, qui participent à l'évolution des génomes et dont la présence dépasse le cadre des génomes des végétaux. Dans les années 1990-2000, l'étude de l'expression de transgènes chez les plantes a conduit à la découverte de nouveaux mécanismes de régulation génique, relevant non plus de la génétique mais de l'épigénétique (voir l'encadré ci-dessous). Ces mécanismes de régulation génique sont communs aux animaux et aux plantes[2]. De nouvelles techniques dites d'« interférence par l'ARN » (ARNi) en dérivent, permettant de bloquer spécifiquement l'expression de gènes choisis. Les découvertes et applications qui en découlent ont d'importantes répercussions au-delà du règne végétal ; elles ouvrent notamment de nouvelles voies thérapeutiques.

Les végétaux sont un matériel de choix pour étudier l'hérédité et ses mécanismes, tant génétique qu'épigénétique, ainsi que les mécanismes gouvernant la structuration et l'évolution des génomes (voir encadré ci-dessous). Utilisé en génétique végétale depuis les années 1950, *Arabidopsis thaliana* s'impose comme plante modèle ou plante de référence par rapport à d'autres plantes modèles dans les années 1980. Un consensus international s'est établi autour de cette plante, permettant une concentration de moyens et d'efforts de la communauté scientifique végétale. Cet effort a conduit, en 2000, au séquençage complet de son génome nucléaire et à l'inventaire complet de l'information génétique du premier génome d'un organisme eucaryote multicellulaire. La génétique végétale change alors d'échelle et ces travaux de séquençage ouvrent la voie à la génomique structurale (voir encadré ci-dessous), permettant l'analyse de la structure et de l'organisation d'un génome dans sa totalité. La génomique fonctionnelle, qui étudie la fonction des gènes, bénéficie de ces avancées, ainsi que des propriétés naturelles d'une bactérie phytopathogène du sol, *Agrobacterium tumefaciens,* capable de transférer un fragment d'information

---

1. Sur la vie et l'œuvre de B. McClintock, consulter Fox Keller, 1983.
2. Le prix Nobel 2006 a été décerné à Andrew Fire et Craig Mello qui ont étudié le mécanisme d'interférence par l'ARN (ARNi) chez le nématode *Caenorhabditis elegans*. Cette distinction illustre l'importance de ces mécanismes dans la régulation des gènes. Il est à noter que les premières observations et les premiers modèles ont été décrits chez les plantes.

génétique vers le noyau des cellules végétales et de l'intégrer, dans le génome de ces cellules, de manière stable. Le mécanisme de ce transfert naturel a été finement analysé et exploité. Les plantes ont ainsi été les premiers organismes eucaryotes multicellulaires pour lesquels la transgenèse a été possible. La constitution de collections de mutants étiquetés par transgenèse a ainsi ouvert la voie à la génétique inverse (encadré ci-dessous).

La diversité du monde végétal, sa richesse adaptative et son rôle dans la biosphère font des végétaux un sujet d'étude très important. Organismes autotrophes, ils constituent le premier maillon de la chaîne alimentaire, à l'origine des substances organiques indispensables aux organismes hétérotrophes comme les animaux et l'homme. En effet, grâce à leur capacité photosynthétique et à l'énergie solaire, ils sont capables de synthétiser leur propre matière organique à partir de substances minérales (eau et sels minéraux) et de carbone sous la forme du dioxyde de carbone atmosphérique (Farineau et Morot-Gaudry, 2006). Principaux producteurs d'oxygène, un des sous-produits de la photosynthèse, ils sont également le maillon fondamental de l'écosystème planétaire sans lequel la vie ne pourrait se développer. Par ailleurs, les végétaux synthétisent des « métabolites secondaires » très variées, et sont sources d'une incroyable diversité et richesse chimique. La plupart des plantes étant des organismes fixés, elles subissent, de la part de leur environnement, des contraintes et divers stress (lumière, rayons ultra-violets, sécheresse, froid, pathogènes, herbivores, etc.). Elles font preuve de multiples ressources adaptatives pour y faire face. Enfin, le développement et la différenciation ne sont jamais terminés à l'âge adulte chez les végétaux. Ils possèdent des propriétés de régénération, de multiplication, de cicatrisation et de totipotence remarquables, témoignant de grandes facilités de reprogrammation de leur génome. Ces propriétés accroissent leur capacité d'adaptation.

Le monde végétal est ainsi infiniment plastique ; cette plasticité s'exprime à divers niveaux, adaptatif, évolutif, morphologique, physiologique, génétique et témoigne d'une très grande richesse qui reste à explorer. L'incroyable diversité des végétaux, leurs compétences chimiques, leurs potentialités adaptatives remarquables, ainsi que leur plasticité ontogénique sont inscrites dans leurs génomes et épigénomes. Leur étude devrait permettre de mieux appréhender le potentiel qu'ils représentent pour l'homme et la biosphère. Ainsi le séquençage de plusieurs génomes de plantes de référence (Planches 1 à 3) a été entrepris. Pour certaines, il a été achevé, ouvrant de nouvelles perspectives pour comprendre l'organisation et l'évolution des génomes.

Le présent ouvrage se propose d'offrir au lecteur un panorama de la génétique moléculaire végétale afin de mieux suivre et appréhender les évolutions de ce domaine. Il se veut accessible à un public ayant des bases de biologie générale. Dans une première partie, il présente une description des différents génomes végétaux et aborde les aspects les plus récents de la régulation de l'expression des gènes. Il s'appuie sur les connaissances acquises à partir de génomes de référence, en particulier celui d'*A. thaliana*. Dans une seconde partie, les outils qui ont conduit à ces connaissances sont présentés. Comme les premiers généticiens des plantes, nous avons trouvé pertinent d'utiliser les déterminants génétiques de la couleur des fleurs (les gènes de la voie de biosynthèse des anthocyanes et quelques-uns des gènes régulateurs) comme « fil rouge » pour illustrer cet ouvrage (Planche 4). Nous avons choisi de faire référence à des articles dont les travaux nous ont inspirés pour construire ce livre. Dans certains cas, des expériences pertinentes ou des éclaircissements méthodologiques sont présentés sous forme d'encadrés.

Certaines notions sont rappelées en fin d'ouvrage sous forme d'annexes. Le lecteur trouvera des notions de biologie végétale présentant le cycle de reproduction des angiospermes et quelques caractéristiques des végétaux (hormones, totipotence, méristème) dans l'annexe 1, ainsi que des notions de base en génétique dans l'annexe 2. Il nous est également apparu nécessaire de présenter sous forme synthétique les différentes étapes de la régulation des gènes eucaryotes (Annexe 3). Par ailleurs, certains ouvrages pourront être consultés en complément (Alberts *et al.*, 1992 ; Griffiths *et al.*, 2006 ; Lewin, 2007 ; Allis *et al.*, 2007 ; Battey *et al.*, 1993 ; Prat *et al.*, 2006 ; Morot-Gaudry et Briat, 2004).

Génétique : science de l'hérédité. La génétique étudie les caractères héréditaires des individus, leur transmission au fil des générations et leurs variations (mutations). L'étude de la transmission héréditaire des caractères a permis l'établissement des lois de Mendel.

Génétique moléculaire : elle a pour objet d'étudier la structure et la fonction des gènes au niveau moléculaire. Elle utilise l'information génétique portée par l'ADN et étudie comment cette information est exprimée.

Génétique inverse : elle étudie le phénotype des mutants affectés dans une séquence nucléotidique d'un gène déterminé, tandis que la génétique moléculaire part d'un mutant pour identifier le gène, puis la séquence nucléotidique affectée par la mutation responsable du phénotype.

Régulation génique : c'est le contrôle cellulaire de la quantité et de la temporalité du produit d'un gène. Ce produit peut être l'ARN messager ou la protéine. Toutes les étapes de l'expression d'un gène peuvent être modulées depuis le niveau transcriptionnel jusqu'au niveau post-traductionnel. La régulation est la base de la différenciation et de l'adaptabilité d'un organisme.

Épigénétique : ce terme a été proposé au début des années 1940 par le généticien Conrad Waddington pour désigner une nouvelle science étudiant les mécanismes par lesquels le génotype engendre le phénotype. Dans sa définition moderne, le terme épigénétique caractérise toute modification potentiellement réversible qui n'affecte pas la séquence de l'ADN et qui soit cependant transmissible lors de la mitose et/ou de la méiose. Ces modifications se situent ainsi au-dessus (épi) du niveau de l'ADN (l'information génétique) et s'inscrivent sur la chromatine pouvant alors participer à la régulation de l'expression des gènes.

Génomique : elle répertorie l'ensemble des gènes d'un organisme vivant et en étudie les fonctions. La génomique structurale *via* la cartographie et le séquençage décrit l'organisation du génome et fait l'inventaire des gènes. La génomique fonctionnelle utilise l'ensemble des données du génome pour étudier l'expression du génome dans son ensemble et a pour objet de comprendre les interactions entre les gènes au cours de différents processus biologiques.

Épigénomique : cette discipline étudie à l'échelle d'un chromosome ou d'un génome la distribution des différentes marques de la chromatine (méthylation de l'ADN, modifications des histones, etc.) en relation avec l'expression des gènes.

Table des matières

I. LES GÉNOMES VÉGÉTAUX

II. OUTILS DE LA GÉNÉTIQUE MOLÉCULAIRE VÉGÉTALE

Remerciements

Les auteurs remercient Georges Pelletier et Jean-Claude Monoulou pour leur lecture attentive du manuscrit et pour leurs suggestions. Nous remercions très chaleureusement Yves Chupeau pour son soutien et pour les nombreuses discussions ainsi que Abdel Ihafid Bendahmane, Michèle Bouvier, Dominique Buffard-Moret, Marion Dalmais, Yves Chupeau, Rosine Depaepe, Yves Dessaux, Lise Jouanin, Olivier Loudet, Jean-François Morot-Gaudry, Sophie Paillard, Florence Piron, Manuel Prouteau pour leurs relecture, conseils ou informations fournies.

Certaines photographies et illustrations ont été gracieusement fournies par Nicole Bechtold, Catherine Bellini (IJPB/Inra), Enrico Coen (John Innes Institute, UK), Olivier Coriton (Inra, Rennes), Bertrand Dubreucq (IJPB/Inra), Lionel Gissot (IJPB/Inra), Mathilde Grelon (IJPB/Inra), Philippe Jauzein, Virginie Huteau (Inra, Rennes), Richard A. Jorgensen (Université d'Arizona, USA), Patrick Laufs (IJPB/Inra), Nathalie Mansion (ISV/CNRS, Gif/Yvette), Raphaël Mercier (IJPB/Inra), Alexis Peaucelle (IJPB/Inra), Gilles Pilate (Inra, Orléans), Pascal Ratet (ISV/CNRS, Gif/Yvette), Ian Traas (IJPB/Inra), Daniel Vezon (IJPB/Inra) et Julien Lanson, responsable de la photothèque de l'Inra. Nous les en remercions très chaleureusement.

Nous remercions Rachel Vincent, Joëlle Veltz et Dominique Bollot pour la préparation éditoriale du texte et des figures, ainsi que Camille Raichon (ancien directeur des éditions Quæ).

Quelques espèces de référence

Un petit nombre d'espèces végétales présentant des intérêts agronomiques, ou représentatives d'un groupe important, voire ayant une biologie particulière (symbiose mycorhizienne, fixation de l'azote atmosphérique comme chez les légumineuses) ont été choisies par la communauté des végétalistes afin d'étudier leur génome. On les appelle des « espèces de référence ». Les efforts des scientifiques se sont tout d'abord porté sur *Arabidopsis thaliana*, puis sur une céréale, le riz. L'objectif était de pouvoir disposer de deux modèles d'organisation des génomes correspondant à la dichotomie régnant parmi les angiospermes entre dicotylédones et monocotylédones (cf. Annexe 1). Les progrès réalisés dans les techniques de génomique à haut débit ont ensuite permis de diversifier les programmes de séquençage. Nous présentons ici quelques espèces de référence (cf. Planches 1 à 3) dont le séquençage des génomes est soit déjà réalisé, soit à un bon niveau d'avancement, soit en cours.

▸▸ *Arabidopsis thaliana*

Arabidopsis thaliana (L.) Heynhold, encore appelée arabette de Thalius, arabette des Dames, arabette rameuse, fausse arabette ou arabette des prés, est une petite plante dicotylédone très commune de la famille des *Brassicaceae* (anciennement famille des crucifères) à laquelle appartiennent le chou et le colza. *A. thaliana* a été choisi dans les années 1980 comme espèce de référence pour des études en génétique moléculaire végétale, du fait des propriétés suivantes :
– un cycle de reproduction court, de l'ordre de 6 semaines ;
– une petite taille permettant de la cultiver facilement et en grand nombre, tant *in vitro* en boîtes de Pétri qu'en serre ;
– une grande prolificité (plusieurs milliers de graines de petite taille [0,5 mm de long] par plante, logées dans des fruits appelés siliques) ;
– une autogamie facilitant d'obtention de lignées pures (cf. Annexe 1) ;
– une petite taille du génome nucléaire, de l'ordre de 125 méga paires de bases (Mpb) ;
– une faible proportion de séquences répétées dans son génome (10 à 15 %).

Le potentiel d'*Arabidopsis* pour des études génétiques est apparu à la communauté scientifique dès les années 1950. Les premières collections de mutants ont été obtenues et de nombreuses accessions[1] présentant une grande diversité écologique,

---

1. Les accessions correspondent à des populations d'individus provenant de différentes régions géographiques.

morphologique ou physiologique ont été répertoriées. Pour faciliter les études génétiques et moléculaires, une accession devait être fixée et le choix s'est porté sur l'accession Columbia, originaire des États-Unis (Col-0). Les accessions Wassilewskija (Ws), originaire de Russie, et Landsberg (Ler), originaire d'Allemagne, sont également très utilisées. Plusieurs centaines de milliers de mutants d'*A. thaliana* sont actuellement répertoriés dont les mutations affectent la morphologie, le développement, la transition florale, la physiologie (résistance aux herbicides, au froid, à la sécheresse, à la salinité, aux agents pathogènes, etc.), les voies métaboliques, les voies de transduction des signaux, etc.

En 1990, le projet international de séquençage du génome d'*A. thaliana* (*International Arabidopsis Genome Research Project*) est créé. Dix ans plus tard, grâce à la coopération d'équipes japonaises, américaines et européennes, le séquençage de 114,5 Mpb sur les 125 Mpb est réalisé, et quelque 28 000 gènes sont répertoriés sur les 5 paires de chromosomes que compte *A. thaliana*. Le séquençage a été précédé par l'établissement de cartes génétiques et physiques. Les analyses bioinformatiques des gènes prédits permettent d'attribuer une fonction à 69 % d'entre eux ; une proportion importante des gènes est consacrée à la régulation de leur expression. Seulement 10 % des gènes ont une fonction qui a fait l'objet d'études plus spécifiques. Les études sont maintenant axées sur l'attribution d'une fonction à l'ensemble de ces gènes et sur le lien entre gènes et phénotypes.

▸▸ *Medicago truncatula*

Les légumineuses représentent une source essentielle de protéines, tant pour l'alimentation humaine qu'animale et pour la production d'huiles industrielles. De plus, ce sont les seules plantes capables de fixer l'azote atmosphérique grâce à l'établissement d'une symbiose avec les bactéries du genre *Rhizobium*. Deux espèces de référence se sont dégagées : *Lotus japonicus* et *Medicago truncatula* qui ont l'avantage d'être des espèces diploïdes et autogames. *M. truncatula* est par ailleurs proche du pois, *Pisum sativum*, espèce très utilisée par les généticiens et présentant également un intérêt agronomique (pois fourrager pour l'alimentation du bétail). Le séquençage du génome de *M. truncatula* (8 chromosomes par génome haploïde, environ 500 Mpb) a été entrepris.

▸▸ *Oriza sativa*

Le riz, *Oriza sativa*, est une monocotylédone, une céréale ayant une importance agronomique majeure. C'est le principal aliment pour plus de la moitié de la planète et sa culture représente 30 % de la production mondiale de céréales. Récemment, le riz s'est imposé comme espèce modèle pour les monocotylédones, du fait de son importance économique mais aussi de la taille réduite de son génome, comparée aux autres céréales (12 chromosomes par génome haploïde, 430 Mpb, soit 5 et 40 fois plus petit que celui du maïs et du blé, respectivement). De plus, les techniques de transformation du riz sont disponibles, ainsi que de nombreuses ressources génétiques. Le séquençage du génome du riz a débuté en 1997 autour d'un consortium international (*International Rice Genome Sequencing Project*) qui mobilise plusieurs pays (Japon, Chine, Union européenne, États-Unis, Corée du Sud, Taïwan, Inde, etc.). Plusieurs organismes de recherche et firmes privées participent à cet effort de séquençage qui s'appuie sur l'établissement de cartes génétique et physique. Un des objectifs de ce programme est l'identification de gènes contrôlant les caractères agronomiques pour faciliter la création de nouvelles variétés de riz, mais également pour améliorer d'autres céréales ou monocotylédones. En effet, de grands blocs de gènes homologues ont des arrangements relativement conservés entre les différentes céréales (phénomène de synténie, cf. Chapitre 7). L'analyse du génome du riz permettra ainsi de rechercher et d'étudier les gènes homologues chez diverses monocotylédones de grande culture (blé, maïs, etc.).

➤➤ *Populus trichocarpa*

Les arbres forestiers ont une importance économique et écologique très importante. La nécessité d'une espèce ligneuse de référence a donc émergé. En 2002, le choix s'est porté sur le peuplier, *Populus trichocarpa*, appartenant à la famille des *Salicaceae*. Le peuplier est une plante dioïque (cf. Annexe 1) à croissance très rapide (1 à 2 m par an) ; il produit une grande quantité de pollen et les hybridations sont aisées. *P. trichocarpa* est diploïde, compte 38 chromosomes et son génome est de relative petite taille (485 Mpb, soit 4 fois plus qu'*A. thaliana*). De plus, le peuplier a de bonnes capacités de multiplication végétative et se transforme. Ces caractéristiques en ont fait une espèce ligneuse intéressante pour des études génétiques et moléculaires. Le génome de *P. trichocarpa* a été séquencé (Tuskan *et al.*, 2006), révélant deux épisodes de duplication ayant laissé pour témoignage quelques 8 000 paires de gènes dupliqués et toujours présents. Il possède quelques 45 500 gènes codant pour des protéines, soit un peu plus qu'*A. thaliana*. Des études portant sur des gènes impliqués notamment dans le mode de croissance pérenne, le port, la formation du bois ou la redistribution des nutriments accompagnant les changements saisonniers pourront être entreprises et serviront à mieux comprendre le développement et le fonctionnement d'autres ligneux.

➤➤ *Triticum sp.*

Le blé fait partie des trois plus grandes céréales cultivées, en termes de surface, avec le maïs et le riz. C'est, avec le riz, la céréale la plus consommée par l'homme, sa consommation remontant à la plus haute Antiquité. Le blé est une plante annuelle qui appartient au genre *Triticum*. Il existe plusieurs blés, dont deux ont une importance économique : le blé dur (*Triticum turgidum* ssp *durum*), espèce tétraploïde possédant 4 jeux de 7 chromosomes (28 chromosomes), utilisé pour produire les semoules et les pâtes alimentaires, et le blé tendre (*Triticum œstivum),* espèce héxaploïde à 6 jeux de 7 chromosomes (42 chromosomes), utilisé pour la panification.

Un consortium international (*International Wheat Genome Sequencing Consortium*) a été créé pour obtenir la séquence du génome du blé tendre. C'est le premier projet de séquençage d'une plante polyploïde. La polyploïdie joue un rôle très important dans l'évolution des eucaryotes et constitue ainsi un mécanisme important de diversification et de génération de variabilité génétique. Le séquençage du génome du blé aidera à comprendre comment la polyploïdie participe à l'évolution des espèces. Le génome du blé tendre a une taille équivalente à cinq fois celle du génome humain et quarante fois celle du riz (17 Gpb). La première étape de cette étude est la construction d'une carte physique ancrée sur les cartes génétiques disponibles. Le séquençage viendra dans une seconde étape.

▸▸ *Vitis vinifera*

La vigne, *Vitis vinifera,* constitue une espèce majeure pour l'agriculture française et européenne. Cependant, la vigne est une espèce difficile à étudier. En effet, c'est une plante pérenne, avec un fort taux d'hétérozygotie (résultant d'événements de sélection pour obtenir un grand nombre de cépages) et possédant un cycle de reproduction long. La vigne est une espèce diploïde possédant 19 paires de chromosomes. Son génome est relativement petit : on estime sa taille à 475 Mpb. Des cartes génétiques ont été réalisées en utilisant comme matériel des plantes issues de croisements interspécifiques. Pour accélérer l'acquisition de connaissances sur des caractères agronomiques tels que la résistance aux maladies, la tolérance au stress hydrique, la maturation et la qualité de la baie, le développement d'outils en génomique s'est révélé nécessaire. La communauté scientifique internationale s'est ainsi organisée autour d'un consortium (*International Grape Genome Project*) chargé de coordonner le développement des ressources génomiques sur la vigne et le séquençage de son génome (achevé en 2007).

▸▸ *Zea maïs*

Le maïs, *Zea maïs,* est la céréale la plus cultivée au monde, devant le riz et le blé. Le maïs est une plante qui n'existe pas à l'état sauvage sous sa forme actuelle. Son origine a longtemps été sujette à controverses. Cependant, on s'accorde maintenant à dire que la téosinte est l'ancêtre du maïs cultivé. La sélection par l'homme de mutants de téosinte, qui allaient aboutir au maïs actuel, aurait commencé il y a 7 000 à 9 000 ans (Doebley *et al.*, 2006) dans le bassin du fleuve Balsas, au sud-ouest du Mexique. Malgré les grandes différences morphologiques entre le maïs et la téosinte, ces deux espèces ne diffèrent que par un nombre étonnamment faible de gènes. Des croisements entre des plants de maïs cultivés et des plants de téosinte ont permis de cloner un certain nombre d'entre eux, en majorité des facteurs de transcription qui rendent compte de ces principales différences architecturales. D'autres études faisant appel à des analyses de populations ont revélé l'existence de nouveaux gènes responsables du « syndrome de domestication »[2], élargissant le spectre des fonctions. Ces études se poursuivent sur plusieurs plantes cultivées.

Le maïs possède un grand génome d'environ 2,5 Gpb, organisé en 10 chromosomes. Le génome du maïs a une taille similaire à celle du génome humain et il est environ 21 fois plus grand que celui d'*Arabidopsis*. Son organisation est beaucoup plus complexe car 88 % de l'ADN est constitué de séquences répétées. Les gènes ne représentent donc que 12 % et forment des îlots dans cet « océan » de séquences répétées. De plus, ce génome est très polymorphe[3]. Un consortium s'est constitué (*Consortium for Maize Genomics*) avec pour objectif de séquencer spécifiquement les régions génomiques enrichies en gènes.

---

2. On définit le syndrome de domestication comme l'ensemble des modifications phénotypiques d'une plante de grande culture qui sont transmissibles et qui ont été sélectionnées par l'homme.

3. Il y a plusieurs niveaux de définition du polymorphisme. Deux allèles d'un gène sont polymorphes lorsque les phénotypes qui en découlent sont différents. Cette définition est élargie à leurs produits de traduction et à leur séquence nucléotidique (cf. Chapitre 7). Enfin, récemment, la notion de polymorphisme épigénétique est apparue lorsque deux séquences diffèrent par leur état chromatinien ou le niveau de méthylation de leur ADN.

Fil rouge : biosynthèse des anthocyanes

▶▶ Généralités

Les anthocyanes sont des métabolites secondaires de la famille des flavonoïdes, produits par les angiospermes. Ce sont des pigments colorés responsables de la pigmentation des fleurs, des fruits et des graines (cf. Planche 4). Ils forment une vaste famille de molécules aux formules chimiques très diverses dont les couleurs (du bleu au rouge en passant par le mauve et l'orange) dépendent de leur structure et du pH du milieu intracellulaire. Ainsi, en milieu basique, la couleur tend vers le bleu, tandis qu'en milieu acide elle tend vers le rouge. Les anthocyanes sont synthétisées par les cellules épidermiques ou sous-épidermiques de différents organes. En plus de leur rôle dans la pigmentation, elles ont des fonctions biologiques multiples (protection contre les rayons ultra-violets et les pathogènes, signalisation pendant la nodulation[1], transport des auxines, etc.).

▶▶ Structure des anthocyanes

Les anthocyanes possèdent une structure de base, le 2-phényl-1-benzopyrilium (cation flavylium), constituée de trois cycles aromatiques, responsable du pouvoir absorbant (chromophore) (Figure 1). Cette structure porte plusieurs fonctions hydroxyle dont l'une est glycosylée par différents oses (glucose, galactose, rhamnose, arabinose), oligosides ou hétérosides. Les structures finales des anthocyanes sont ainsi très variées et complexes. La fraction osidique des anthocyanes assure leur solubilité dans le milieu aqueux des vacuoles et influe sur leur spectre d'absorption (effet bathochrome ou décalage vers le bleu, effet hypsochrome ou décalage vers le rouge). Les anthocyanes sont extraites par l'alcool et peuvent être séparées par chromatographie.

---

1. Lors de la symbiose entre les légumineuses et les bactéries fixatrices d'azote du genre *Rhizobium*, des nodosités (ou nodules) se forment sur les racines. Ces organes spécialisés permettent la fixation de l'azote atmosphérique par les bactéries. De nombreux échanges de signaux s'opèrent entre les deux partenaires de la symbiose, avec notamment la sécrétion de flavonoïdes par la plante qui induisent les gènes bactériens de la nodulation et la production de lipo-oligosaccharides par la bactérie. Ces composés induisent alors la formation des nodosités sur la plante.

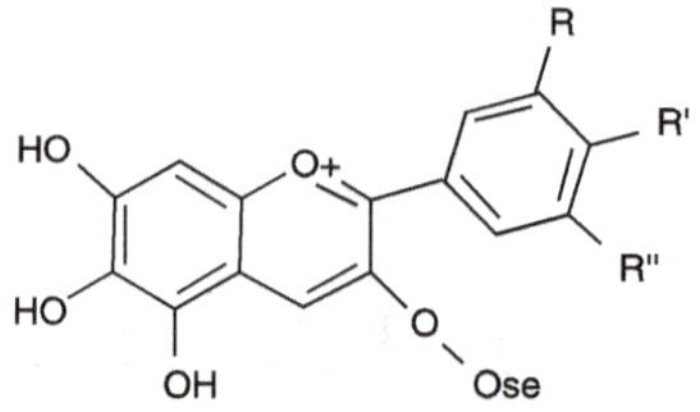

Pigment	R	R'	R''	Couleur
Pélargonidine	H	OH	H	rouge
Cyanidine	H	OH	OH	bleu
Delphinidine	OH	OH	OH	pourpre
Péonidine	OCH_3	OH	H	rose
Pétunidine	OCH_3	OH	OH	pourpre
Malvidine	OCH_3	OH	OCH_3	mauve

Figure 1. Structure de base des anthocyanes.

▸▸ Voie de biosynthèse

La voie de biosynthèse des anthocyanes, bien que complexe, est l'une des voies métaboliques les plus étudiées (cf. Planche 4). Les précurseurs des anthocyanes sont le malonyl-CoA et le 4-coumaryl-CoA, ce dernier provenant de la phénylalanine *via* l'enzyme phénylalanine-ammonia-lyase (PAL). Ils sont condensés par la chalcone synthétase (CHS) et donnent la chalcone (jaune). La chalcone isomérase (CHI) catalyse l'isomérisation de la chalcone en naringénine (incolore). La naringénine est transformée en dihydrokaempferol par la flavone 3-hydroxylase (F3H). Le dihydrokaempferol peut être hydroxylé sur le cycle aromatique en 3' ou en 5'. Les dihydroflavonols sont réduits en leucocyanidines par la dihydroxyflavonol réductase (DFR). Les leucocyanidines subissent des étapes d'oxydation, de déshydratation et de glycosylation pour donner les anthocyanes colorées. La pélargonidine est rouge brique, la cyanidine est rouge et la delphidine est bleue en milieu acide.

▸▸ Gènes

Les gènes de la biosynthèse des anthocyanes ont été initialement étudiés chez le maïs (*Zea maïs*), le pétunia (*Petunia hybrida*) et le muflier (*Antirrhinum majus*). Des gènes homologues chez *Arabidopsis thaliana* ont été identifiés. Les noms de ces gènes dérivent des mutants ayant permis leur identification (par exemple, la dénomination *tt* dérive des mutants *transparent testa* chez *A. thaliana* dont les graines sont non pigmentées) (Tableau 1).

Par ailleurs, un certain nombre de gènes régulateurs de l'expression des gènes codant les enzymes de cette voie de biosynthèse ont été identifiés (Tableau 2).

Tableau 1. Noms des différentes enzymes de la voie de biosynthèse des anthocyanes, abréviations et mutants correspondants.

Enzyme	Abréviation	Maïs	Muflier	Pétunia	*Arabidopsis*
Chalcone synthase	CHS	c2	*nivea*	-	*tt4*
Chalcone isomérase	CHI	-	-	*Po*	*tt5*
Flavanone 3-hydroxylase	F3H	-	*incolorata*	*An3*	*tt6*
Flavanoïde 3'-hydroxylase	F3'H	Pr	*eosina*	*Ht1/Ht2*	*tt7*
Dihydroflavonol réductase	DFR	A1	*pallida*	*An6*	*tt3*
Anthocyanidine synthase	ANS	A2	*candica*	-	-
Flavonoïde glucosyltransférase	UFGT	Bz1	-	-	-
Flavonoïde 3'5'-hydroxylase	F3'5'H	-	-	Hf1	-

- : non défini.

Tableau 2. Gènes régulateurs de la voie de biosynthèse des anthocyanes.

Famille des facteurs de trancription	*Arabidopsis*	Pétunia	Maïs
Famillle WD40	*TRANSPARENT TESTA GLABRA1 (TTG1)*	*ANTHOCYANIN 11 (AN11)*	*PALE ALEURONE COLOR1 (PAC1)*
Famille hélice-boucle-hélice	*TRANSPARENT TESTA8 (TT8)*	*ANTHOCYANIN 2 (AN2)*	*RED (R)/ BOOSTER (B)*
Famille MYB	*TRANSPARENT TESTA2 (TT2)*	*ANTHOCYANIN 2 ET 4 (AN2/AN4)*	*COLORLESS (CL)/ PURPLE LEAF (PL)*

Les facteurs de transcription WD40 sont définis par la présence d'un motif de 40 acides aminés souvent terminés par le dipeptide tryptophane (W)-acide aspartique (D).

Les facteurs de transcription MYB possèdent le motif Myb d'une cinquantaine d'acide aminés permettant la fixation à l'ADN. Ce motif contient deux ou trois répétitions imparfaites et a été identifié à l'origine dans des régulateurs transcriptionnels, chez les mammifères.

Les génomes végétaux

Chapitre 1

Génomes cytoplasmiques

Vers le milieu des années 1970, les premiers outils de la génétique moléculaire ont été appliqués à l'ADN présent dans deux types d'organites cytoplasmiques, les mitochondries et les plastes, et plus particulièrement les chloroplastes. En effet, du fait de la taille réduite de leur génome, ces organites se prêtaient bien aux premières analyses moléculaires basées alors sur le fractionnement du génome par des enzymes de restriction et sur le clonage des fragments de restriction ainsi obtenus. Ce n'est que bien plus tard que ces génomes ont été séquencés entièrement (années 1990). Curieusement, un déclin d'intérêt pour leur étude a suivi. Cependant, la mise au point de la transformation génétique du chloroplaste a réactivé récemment l'intérêt pour l'organisation et l'expression de ce génome cytoplasmique. Par ailleurs, le génome mitochondrial des plantes présente des similitudes dans son organisation avec celui des mitochondries de certains parasites animaux, et pourrait servir de modèle pour étudier les mécanismes de recombinaison.

▸▸ Génome plastidial

Généralités

Les plastes sont des organites cytoplasmiques présents chez les végétaux. Ils dérivent de la différenciation de plastes immatures ou proplastes et acquièrent différentes fonctions ou spécialisations. Ainsi, parmi les différents types de plastes, on distingue les amyloplastes permettant le stockage de l'amidon, les chromoplastes renfermant divers pigments, ou les chloroplastes ayant pour principale fonction d'assurer l'activité photosynthétique. Les plastes se multiplient par division binaire (fission) comme des bactéries et proviennent toujours de plastes pré-existants. Ils possèdent tous un génome propre.

Les chloroplastes sont délimités par une double membrane. Dans l'espace intérieur (stroma) des chloroplastes, on trouve de petites vésicules discoïdales appelées thylacoïdes, dont les empilements forment des grana. Les complexes protéiques photosynthétiques (pigments chlorophylliens, carotènes, etc.) sont enchâssés dans les membranes des thylacoïdes. Ils assurent la capture de l'énergie lumineuse et sa transformation en énergie chimique sous forme de molécules d'ATP (adénosine triphosphate) et de NADPH (nicotinamide adénine dinucléotide phosphate). Cette énergie est ensuite utilisée pour différentes réactions chimiques. La plus importante est la fixation du CO_2 atmosphérique (carbone inorganique) sur le ribulose 1,5-diphosphate et la production de 2-phosphoglycérate (carbone organique). Cette réaction est catalysée par une enzyme, la ribulose 1,5-diphosphate carboxylase (rubisco), et participe à un cycle de réactions (cycle de Calvin) qui permet la régénération de l'accepteur de CO_2 (le ribulose 1,5-diphosphate) et la production de glucides. Ces glucides servent ensuite dans diverses réactions métaboliques. De nombreuses autres réactions chimiques utilisant l'énergie produite par la photosynthèse ont lieu dans le stroma des chloroplastes (biosynthèse d'acides gras, d'acides aminés, etc.) et les produits de ces réactions sont ensuite exportés vers le cytosol.

Selon la théorie endosymbiotique, les chloroplastes, et les plastes d'une façon plus générale, proviennent d'une ou plusieurs symbioses entre des bactéries photosynthétiques (probablement des ancêtres des cyanobactéries) et une cellule hôte eucaryote. Au cours de l'évolution, de nombreux transferts naturels de gènes du génome plastidial vers le génome nucléaire se sont effectués, à des vitesses différentes selon les espèces végétales. Ainsi, le nombre de gènes restant présents dans le génome plastidial varie d'une espèce à l'autre. Par ailleurs, ces transferts naturels de gènes vers le noyau peuvent toujours s'opérer. Certaines fonctions cellulaires (transcription, traduction, etc.) sont encore assurées par les plastes, mais leur biologie est largement dépendante du noyau. Ainsi, la plupart des protéines actives dans les plastes sont les produits de gènes nucléaires. Le nombre des protéines chloroplastiques codées par le noyau est de l'ordre de 2 500 à 4 000. Synthétisées dans le cytosol, elles sont importées dans le chloroplaste grâce à un système de ciblage faisant intervenir d'une part des séquences peptidiques signal[1] spécifiques, généralement éliminées lorsque la protéine est dans le chloroplaste, et d'autre part des complexes protéiques membranaires jouant le rôle de récepteurs-transporteurs.

La transmission du génome plastidial d'une génération à la suivante est non mendélienne (transmission cytoplasmique) et, en général, essentiellement maternelle. Le noyau joue un rôle prépondérant dans la différenciation des proplastes, le contrôle de la division du plaste, ainsi que dans le maintien et la réplication de son génome.

Structure de l'ADN chloroplastique

Le génome chloroplastique (ADNcp) se présente sous la forme de molécules circulaires d'ADN (acide désoxyribonucléique) tout comme les génomes bactériens. Une cellule chlorophyllienne possède en moyenne une centaine de chloroplastes et un chloroplaste renferme une centaine de copies de cette molécule circulaire.

---

1. La séquence peptidique signal, ou peptide signal, ou peptide de transit des protéines codées par le génome nucléaire permet leur adressage à un compartiment cellulaire particulier, ici le chloroplaste. Cette séquence peptidique est ensuite clivée lors du passage des deux membranes du chloroplaste selon un mode qui rappelle l'exportation des protéines chez les bactéries.

Tableau 1.1. Taille de quelques génomes chloroplastiques.

	Espèce	Taille (kpb)
Pin	*Pinus sp.*	120
Riz	*Oriza sativa*	134
Arabette	*Arabidopsis thaliana*	154
Tabac	*Nicotiana tabacum*	156
Ginkgo	*Ginkgo biloba*	158
Pelargonium	*Pelargonium horteum*	217
Clamydomonas	*Chlamydomonas reinhardtii*	292

Ainsi, une cellule possède environ 10 000 copies d'un gène chloroplastique. Le génome chloroplastique du tabac a été le premier génome séquencé (Shinozaki *et al.*, 1986) et, depuis, d'autres séquençages complets ont été réalisés. La taille des molécules circulaires d'ADNcp est comprise en moyenne entre 120 et 160 kpb (Tableau 1.1). Chez les plantes parasites non chlorophylliennes, la taille du génome des plastes est réduite (50 à 73 kpb) du fait de la perte de gènes attachés aux fonctions photosynthétiques.

Chez la plupart des organismes, le génome chloroplastique comporte deux régions répétées et inversées (IR, *Inverted Repeat*) encadrant une région relativement longue et une autre plus courte (Figure 1.1). Les séquences répétées inversées chloroplastiques portent notamment les gènes codant pour les ARN ribosomiques (ARNr). Le génome chloroplastique compte en moyenne 120 à 130 gènes. Environ 70 gènes codent des protéines impliquées dans l'expression de ce génome (ARN polymérase, protéines ribosomales, facteurs de traduction, etc.) ou dans les processus bioénergétiques de la photosynthèse ou de la photorespiration (protéines membranaires des thylacoïdes, grande sous-unité de la ribulose biphosphate carboxylase (gène rbcL), ATP synthétase, etc.). Le génome code également des protéines ribosomiques (3 à 5) et des ARN de transfert (environ 30).

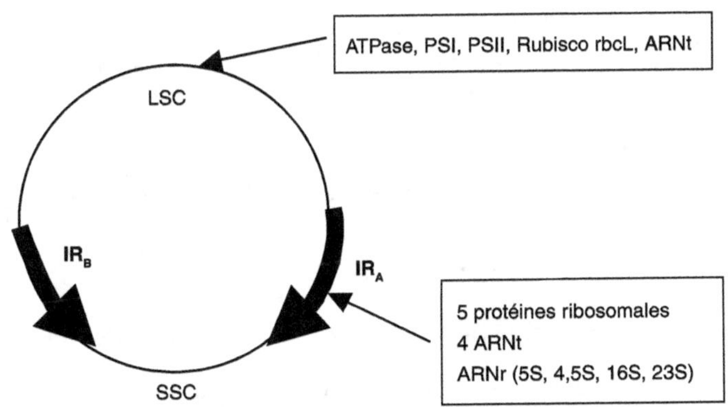

Figure 1.1. Schéma d'organisation du génome chloroplastique.
Génome chloroplastique avec ses deux régions répétées et inversées IR (*Inverted Repeat*) encadrant une région relativement longue (LSC) et une plus courte (SSC). PS : protéines des photosystèmes I et II.

Expression des gènes chloroplastiques

Les gènes chloroplastiques sont souvent organisés en « cluster » (groupe de gènes) et sont cotranscrits en pré-ARN polycistroniques qui sont ensuite maturés en ARN plus petits. Les gènes sont transcrits de manière constitutive, ce qui suggère que l'expression des gènes chloroplastiques est régulée au niveau post-transcriptionnel. La transcription dépend de deux ARN polymérases d'origine et de fonctionnement différents. La première est une ARN polymérase chloroplastique, constituée de 4 sous-unités homologues aux 4 sous-unités α, α', β et β' de l'ARN polymérase bactérienne ; elle reconnaît des promoteurs de type bactérien. La seconde est une ARN polymérase nucléaire, proche des ARN polymérases des bactériophages T3 et T7, et reconnaît d'autres types de promoteurs.

Les transcrits chloroplastiques (souvent polycistroniques, contenant éventuellement des introns) subissent divers processus de maturation : production d'ARN messagers (ARNm) monocistroniques par action d'endonucléases et d'exonucléases, épissage en *cis* et en *trans* (Figure 1.2) et édition. L'édition des ARN correspond à une modification de la séquence de l'ARNm mature, ce dernier n'étant alors plus complémentaire à la séquence ADN du gène initial. Ce processus qui existe chez les protozoaires, les mammifères et les virus n'a été décrit chez les plantes que pour des gènes chloroplastiques et mitochondriaux. Le mécanisme d'édition est lié à une désamination spécifique de certaines cytosines, ce qui entraîne l'apparition d'une base uracile s'appariant avec l'adénine. Ces substitutions de nucléotides peuvent générer une nouvelle ponctuation par apparition de nouveaux codons d'initiation et codons « stop », voire de nouvelles protéines (Figure 1.3). L'épissage en *trans* et le processus d'édition (Bock, 2000) rendent difficile la prédiction des protéines à partir des séquences nucléotidiques chloroplastiques.

La traduction des ARNm chloroplastiques est assurée par une machinerie de synthèse protéique chloroplastique de type procaryote. En effet, tant les ribosomes

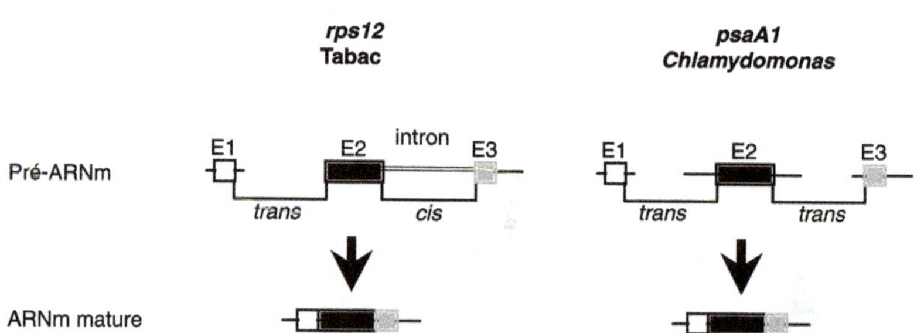

Figure 1.2. Exemples de maturation d'ARNm chloroplastiques.
L'ARNm mature codant la protéine ribosomale S12 (rps12) chez le tabac provient de deux événements d'épissage : l'un en *cis* (entre les exons E2 et E3) et l'autre en *trans* (entre les exons E1 et E2 qui sont portés par deux messagers différents). Chez l'algue *Chlamydomonas*, le gène *psaA1* codant une protéine du photosystème I est tripartite. La formation de l'ARNm mature résulte de deux événements d'épissage en *trans*.

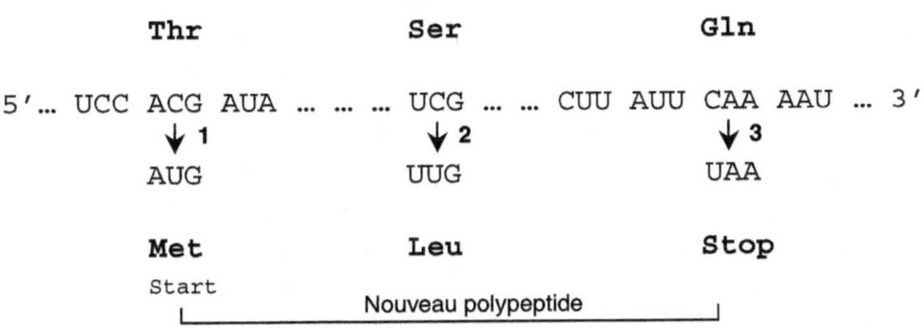

Figure 1.3. Exemples d'édition d'un ARNm chloroplastique.
La première modification (1) permet la création d'un codon d'initiation de la traduction (codon « start ») codant la méthionine (Met). La seconde modification (2) crée une substitution d'un acide aminé (sérine en leucine) et génère une modification de la séquence protéique. La troisième (3) crée un codon d'arrêt de la traduction (codon « stop »). Un nouveau polypeptide est ainsi produit.

chloroplastiques 70S formés par une sous-unité[2] 50S (ARNr 23S, 5S et 4,5S) et une sous-unité 30S (ARNr 16S) que les ARN de transfert (ARNt) chloroplastiques sont proches de leurs homologues chez les procaryotes. Ces observations ainsi que le caractère polycistronique des unités transcriptionnelles témoignent d'une origine endosymbiotique. La présence d'introns suggère que le génome chloroplastique aurait acquis, au cours de l'évolution, des caractéristiques eucaryotes.

Le génome nucléaire contrôle la plupart des fonctions métaboliques des chloroplastes. En particulier, les deux tiers des protéines ribosomales du chloroplaste sont d'origine nucléaire. La double origine, nucléaire et chloroplastique, de certains complexes chloroplastiques tels que la rubisco (constituée par l'assemblage de 8 grandes sous-unités chloroplastiques [rbcL] et 8 petites sous-unités nucléaires [rbcS]) implique une régulation coordonnée de l'expression des deux génomes nucléaire et chloroplastique.

▸▸ Génome mitochondrial

Généralités

Les mitochondries constituent le lieu essentiel de la production d'énergie de la cellule. Siège de plusieurs voies métaboliques dont l'aboutissement est la formation de molécules d'ATP (cycle de Krebs et chaîne respiratoire), elles abritent également d'autres voies métaboliques essentielles. Comme les chloroplastes, les mitochondries sont des organites à double membrane. Leur membrane interne est invaginée et forme des crêtes. Les enzymes catalysant les réactions du cycle de Krebs sont localisées essentiellement dans la matrice mitochondriale, alors que les complexes enzymatiques de la chaîne respiratoire sont membranaires et assurent à la fois un transfert d'électrons et une translocation de protons vers l'espace intermembranaire.

---

2. Les sous-unités ribosomales (constituant les ribosomes) sont caractérisées par un coefficient de sédimentation (S).

L'énergie électrique du potentiel membranaire et l'énergie chimique du gradient de concentration de protons (gradient de pH) ainsi créées sont utilisées par l'ATP synthétase qui fonctionne comme une pompe à protons inversée.

Étayée par des analyses phylogénétiques d'ADN bactériens et mitochondriaux, l'hypothèse d'une origine endosymbiotique des mitochondries est largement acceptée. Les mitochondries dériveraient de la phagocytose par une cellule eucaryote primordiale de bactéries (probablement apparentées aux α-protéobactéries actuelles, ou anciennement bactéries pourpres). Tout comme pour les plastes, des transferts de gènes ont eu lieu des mitochrondries ancestrales vers le noyau. La transmission des mitochondries et de leur génome est généralement uniparentale et maternelle. Quelques cas de transmission paternelle ou biparentale ont été observés.

Taille et évolution

Les génomes mitochondriaux des organismes eucaryotes se caractérisent par leur grande diversité de taille et d'organisation. Le génome mitochondrial des mammifères est compact, de petite taille (16 à 20 kpb) et constitué de plusieurs copies de molécules circulaires d'ADN bicaténaire. À l'opposé, le génome mitochondrial des plantes supérieures est de grande taille (200 à 2 400 kpb), comprenant des molécules circulaires d'ADN ainsi que des molécules linéaires (Tableau 1.2). Le génome mitochondrial des algues rouges (*Chondrus crispus* et *Pylaiella littoralis*) est plus compact et son organisation ressemble à celle des génomes animaux.

Le taux de mutation du génome mitochondrial des végétaux est environ 100 fois plus faible que celui des animaux. L'évolution du génome mitochondrial végétal dépend surtout des événements de recombinaison, alors que celui des animaux évolue davantage par le biais des mutations. Les recombinaisons sont responsables d'amplifications asymétriques de séquences, de l'apparition de pseudogènes, de diverses modifications des tailles des séquences entre les gènes, etc.

Tableau 1.2. Taille de quelques génomes mitochondriaux.

	Espèce	Taille (kpb)	Nb. gènes
Homme	*Homo sapiens*	16	-
Algue rouge	*Chondrus crispus*	25,8	51
Levure	*Schizosaccharomyces cerevisiae*	78	-
Hépatique (bryophyte)	*Marchantia polymorpha*	186	94
Arabette	*Arabidopsis thaliana*	366	58
Betterave	*Beta vulgaris*	386	-
Maïs	*Zea mays*	540	47
Melon	*Cucumis melo*	2400	-

Organisation

La structure du génome mitochondrial végétal est complexe et dynamique (Fauron *et al.*, 1995). Schématiquement, l'ensemble de l'information génétique peut être regroupé sur une molécule fictive appelée « molécule maître » qui comporterait une copie au moins de chaque séquence. Le génome serait alors représenté par une

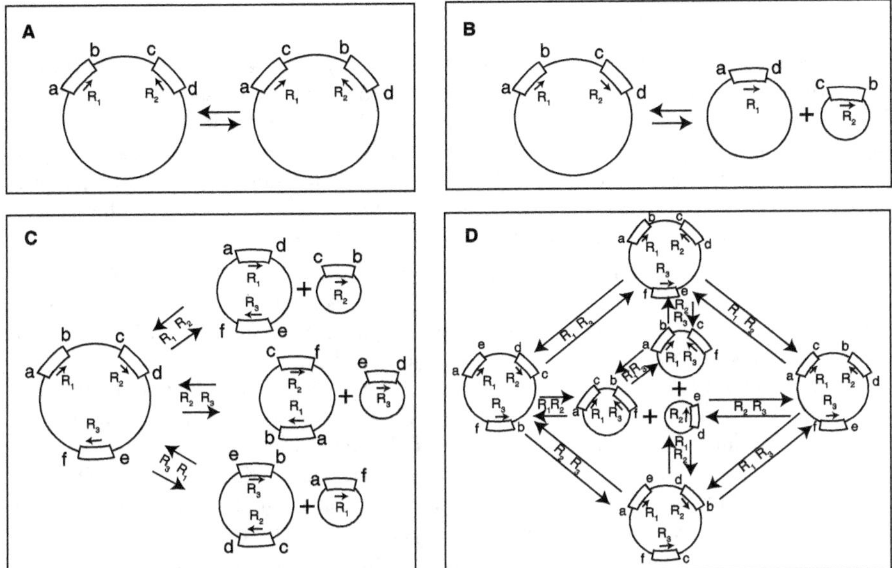

Figure 1.4. Complexité et plasticité du génome mitochondrial des plantes.
(A) La recombinaison entre deux séquences répétées inversées (R1 et R2) entraîne un remaniement de
la molécule avec inversion du segment entre les deux répétitions. (B) La recombinaison entre deux
séquences répétées directes (R1 et R2) génère deux molécules subgénomiques. (C-D) Les recombinaisons entre trois séquences répétées (R1, R2, R3) génèrent 7 molécules subgénomiques. L'orientation des
répétitions est indiquée par des flèches sous la séquence. Les interconversions entre molécules sont
schématisées. D'après Fauron *et al.* (1995).

collection de molécules circulaires d'ADN de tailles différentes, dérivant les unes des
autres par recombinaison homologue entre séquences répétées directes ou inverses et
aboutissant à une population de molécules en équilibre dynamique. La diversité des
orientations des régions homologues (directes ou inversées) et le nombre de ces
régions répétées déterminent l'apparition des molécules subgénomiques (Figure 1.4).

Ces multiples réarrangements peuvent perturber l'expression de certains gènes, par
exemple par rupture de la relation entre séquences régulatrices et unités transcriptionnelles. Certaines stérilités mâles cytoplasmiques résultent ainsi de l'inactivation
d'un gène mitochondrial du fait de recombinaisons (Encadré 1.1). Chez les plantes
mâle stériles, toutes les cellules présentent le même événement de recombinaison,
mais le dysfonctionnement ne se révèle que lors de la maturation du pollen.

Expression des gènes mitochondriaux

Bien que les génomes mitochondriaux aient des tailles très diverses, le nombre de
gènes ou d'ORF (*Open Reading Frame* ou phase ouverte de lecture, comprise entre
un codon d'initiation et un codon de terminaison de la traduction) identifiés est du
même ordre chez les différents organismes (*cf.* Tableau 1.2). Les gènes mitochondriaux codent des protéines, des ARN ribosomiques ou des ARN de transfert.
Chez les vertébrés et chez l'algue *C. crispus*, il n'existe qu'un promoteur mono- ou
bidirectionnel permettant la transcription du génome, alors que chez les plantes,

---

Encadré 1.1. Stérilité mâle cytoplasmique

Un des objectifs des productions végétales est l'obtention de variétés hybrides. En effet, un hybride de première génération (F1) présente des caractères supérieurs à ceux des deux parents (vigueur hybride). La création de semences hybrides F1 nécessite de rendre impossible l'autofécondation. Ceci peut se produire si le pollen est incompatible, stérile, absent ou si on enlève les étamines. Chez la plupart des plantes autogames, l'élimination des étamines est réalisée mécaniquement ou manuellement. L'utilisation de plantes mâles stériles permet une pratique sûre et simple des croisements.

Certaines stérilités mâles cytoplasmiques naturelles (CMS, *Cytoplasmic Male Sterility*) sont connues depuis le début du XXe siècle. Elles ont été très bien décrites en particulier chez le maïs. La CMS est un caractère transmis par le gamète femelle. La CMS-T a été très utilisée dans les années 1960 pour la production d'hybrides jusqu'à ce que les plantes hybrides possédant le cytoplasme T soient décimées par la toxine du champignon phyto-pathogène *Bipolaris maydis* de race T. En effet, chez les maïs CMS-T, il a été montré qu'il existait un réarrangement majeur de l'ADN mitochondrial, conduisant à la formation d'un gène chimérique, l'URF13, codant une protéine membranaire (Dewey *et al.*, 1988). Cette protéine formerait une sorte de canal dans la membrane interne des mitochondries, conduisant à une déficience des mitochondries dans le tapis (tissu nourricier des grains de pollen) et à l'avortement du pollen. Par ailleurs, cette protéine jouerait le rôle de récepteur pour la toxine T produite par *B. maydis,* rendant les mitochondries inactives, et serait responsable de la sensibilité à ce pathogène.

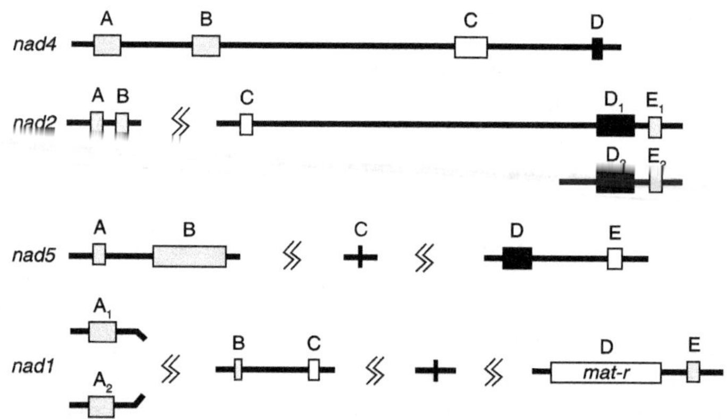

Figure 1.5. Diversités structurales des gènes mitochondriaux.

Les quatre gènes mitochondriaux présentés (*nad1, 2, 4* et *5*) ont une organisation différente et nécessitent de 1 à 5 molécules d'ARN pour former le transcrit mature selon les cas, faisant appel à des épissages en *cis* et/ou *trans*. Les régions exoniques sont figurées par des boîtes nommées de A à E. Le transcrit du gène *nad4* nécessite un simple épissage en *cis* entre les 4 exons de ce gène ; celui du gène *nad2* requiert deux molécules avec des épissages en *cis* et *trans*. Les exons D et E étant dupliqués dans le génome, deux types de transcrits matures peuvent être obtenus. Pour le gène *nad5*, trois molécules d'ARN sont nécessaires avec deux sites d'épissage en *trans*. Quant au gène *nad1*, 3 épissages en *trans* sont requis. L'exon E de *nad1* est à proximité de l'ORF *mat-r* ayant des homologies de séquences avec une maturase-réverse transcriptase de rétroéléments. Les distances génomiques entre les fragments du gène sont relativement importantes (200-300 kpb) (indiquées par le signe ⚡).

il en existe plusieurs. Comme dans le génome chloroplastique, certains des gènes mitochondriaux sont morcelés (introns) et leur expression nécessite une étape d'épissage en *cis*, occasionnellement en *trans* (Figure 1.5). De plus, il existe de nombreuses ORF non exprimées qui résultent de recombinaisons intergénomiques. Chez les plantes, environ 10 % des gènes mitochondriaux possèdent des introns. Les ARN messagers mitochondriaux subissent, en plus, une maturation par édition.

La traduction des ARN messagers mitochondriaux des mammifères, insectes, champignons, levures et protozoaires se caractérise par l'utilisation d'un code génétique modifié pour certains codons (par exemple, dans les mitochondries humaines ou de levure, le codon UGA code le tryptophane alors que dans le code universel il correspond à un codon « stop »). Contrairement aux autres organismes, chez les mitochondries de plantes, le code universel est respecté et les modifications de codage sont dues à des phénomènes d'édition.

Chapitre 2

Génome nucléaire

Des études cytogénétiques ont permis d'étudier l'organisation du génome nucléaire en chromosomes. Puis, grâce à des études moléculaires, l'organisation et le fonctionnement du génome nucléaire ont pu être finement étudiés. Ces études se sont longtemps limitées à l'étude de gènes fortement exprimés et au clonage de séquences répétées comme les séquences codant les ADN ribosomiques ou les éléments mobiles. Le choix d'une espèce de référence, *Arabidopsis thaliana*, et l'obtention de la séquence complète de son génome en 2000, ainsi que le développement d'outils pour la transformation génétique des plantes par *Agrobacterium tumefaciens* (cf. Chapitre 5), ont été des étapes essentielles dans l'étude des génomes nucléaires. Cette étude a également bénéficié du développement de méthodes de clonage de grandes portions de génomes et de cartographie (cf. Chapitre 7).

▸▸ Organisation du génome

Structure des chromosomes

Les chromosomes porteurs de l'information génétique sont facilement observables lors de la mitose (cf. Annexe 2), du fait de leur grande compaction lors de cette phase du cycle cellulaire. Des études cytogénétiques ont ainsi été conduites pour décrire leur structure et leur forme (Figure 2.1).

Le nombre et la forme des chromosomes sont caractéristiques d'une espèce donnée et constituent le caryotype (*caryon*, noyau). Le nombre de chromosomes varie grandement en fonction des espèces : le plus petit nombre a été décrit chez une plante de la famille des composées, *Haplopappus gracilis* (2 chromosomes), et certaines espèces de kalanchoe possèdent jusqu'à 250 chromosomes (Tableau 2.1). Les membres d'une même famille ou d'espèces voisines peuvent avoir des caryotypes très proches à très divergents.

Les études cytogénétiques ont permis de distinguer différentes régions chromosomiques : les régions centromériques, télomériques, les « knobs » (régions enrichies

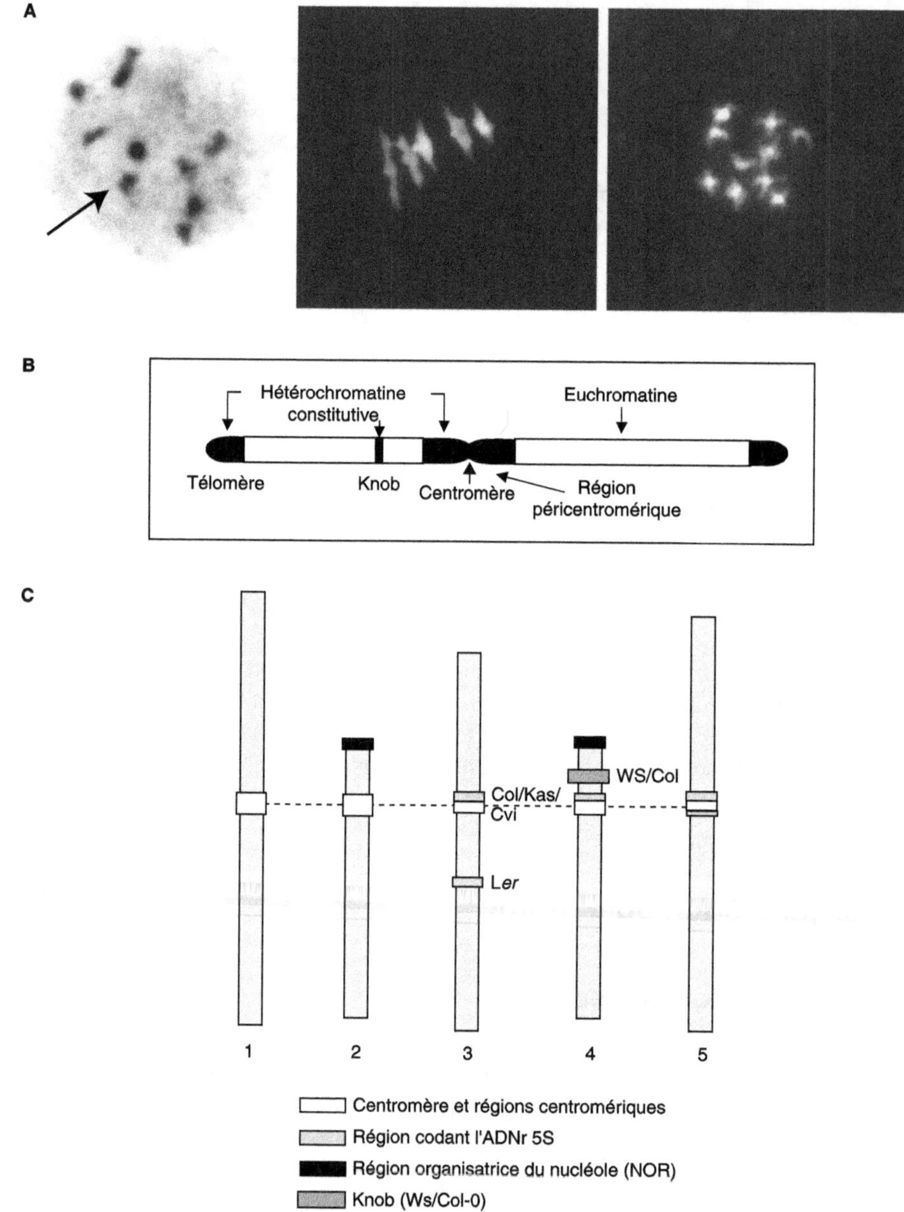

Figure 2.1. Chromosomes et hétérochromatine.

(A) De gauche à droite, noyaux après coloration au DAPI : en interphase, en métaphase mitotique et métaphase méiotique (images de V. Gaudin, R. Mercier, M. Grelon, Inra Versailles). Dans un noyau interphasique d'*Arabidopsis*, l'hétérochromatine est bien visible après une coloration au DAPI : elle forme des chromocentres (zones noires, flèche) dont le nombre varie entre 4 et 10. (B) Schéma de la structure d'un chromosome avec ses principales régions structurelles : le centromère (constriction), les deux bras de part et d'autre du centromère et les télomères (ou extrémités des chromosomes). (C) Positions des régions hétérochromatiques sur les cinq chromosomes d'*Arabidopsis thaliana*. On peut noter le polymorphisme des structures des chromosomes 3 et 4. Col, Cvi, Kas, Ws, Col ou Ler : accessions d'*Arabidopsis*.

Tableau 2.1. Tailles comparées de quelques génomes avec le nombre de chromosomes et de gènes prédits.

Nom vernaculaire	Espèce	Taille (Mb)	Nb. chromosomes	Nb. gènes
	Haemophilus influenzae	1,8	1	1 700
	Escherichia coli	4,2	1	4 300
Levure	*Saccharomyces cerevisiae*	12,5	16	5 800
	Plasmodium falciparum	22,9	14	5 300
	Dictyostelium discoideum	34	6	12 500
	Caenorhabditis elegans	97	6	18 500
Arabette	*Arabidopsis thaliana*	125	5	26 500
Drosophile	*Drosophila melanogaster*	180	4	13 600
Anophèle	*Anopheles gambiae*	280	5	13 500
Riz	*Oriza sativa*	424	12	~50 000
Peuplier	*Populus trichocarpa*	500	19	N.D.
Luzerne	*Medicago truncatula*	500	8	N.D.
Haricot	*Phaseolus vulgaris*	650	11	N.D.
Tomate	*Solanum lycopersicum*	950	18	N.D.
Soja	*Glycine max*	1 200	20	N.D.
Pomme de terre	*Solanum tuberosum*	1 800	24	N.D.
Coton	*Gossypium arboreum*	2 250	13	N.D.
Maïs	*Zea mays*	2 700	10	N.D.
Homme	*Homo sapiens*	3 100	23	~30 000
Tabac	*Nicotiana tabacum*	4 500	24	N.D.
Canne à sucre	*Saccharum officinarum*	7 500	40	N.D.
Blé	*Triticum aestivum*	17 000	21	N.D.
Pin	*Pinus maritimus*	20 000	8	N.D.
Lys	*Lis lilium*	100 000	12	N.D.

Avec les avancées dans l'annotation des génomes et la prédiction des gènes, le nombre de gènes prédits est susceptible de changer légèrement. N.D. : non identifié.

en séquences répétées dérivées de transposons) et les bras des chromosomes. Les structures telles que les centromères et les télomères participent à la stabilisation et à la transmission des génomes du fait de leurs rôles majeurs lors de la division (cf. Annexe 2) et de la recombinaison. Ainsi, les centromères interviennent dans la disjonction des chromatides lors de l'anaphase, tandis que les télomères protègent les chromosomes contre leur dégradation à partir de leurs extrémités.

Notion de ploïdie

On définit la ploïdie comme le nombre de jeux de chromosomes homologues. Une plante est dite diploïde (2n) lorsque le nombre de chromosomes est doublé par rapport à celui contenu dans les gamètes (n). Ainsi, chez *Arabidopsis*, le nombre de chromosomes de la cellule gamétophytique haploïde est égal à 5 (n = 5) et les cellules diploïdes d'*Arabidopsis* contiennent 2n chromosomes, soit 10 chromosomes.

La plupart des plantes sont diploïdes (2n) mais certaines possèdent plusieurs jeux de chromosomes homologues et sont dites polyploïdes. La polyploïdie est commune chez les plantes alors qu'elle est plus rare chez les animaux, voire inexistante chez les mammifères. Chez les angiospermes, des espèces voisines diffèrent souvent par leur degré de ploïdie. Ainsi, *Cardamine pratensis* possède n = 8 ; *C. flexuosa,* n = 16 ; *C. hirsutum,* n = 38. La polyploïdie est ainsi une source de spéciation (émergence de nouvelles espèces). Elle peut résulter de croisements interspécifiques naturels survenus au cours de l'évolution. Parmi les plantes polyploïdes, on distingue deux groupes selon leurs origines, leurs relations phylogénétiques et leur évolution. Les plantes autopolyploïdes comme la canne à sucre, le fraisier ou la pomme de terre, sont issues de la duplication d'un génome haploïde. Le nombre n de chromosomes d'un gamète sera alors égal à 2x (x représentant le nombre de chromosomes dans un jeu avant duplication). Les plantes allopolyploïdes comme le blé (Encadré 2.1) ou les brassicacées sont issues de croisements interspécifiques ou intergénériques. Ainsi le blé est un hexaploïde (2n = 6x) et possède 42 chromosomes (2n = 42), chaque jeu correspondant à 7 chromosomes (x = 7) (Planches 8/9). De même, le tabac, *Nicotiana tabacum,* est une plante industrielle allopolyploïde dont le génome résulte de la fusion des génomes de *N. sylvestris* et de *N. tomentosiformis.* Le séquençage du génome d'*Arabidopsis thaliana* a révélé que 40 % du génome est dupliqué, suggérant que l'ancêtre d'*Arabidopsis* était un tétraploïde (Planche 5).

Il existe souvent des corrélations entre le degré de ploïdie et la morphologie de la plante, la distribution géographique ou les caractéristiques écologiques. Un intérêt agronomique existe pour les espèces polyploïdes qui sont en général plus grandes, plus vigoureuses et possèdent certains avantages adaptatifs. Ainsi la modification

---

Encadré 2.1. Origine du blé, un exemple de polyploïdisation

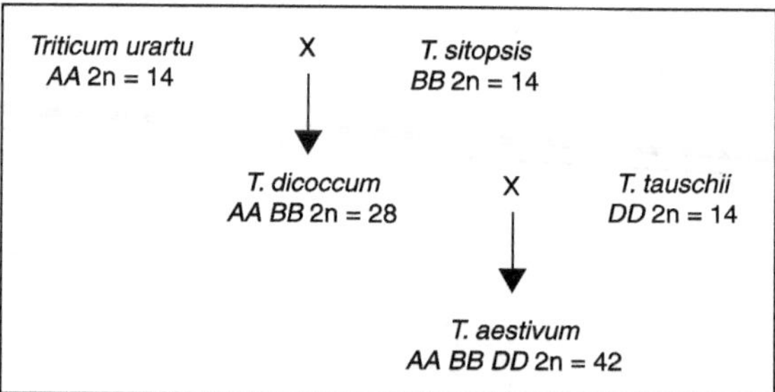

Il existe plusieurs espèces voisines de blé (*Triticum*) qui diffèrent par leur niveau de ploïdie : certaines sont diploïdes, d'autres tétraploïdes, voire hexaploïdes. L'espèce sauvage *Triticum urartu* est diploïde (2n = 14, génome *AA*) et serait à l'origine d'une espèce de blé cultivée dès le néolithique, *T. monococcum,* et dont la forme actuelle est l'engrain. Le croisement naturel de *T. sitopis,* diploïde (2n = 14, génome *BB*), avec *T. urartu* serait à l'origine du blé tétraploïde *T. dicoccoïdes* (2n = 28, génome *AA BB*) à l'origine de l'espèce cultivée *T. dicoccum.* Cette espèce, *T. dicoccum,* a conduit par sélection au blé dur actuel (*T. durum*). L'hybridation du blé tétraploïde *T. dicoccum* avec une graminée sauvage *T. tauschii* (génome *DD*) a donné le blé tendre actuel (*T. aestivum*). Le blé tendre est ainsi une plante hexaploïde provenant de deux hybridations naturelles successives faisant passer le nombre de chromosomes de 14 (2×7) à 42 (2n = 6×7). Les trois ensembles de 14 chromosomes des blés hexaploïdes sont proches mais non homologues.

---

du niveau de ploïdie des plantes résulte souvent de leur domestication. Des plantes polyploïdes peuvent être obtenues artificiellement par traitement à la colchicine. Cet alcaloïde naturel interagit avec la tubuline et bloque la formation des micro-tubules et du fuseau mitotique, perturbant ainsi la ségrégation des chromosomes à l'anaphase (cf. Annexe 2). Les cellules ainsi traitées ne peuvent se diviser et conservent les jeux de chromosomes issus de la réplication. À l'inverse, des plantes haploïdes viables peuvent être obtenues par culture *in vitro* d'organes contenant les gamétophytes mâles (grains de pollen) ou femelles (ovules). Ces plantes haploïdes traitées ensuite par la colchicine donneront des plantes diplo-haploïdes, totalement homozygotes, du fait de la duplication du jeu haploïde de chromosomes. Ces plantes présentent un intérêt pour établir une carte génétique par exemple (cf. Chapitre 7).

Chez les végétaux, le degré de ploïdie peut varier selon les tissus au sein d'une même plante ou en fonction du stade de développement, du fait de mécanisme d'endo-reduplication (absence de ségrégation des chromosomes après leur réplica-tion). Ainsi l'albumen de la graine est triploïde (cf. Annexe 1) et les cellules des cotylédons ou de l'hypocotyle peuvent être polyploïdes. Par ailleurs, des anomalies du nombre de chromosomes ou aneuploïdies, correspondant au gain ou à la perte d'un ou plusieurs chromosomes dans le jeu chromosomique normal, peuvent survenir et s'accompagner de conséquences phénotypiques importantes. Lorsqu'un chromosome est absent dans une paire, on parle de monosomie. La perte de deux chromosomes d'une paire est une nullisomie. Un chromosome en surnombre génère une trisomie. Parfois, un ou plusieurs jeux complets de chromosomes peuvent être surnuméraires.

▸▸ Du chromosome au nucléosome

Le noyau est délimité par une double membrane, l'enveloppe nucléaire communi quant avec le cytoplasme grâce aux pores nucléaires. Il renferme la chromatine, constituée de l'ADN, support de l'information génétique, et d'un ensemble de protéines associées à l'ADN, en particulier les histones. La chromatine permet de structurer, d'organiser et de compacter l'information génétique dans le volume nucléaire. Au-delà de cette fonction structurale, elle est impliquée dans un grand nombre de régulations et dans le métabolisme de l'ADN d'une façon générale (cf. Chapitre 4).

Notion d'hétérochromatine et d'euchromatine

L'étude du cycle cellulaire a fait émerger la distinction entre l'euchromatine et l'hétérochromatine. L'euchromatine se condense et se décondense au cours du cycle, tandis que l'hétérochromatine reste compactée tout au long du cycle. L'hétéro-chromatine peut être visualisée dans les noyaux en interphase grâce à une coloration au DAPI (4,6-diamidino-2-phenylindole) (cf. Figure 2.1).

Ainsi les chromosomes en métaphase de mitose ou méiose (cf. Annexe 2) sont bien visibles après coloration au DAPI, tandis que seules les quelques régions hétérochromatiques du chromosome sont visibles en interphase du fait de leur niveau de compaction. Chez *Arabidopsis thaliana*, l'hétérochromatine est bien délimitée, localisée au niveau des centromères[1], des régions péricentromériques, des centres organisateurs des nucléoles (NOR, *Nucleolar Organisation Region*) et de certaines régions chromosomiques appelées « knobs » (renflements) ; elle forme des chromocentres[2] bien visibles dont le nombre varie entre 4 et 10 (cf. Figure 2.1, Planches 8/9).

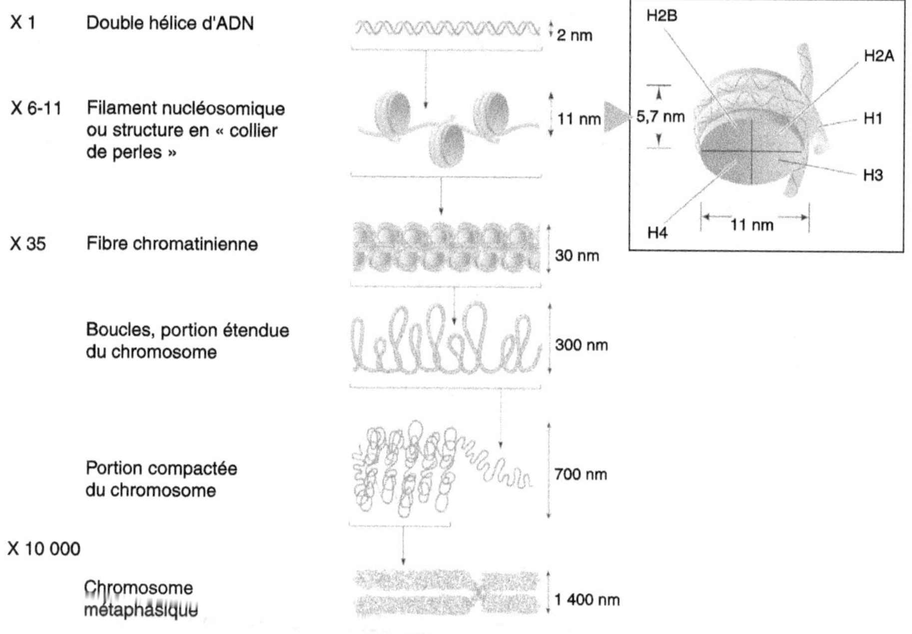

Figure 2.2. Du nucléosome au chromosome.

Le nucléosome est constitué d'un octamère d'histones H2A, H2B, H3 et H4 et d'un fragment d'ADN d'environ 147 pb qui s'enroule autour de l'octamère (encadré). L'histone H1 se fixe sur la région d'ADN internucléosomale. Le filament nucléosomique s'organise en une fibre de chromatine de 30 nm de diamètre ; l'histone H1 participe à la compaction du filament. Plusieurs modèles ont été proposés pour décrire cette structure. Dans le modèle du solénoïde, modèle le plus répandu, les nucléosomes sont arrangés en hélice avec une périodicité de 6 nucléosomes par tour. Par la suite, la fibre chromatinienne adopte plusieurs niveaux de repliements successifs encore mal décrits. Des boucles de 150 à 200 kpb (300 nm de diamètre) peuvent se former qui, elles-mêmes, s'organisent en formes plus compactées. Le niveau de compaction maximale ($\times$ 10 000) est atteint dans le chromosome en métaphase (1 400 nm de diamètre).

---

1. Le centromère est la région chromosomique au niveau de laquelle les deux chromatides-filles sont associées en métaphase.

2. Un chromocentre est une structure chromatinienne visible dans un noyau interphasique après une coloration au DAPI. Il apparaît comme une région plus densément marquée et correspond aux régions hétérochromatiques.

À ces définitions cytologiques ayant conduit aux notions d'euchromatine et d'hétérochromatine, se sont ajoutés des critères moléculaires et biochimiques (cf. Chapitre 4). Ainsi, les régions hétérochromatiques sont très riches en séquences répétées et en éléments transposables et sont pauvres en gènes, alors que les régions euchromatiques sont plus pauvres en éléments répétés et transposons et sont riches en gènes.

Unité de base de la chromatine

L'unité de base de la chromatine est le nucléosome. Le cœur du nucléosome est constitué par un octamère de petites protéines (10-14 kilo daltons ou kDa), très basiques et très conservées au cours de l'évolution : les histones H2A, H2B, H3 et H4 (Figure 2.2). Le nucléosome comprend un tétramère d'histones comportant 2 histones H3 et 2 histones H4 formant la particule subnucléosomale, auquel s'adjoignent deux dimères H2A et H2B. Un segment d'ADN d'environ 147 pb s'enroule autour de l'octamère d'histones, formant le nucléosome. Le nucléosome est une structure discoïdale de 11 nm de diamètre et de 6 nm d'épaisseur. Sa structure cristalline a été établie avec une résolution proche de la résolution atomique (résolution de 1,9 Å [angströms] en 2002), et les interactions entre l'ADN et les protéines histones ont été décrites. L'histone H1 ou histone « linker » interagit avec la portion d'ADN comprise entre deux nucléosomes.

Il existe plusieurs formes protéiques, ou variants, pour une histone donnée. Les variants d'histones ont des homologies de séquences variables et sont codés par des gènes différents. On distingue les histones majeures dont l'expression augmente au cours de la phase S du cycle cellulaire (cf. Annexe 2), des histones de remplacement minoritairement représentées. Les gènes codant ces dernières sont exprimés tout au long du cycle cellulaire. Les variants d'histones sont associés à des structures ou à des fonctions spécifiques de la chromatine et interviendraient dans les régulations médiées par la chromatine, la spécification et la transmission des états épigénétiques. Ainsi le variant Cenp-A de l'histone H3 est présent au niveau des régions centromériques. Il existe peu de variants pour les histones H2B, contrairement aux histones H3 et H2A. La régulation de l'incorporation des variants d'histones est encore très mal connue et serait dépendante ou non de la réplication de l'ADN. Ainsi, l'incorporation du variant H3.3 de l'histone H3 aux nucléosomes est indépendante de la réplication et serait une caractéristique des domaines chromatiniens transcriptionnellement actifs.

La succession des nucléosomes forme le premier niveau d'organisation de la chromatine : le filament nucléosomique, bien visible en microscopie électronique, est semblable à un collier de perles. La chromatine présente différents niveaux d'organisation et de compaction (cf. Figure 2.2). Le niveau le plus compact correspond au chromosome en métaphase (cf. Annexe 2), bien visible en cytologie (cf. Figure 2.1).

▸▸ Caractéristiques du génome nucléaire

Taille du génome nucléaire

La taille du génome haploïde d'une espèce est exprimée en paires de bases. Elle peut être mesurée en picogrammes et correspond à la quantité d'ADN nucléaire par cellule haploïde ou contenu nucléaire (C). La détermination du contenu en ADN peut être réalisée par différentes techniques (microspectrophotométrie sur des noyaux colorés au DAPI ou cytométrie de flux par exemple).

La taille des génomes est très variable en fonction des organismes. Celle-ci reflète globalement l'évolution des espèces. La taille varie de 25 000 fois entre les génomes des procaryotes et le plus grand génome de certains végétaux. Les végétaux se caractérisent par une très grande variation de taille des génomes : le génome du lys (genre *Lilium*) est ainsi 800 fois plus grand que celui d'*A. thaliana,* alors que le nombre de types cellulaires et d'organes est similaire entre ces deux espèces (cf. Tableau 2.1).

Nombre de gènes

Le nombre de gènes par génome a pu être évalué plus précisément grâce au séquençage complet du génome de certains organismes. Le tableau 2.1 montre qu'il n'y a pas de relation directe entre la quantité d'ADN et le nombre de gènes : certains organismes eucaryotes peuvent avoir moins de gènes qu'un procaryote. Un ver possède plus de gènes qu'un insecte, avec 2 fois moins d'ADN génomique. *A. thaliana* possède plus de gènes qu'un insecte. L'homme, avec ses quelques 10^{11} neurones, ses 10^{12} lymphocytes différents n'aurait guère plus que 2 fois le nombre de gènes d'un ver qui possède moins de 1 000 cellules ! Si l'on compare le nombre de familles[3] de gènes chez *C. elegans* (9 453) et chez *D. melanogaster* (8 065), les deux espèces n'apparaissent plus très différentes sur la base de ce critère.

Cependant, la complexité linéaire des séquences des génomes ne reflète que très incomplètement la complexité structurale et fonctionnelle des organismes. Elle ne donne pas une image de l'ensemble des protéines (protéome) et des caractères phénotypiques qu'elle détermine. Plusieurs hypothèses ont été émises pour expliquer comment les organismes peuvent augmenter leur complexité sans que le nombre de gènes ne change de façon dramatique. Par exemple, l'épissage alternatif permet de générer différents ARNm, et donc différentes protéines, à partir d'un même transcrit primaire par le biais d'événements d'épissage entre sites donneurs et sites accepteurs différents. De plus, de nombreuses régulations post-traductionnelles (maturation, clivage, modifications chimiques) peuvent modifier le nombre de protéines actives.

---

3. Pour définir une famille de gènes, on établit tout d'abord des relations d'homologies entre les séquences protéiques. Pour cela, les pourcentages de similarité entre les séquences en acides aminés sont calculés. Les gènes codant les séquences protéiques ayant les pourcentages les plus forts forment une collection de gènes ou famille génique, dans une espèce donnée. Ces gènes seront dits gènes paralogues. On peut également établir des relations avec des gènes d'autres espèces (taxonomie moléculaire). Les gènes ayant de fortes similarités entre eux au sein de ces différentes espèces sont appelés gènes orthologues.

▶▶ Organisation des séquences nucléiques d'un génome

Des analyses physico-chimiques de l'ADN (cinétiques de renaturation de l'ADN ; Encadré 2.2 ; Britten et Davidson, 1976) et les études bioinformatiques des

Encadré 2.2. Différents types de séquences mis en évidence par la cinétique de renaturation de l'ADN

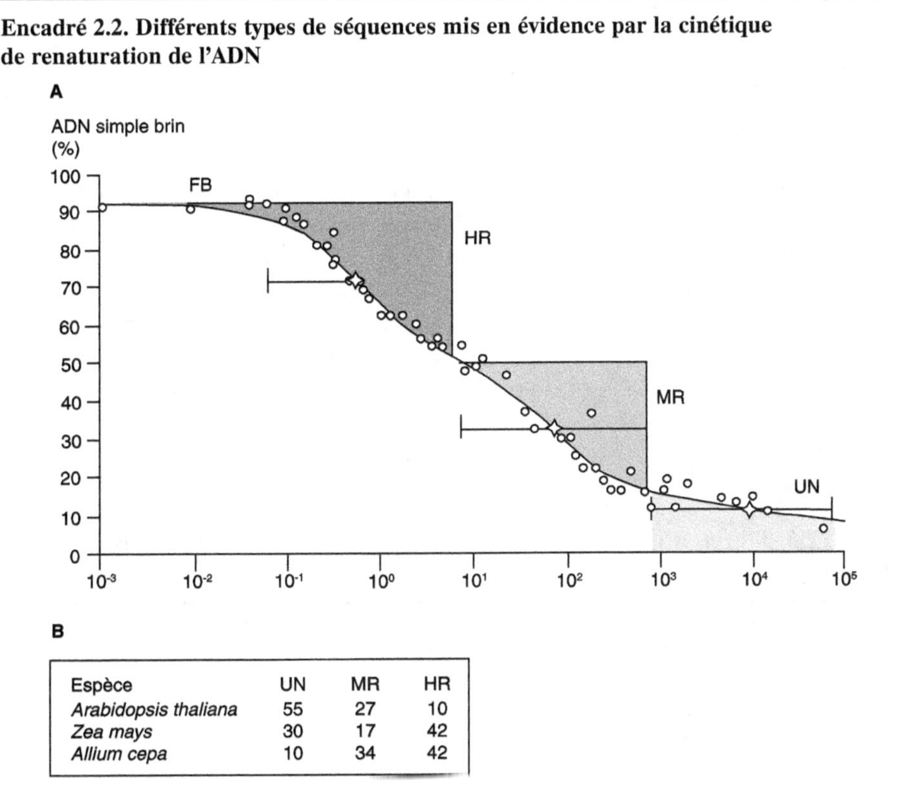

Espèce	UN	MR	HR
Arabidopsis thaliana	55	27	10
Zea mays	30	17	42
Allium cepa	10	34	42

(A) La mise en évidence de répétitions dans l'ADN nucléaire d'un organisme fait appel à des études de cinétique de renaturation. L'ADN est fragmenté de façon aléatoire (fragments d'environ 400 pb), dénaturé par la chaleur, puis placé en conditions de renaturation thermique. La fraction d'ADN qui se renature très rapidement correspond aux séquences présentes en grande concentration et donc fortement répétées. Au contraire, l'ADN correspondant aux séquences uniques se renature lentement. Les résultats des cinétiques de renaturation de l'ADN conduisent à l'établissement de courbes représentatives du pourcentage de renaturation de l'ADN double-brin en fonction du produit de la concentration initiale en ADN (C_0) et du temps nécessaire (t) à la renaturation (C_0t). Les courbes présentent des vagues correspondant à des groupes de séquences ayant des C_0t très différents. Les répétitions sont regroupées en 2 catégories selon leurs vitesses de renaturation (ordre de grandeur ou $C_0t\ ^1/_2$ qui correspond au temps pour lequel 50 % d'une espèce moléculaire donnée sont renaturés) en accord avec leurs fréquences. Les séquences moyennement et fortement répétées couvrent des fréquences de répétition comprises entre quelques centaines et quelques millions. La figure présente une courbe de C_0t sur de l'ADN d'oignon (en abscisse, valeur du $C_0t\ ^1/_2$). Les diamants permettent de comparer l'ordre de grandeur des $C_0t\ ^1/_2$ (1, 100, 10 000), des séquences hautement répétées (HR), moyennement répétées (MR) et uniques (UN).

...

(B) Les pourcentages des séquences en copies uniques (UN), moyennement répétées (MR) et hautement répétées (HR) sont variables selon les espèces. Le pourcentage en séquences hautement répétées serait de 80 % chez le blé, 85 % chez le pois, contre seulement 10 % chez *A. thaliana*. Dans le tableau sont indiqués les pourcentages de trois classes de séquences chez quelques plantes.

Cette technique de fractionnement peut être utilisée pour l'isolement de séquences nucléiques définies par une valeur de $C_0 t$ particulière ou l'établissement de banques d'ADN de complexité cinétique normalisée. Figure extraite de Stack et Coming (1979) avec l'aimable autorisation de *Springer Science and Business Media*.

génomes complètement séquencés montrent l'existence de deux principaux types de séquences : d'une part des séquences uniques correspondant à la plupart des gènes et, d'autre part, des séquences répétées.

La taille de la fraction correspondant aux séquences répétées varie énormément selon les espèces. Cette variation explique la grande diversité des tailles des génomes nucléaires végétaux (cf. Tableau 2.1). Selon leur répartition dans le génome, on distingue 2 classes de séquences répétées : les séquences groupées en tandem et les séquences répétées dispersées dans le génome. Le tableau 2.2 dresse la liste des caractéristiques de ces séquences à l'exception des éléments mobiles, transposons et rétrotransposons, qui font l'objet du chapitre suivant.

Tableau 2.2. Différents types de séquences répétées rencontrées dans le génome des plantes.

Séquences groupées en tandem	Séquences dispersées
Gènes ARNr, gènes ARNt	Transposons
ADN satellite	Rétrotransposons
Répétitions télomériques	Minisatellites
Répétitions centromériques	Microsatellites

Séquences répétées en tandem

Gènes codant les ARN ribosomiques et les ARN de transfert

Les ribosomes sont constitués par des protéines et des ARN ribosomiques (ARNr). La transcription des gènes ribosomiques (ADNr) codant les ARNr, la maturation des transcrits primaires et l'assemblage ordonné avec les protéines ribosomiques pour former les sous-unités des ribosomes s'opèrent dans une région particulière du noyau, le nucléole.

Les gènes nucléaires codant les ARNr sont présents en copies multiples (plusieurs centaines), en tandem dans le génome. Cette organisation est commune aux différents organismes eucaryotes. Chaque unité transcriptionnelle code, dans l'ordre, l'ARNr 18S de la sous-unité ribosomale 40S puis les ARNr 25S et 5,8S constitutifs de la sous-unité ribosomique 60S (Figure 2.3). Les unités transcriptionnelles sont séparées par des séquences intergéniques non transcrites ou IGS (*InterGenic Sequence*). La transcription de ces gènes est assurée par l'ARN polymérase I et la maturation du transcrit dépend de l'action d'une ribonucléase particulière, la

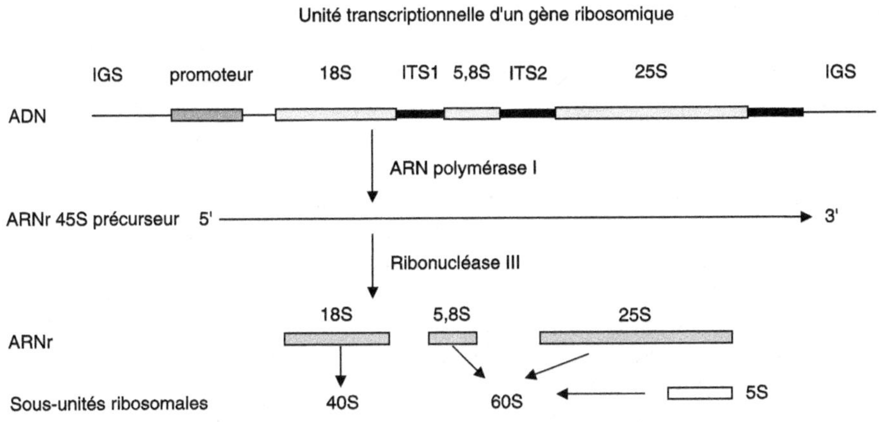

Figure 2.3. Unité transcriptionnelle ribosomique.
Une unité transcriptionnelle ribosomique code l'ARN 18S de la sous-unité ribosomale 40S et les ARN 25S et 5,8S, constitutifs de la sous-unité ribosomique 60S. Les unités transcriptionnelles sont séparées par des séquences intergéniques non transcrites (IGS, *Intergenic Sequence*). Les deux régions ITS (*Intergenic Transcribed Sequence*) sont éliminées lors de la maturation du précurseur.

RNAse III, qui ne dégrade que l'ARN double-brin. Les régions IGS et les régions ITS (*Intergenic Transcribed Sequence*, séquences transcrites et éliminées lors de la maturation) sont très variables, tant en séquence qu'en longueur.

Ces séquences répétées peuvent être présentes sur plusieurs chromosomes. Le regroupement de ces séquences dans une même région du chromosome a conduit à l'appellation : région de l'organisateur nucléolaire (NOR, *Nucleolar Organization Region*). Chez *A. thaliana*, les régions NOR (environ 4 Mpb) sont présentes en position subtélomérique des chromosomes 2 et 4, et comprennent 350 à 400 unités d'environ 8 kpb. Chez *A. thaliana*, les gènes codant les ARNr 5S sont également présents en copies multiples et sont localisés dans les régions péricentromériques des chromosomes 3, 4 et 5. Ils sont transcrits par l'ARN polymérase III.

Les gènes codant les ARNt sont distribués sur les chromosomes, soit de façon isolée, soit en unités répétées ou « clusters ». Ainsi le chromosome 1 d'*A. thaliana* possède 236 gènes d'ARNt dont 54 forment deux « clusters » de 27 gènes chacun.

ADN satellite, séquences centromériques et télomériques

L'ADN satellite est un ADN hautement répété, plusieurs centaines de milliers de fois, constitué de séquences de 100 à 300 pb, groupées en bloc. L'ADN satellite est localisé dans les régions hétérochromatiques, c'est-à-dire des régions centro-mériques, péricentromériques, télomériques ou subtélomériques. Ces séquences, bien que généralement non codantes, ont un rôle structural et fonctionnel majeur. Historiquement, c'est par ultracentrifugation en gradient de densité que l'ADN satellite a été mis en évidence. En effet, après fragmentation de l'ADN, on peut séparer différentes fractions du génome selon leur densité (en fonction du pourcen-tage en bases GC, cf. Annexe 4), parmi lesquelles les fractions dites satellites possédant des densités différentes et la fraction majeure du génome.

Les centromères sont des structures indispensables à la ségrégation correcte des chromosomes lors des divisions. Des protéines permettant la cohésion des chromatides-filles (cf. Annexe 2) ou interagissant avec le fuseau mitotique s'y fixent. Les centromères, dont la taille peut varier de 500 kpb à quelques Mpb, comportent généralement trois régions ayant des propriétés structurales, moléculaires et fonctionnelles différentes : un cœur, formé par la répétition en tandem de séquences satellites, et deux régions péricentromériques flanquant le cœur qui sont composées de séquences répétées diverses (éléments mobiles, microsatellites, etc.) et de quelques gènes. Bien que cruciales pour le fonctionnement des centromères, ces répétitions ne sont conservées ni en taille ni en séquence entre les divers organismes. Leur caractère répétitif serait l'élément clé qui déterminerait leur rôle dans la formation du centromère. Chez *A. thaliana*, les centromères couvrent des régions de 2 à 4 Mpb selon les chromosomes, dont environ 1 Mpb qui correspond aux régions centromériques formées par la répétition de séquences de 180 pb. Les régions hétérochromatiques péricentromériques portent, outre des éléments transposables, quelques gènes mais elles se distinguent des régions euchromatiques par une plus faible densité en gènes (1 gène tous les 100 kpb en moyenne dans l'hétérochromatine contre 1 gène tous les 5 kpb dans l'euchromatine chez *Arabidopsis*).

Les télomères sont des structures spécialisées à l'extrémité des chromosomes linéaires. Ils permettent d'éviter que les chromosomes ne soient raccourcis à chaque cycle de réplication de l'ADN et stabilisent les extrémités en limitant les phénomènes de recombinaison qui pourraient avoir lieu. Les séquences télomériques sont le lieu de fixation de complexes protéiques protégeant les extrémités de la dégradation ou de la fusion. Les régions télomériques ont des tailles variables selon les organismes (4-15 kpb chez l'homme, 40 kpb chez la souris, 2-75 kpb chez les plantes, 2-9 kpb selon les accessions d'*A. thaliana*). Elles sont constituées de courtes séquences répétées résultant de l'addition à l'extrémité 3' d'unités élémentaires grâce à l'action de la télomérase, une ribonucléoprotéine à activité de transcriptase réverse. Chez les eucaryotes, le système médié par la télomérase ainsi que d'autres systèmes doivent coexister pour maintenir la longueur des télomères et éviter leur érosion. Chez *A. thaliana*, les télomères sont constitués par la répétition de la séquence (TTTAGGG)$_n$, séquence voisine de celle des télomères des vertébrés (TTAGGG)$_n$. Des séquences répétées subtélomériques séparent les télomères des régions codantes. La longueur des télomères varie au cours du développement, suggérant une régulation de l'expression de la télomérase. Ainsi, par exemple, elle diminue au cours du développement de l'embryon d'avoine, passant de 75 à 25 kpb. Inversement, elle augmente dans des cellules d'avoine maintenues en culture *in vitro*.

Séquences répétées dispersées

Les séquences répétées dispersées correspondent aux séquences mini- et microsatellites.

Les séquences minisatellites sont constituées par la répétition de motifs très courts de 7 à 30 pb et dont le nombre est variable. Cette variabilité des répétitions est à l'origine d'un polymorphisme génétique utilisé notamment pour le génotypage chez les plantes (cf. Chapitre 7).

Les séquences microsatellites sont des répétitions d'un à six nucléotides, la répétition étant de longueur très variable. La densité des microsatellites (motif > 20 pb) est plus forte chez les dicotylédones (1 motif/21 kpb) que chez les monocotylédones (1 motif/65 kpb). Le motif majoritaire chez les plantes est $(AT)_n$ alors que chez les animaux, c'est le motif $(AC)_n$.

Les séquences microsatellites sont présentes dans les parties transcrites des gènes, en particulier dans les régions 5' et 3' non traduites.

Chapitre 3

Éléments mobiles

Chez les organismes eucaryotes, il existe un certain nombre de séquences nuclé-iques caractérisées par leur mobilité dans le génome. Ces « éléments mobiles » ou « éléments transposables » sont ubiquitaires et généralement considérés comme des agents mutagènes ou comme des séquences parasites capables d'envahir les génomes et d'en perturber le fonctionnement. Il a également été proposé que la variabilité et l'évolution des génomes découlent des propriétés de ces éléments. Les éléments transposables jouent un rôle important dans l'évolution des génomes. Ils peuvent générer des cassures chromosomiques entraînant des inversions ou des translocations. Ils peuvent être ainsi à l'origine de réarrangements de régions chro-mosomiques, mais également de modifications de l'expression de gènes qui leur sont adjacents. Ils contribuent à la formation des introns. Cependant, une régula-tion efficace de la transposition des éléments mobiles existe et restreint celle-ci chez leurs hôtes. En effet, une transposition incontrôlée serait incompatible avec le maintien des activités biologiques indispensables à la vie des cellules. Ainsi, la plupart des éléments mobiles rencontrés sont inactifs et immobiles, bien que certains puissent être transcrits. Leur réactivation transcriptionnelle peut être le fait de divers stress (Pouteau *et al.*, 1994).

▸▸ Deux grandes classes d'éléments mobiles

Les éléments mobiles sont regroupés en deux classes selon leur mode de trans-position. Dans chaque classe, ils sont organisés en superfamilles et en familles sur des bases structurales (Tableau 3.1, Figure 3.1).

Les éléments mobiles de classe I ou rétrotransposons nécessitent pour leur transpo-sition l'action successive de l'ARN polymérase II de la cellule, d'une transcriptase réverse et d'une intégrase codée par l'élément. La transposition est de fait une rétrotransposition. L'ARN mature (polyadénylé) est rétrotranscrit en ADNc qui est intégré. La transcriptase réverse possède les activités d'une ADN polymérase ARN-dépendante et d'une ribonucléase (l'activité RNase H assurant la dégradation de l'ARN de l'hétérohybride intermédiaire ARN-ADN). La classe I est subdivisée en (i) rétrotranposons à LTR (*Long Terminal Repeat*) ou rétroéléments de type viral à

Tableau 3.1. Classification des éléments mobiles.

Classe I Rétrotransposons	Classe II Transposons
• Rétrotransposons à LTR (type viral) *Ty1-Copia* Ty3-Gypsy	• Mécanisme de transposition par « copier-coller » *Activator (Ac/Ds), Tam3* *Mutator* *MITE*
• Rétrotransposons sans LTR (type non viral) LINE SINE	• Mécanisme de transposition par cercle roulant *Helitrons*

LTR, proches par leur structure des rétrovirus, et en (ii) rétrotransposons sans LTR ou rétroposons, comprenant les éléments LINE (*Long Interspersed Nucleotide Element*) et SINE (*Short Interspersed Nucleotide Element*). Les éléments de la classe I présentent en commun une structure témoignant du fait que ces séquences proviendraient de la rétrotranscription d'un ARN. La transposition amplifie le nombre de ces séquences dans le génome.

Les éléments mobiles de classe II ou transposons se déplacent grâce à l'action d'une enzyme de recombinaison spéciale : la transposase. La transposase réalise les coupures et religatures impliquées par la transposition. Les transposons sont bordés

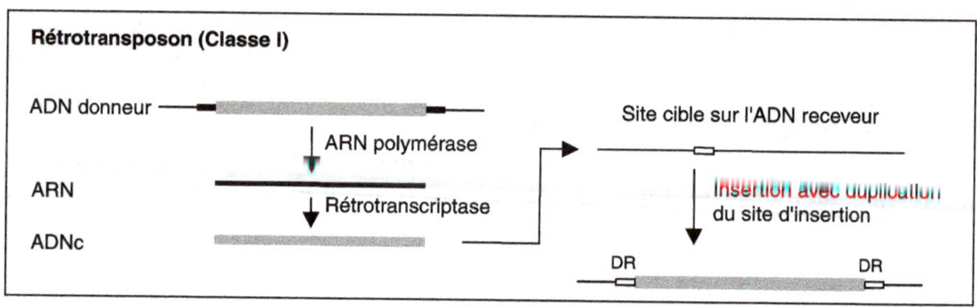

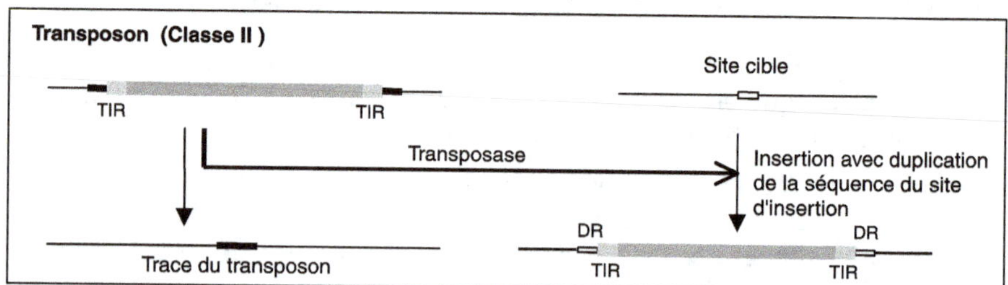

Figure 3.1. Deux classes d'éléments mobiles.
Les éléments mobiles de classe I, appelés rétrotransposons, dépendent pour leur mobilisation d'un intermédiaire ARN. Les éléments de classe II, ou transposons, nécessitent l'intervention d'une transposase. DR : *Direct Repeat*, répétition directe ; TIR : *Terminal Inverted Repeat,* répétition terminale inversée.

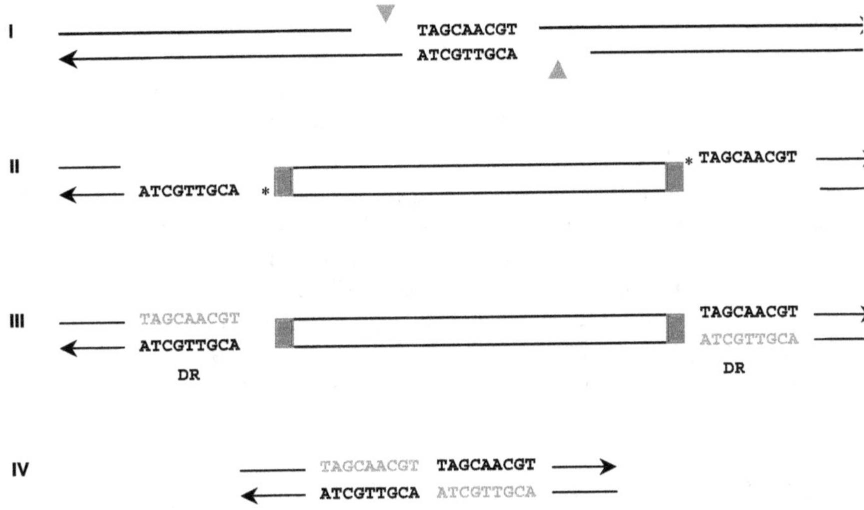

Figure 3.2. Mécanisme d'intégration d'un transposon.
(I) Première étape : coupure au site d'insertion par la transposase (triangle). (II) Deuxième étape : ligation des extrémités de l'ADN génomique avec celles du transposon (rectangle gris) (*). (III) Troisième étape : réparation au niveau du site de coupure et religation. Création des séquences répétées directes ou DR (*Direct Repeat*). (IV) Excision de l'élément mobile. Les DR sont les traces laissées après excision d'éléments mobiles de classe II.

par des séquences répétées inversées ou TIR (*Terminal Inverted Repeat*) (Figure 3.1). La plupart des éléments de classe II présents chez les plantes transposent par un mécanisme dit « couper-coller ».

Quelle que soit la classe de l'élément mobile, son insertion en un site provoque la duplication d'une séquence au niveau du site d'intégration, ce qui génère une courte séquence répétée directe ou DR (*Direct Repeat*) de chaque coté de l'élément intégré (Figure 3.2).

La distribution génomique, le nombre de copies et les sites d'insertion de ces séquences n'obéissent pas à des règles bien précises. Le nombre de copies varie d'une famille à l'autre et dépend de l'organisme. Chez *A. thaliana,* la séquence du génome publiée en 2000 a révélé la présence de 2 109 éléments mobiles de classe I et 2 203 de classe II appartenant à différentes familles, représentant environ 10 % du génome (AGI, 2000).

Pour les deux classes d'éléments, on distingue selon leur mobilité :
– les éléments autonomes (complets ou actifs) capables de transposer par eux-mêmes car ils codent les fonctions nécessaires à leur propre transposition ;
– les éléments non autonomes (incomplets ou défectifs) et mobilisables qui ne peuvent transposer sans l'action en *trans* d'un élément autonome ;
– les éléments non autonomes et non mobilisables qui ne peuvent transposer.

La grande majorité des éléments rencontrés dans les génomes sont inactifs, voire ne sont que des fragments d'éléments. Quant aux éléments actifs, leur fréquence de transposition reste généralement relativement faible, de l'ordre de la fréquence d'apparition d'une mutation spontanée (soit 1 événement pour 10^5 à 10^6 méioses). Cependant, chez *Antirrhinum majus* (muflier ou gueule de loup), les éléments *Tam* (*Transposable element from A. majus*) transposent plus fréquemment, la fréquence de transposition pouvant être de l'ordre de 1 %. Ils ont ainsi été utilisés pour le clonage de gènes impliqués dans le développement floral et la pigmentation des fleurs (cf. Chapitre 6).

Les hélitrons constituent un troisième groupe d'éléments transposables découverts récemment dans les génomes eucaryotes (Kapitonov et Jurka, 2001). Ils ont été identifiés chez *Arabidopsis* et chez le riz. Ils possèdent le dinucléotide TC en 5' et la séquence CTAG avec une structure en tige-boucle à l'extrémité 3'. Cependant, ces éléments ne présentent ni répétition inversée ni duplication du site d'insertion. Les hélitrons transposent par cercle roulant[1]. Ces éléments transposables sont plus répandus dans le génome d'*Arabidopsis* que les éléments de classe I et II.

▸▸ Les transposons

Les transposons ont été les premiers éléments mobiles découverts par Barbara McClintock[2] chez des maïs présentant des instabilités au niveau de la couleur de la graine (Planche 10, Encadrés 3.1 et 3.2). Ils ont été ensuite retrouvés chez tous les organismes, procaryotes et eucaryotes. Les transposons, bien qu'étant surtout concentrés au niveau des régions hétérochromatiques, sont présents sur l'ensemble des chromosomes.

Caractéristiques

Les transposons végétaux possèdent, comme les transposons bactériens, deux types de séquences ADN. Les premières codent pour des protéines fonctionnelles et actives en *trans*, les transposases. Ces protéines à activité enzymatique permettent la reconnaissance de la séquence à transposer, son insertion en un point cible du génome (clivage, ligature) et l'excision ultérieure du transposon. Le second type de séquences correspond à des séquences actives en *cis* qui correspondent à des sites de reconnaissance pour la transposase : les séquences répétées inversées termi-nales ou TIR (*Terminal Inverted Repeat*). Les transposons autonomes comportent ces deux types de séquences, tandis que les transposons non autonomes ont perdu une partie variable des séquences à l'origine des facteurs agissant en *trans*, mais conservent les séquences actives en *cis*. L'activité du gène est généralement

---

1. La réplication par cercle roulant est le mode de réplication de nombreux plasmides naturels comme le plasmide F. L'ADN est répliqué sous la forme d'une longue molécule constituée par un enchaînement de plusieurs unités génomiques qui sont ensuite clivées.

2. Barbara McClintock (1902-1992) reçut le prix Nobel de médecine en 1983 pour sa découverte des éléments génétiques mobiles, les transposons. Elle a travaillé à l'université de Cornell (État de New-York, États-Unis) où elle a mené des études de génétique et de cytogénétique sur le maïs. Elle a ainsi pu établir l'existence chez 10 groupes de liaison correspondant aux 10 chromosomes du maïs. C'est en reliant des analyses génétiques de mutations instables avec la cytogénétique que B. McClintock a proposé l'existence des éléments transposables qu'elle a appelés originellement « *controlling elements* ».

Encadré 3.1. Découverte des éléments mobiles *Ac* et *Ds* du maïs

Barbara McClintock a étudié la transmission de la couleur des grains de maïs, couleur provenant de l'accumulation de pigments dans les cellules de la surface des grains (couche d'aleurone). À partir de ces études, elle a introduit le concept majeur de séquences génétiques mobiles baptisées « *controlling elements* ». Les bigarrures d'un grain à l'autre et d'une génération à l'autre sont très variables. Cette variabilité de patrons de pigmentation suggère l'existence d'un processus génétique réversible, qui détermine l'inactivation puis la réactivation d'un gène contrôlant la production de pigments dans les cellules d'aleurone. La fréquence des mutations et surtout des mutations réverses étant très faible, de l'ordre de 10^{-7}, il est exclu que les bigarrures proviennent d'une succession de mutations et de réversions. B. McClintock a proposé que le gène déterminant la synthèse du pigment (gène *C* de la voie de biosynthèse des anthocyanes, cf. Fil rouge) est inactivé de façon réversible par la transposition d'un élément mobile. Le gène C est muté suite à l'insertion de l'élément mobile, puis il est réactivé lors de l'excision de cet élément. L'élément mobile ou transposon peut être un élément *Ac* (*Activator*) autonome ou un élément *Ds* non autonome, dépendant pour sa transposition de la présence d'un élément *Ac*. La transposition d'un élément *Ds* peut être repérée par analyse cytogénétique car son insertion provoque occasionnellement une cassure chromosomique et, dans ce cas, une mutation stable. La bigarrure liée à la juxtaposition de cellules à gène *C* actif et de cellules avec un gène *C* inactif par insertion s'explique par une transposition relativement fréquente. Les éléments mobiles *Ac/Ds*, dont l'existence a été posée conceptuellement par B. McClintock en 1951 pour interpréter les mutations somatiques instables, ne furent isolés qu'en 1983 et utilisés ultérieurement comme outils de mutagenèse (cf. Chapitre 6). Il existe de 30 à plusieurs centaines de copies d'éléments *Ac/Ds* dans une variété de maïs.

---

restaurée après l'excision de l'élément, mais elle laisse une trace correspondant à la duplication du site d'insertion.

Mécanisme de la transposition

Le mécanisme biochimique de la transposition catalysée par la transposase reste encore incomplètement compris chez les plantes. Il ferait appel à une transposition conservative où n'a lieu qu'un simple déplacement de l'élément d'un site donneur à un site accepteur.

Le mécanisme de duplication du site accepteur au cours de la transposition peut être décrit comme la succession d'une activité endonucléasique créatrice d'extrémités cohésives et d'une activité polymérasique après ligation spécifique aux extrémités du transposon (cf. Figure 3.2).

Diversité

De nombreux éléments de classe II ont été isolés chez différentes plantes. Les plus étudiés sont les éléments *Ac/Ds, En/Spm* et *Mu* chez le maïs (Fedoroff, 1989 ; Bennetzen, 1996), et les éléments *Tam* chez *A. majus* (Coen *et al.*, 1986). Les transposons du maïs sont décrits plus loin. Les éléments *Tam* (*Tam1* à *Tam3*) sont en particulier responsables de la grande diversité de la coloration des pétales des fleurs, rouges, blanches ou bariolées. Ces différents phénotypes du muflier s'expliquent par l'insertion instable d'un élément *Tam* au niveau d'un gène (ou de son promoteur), responsable de la synthèse de l'un des enzymes de la voie de

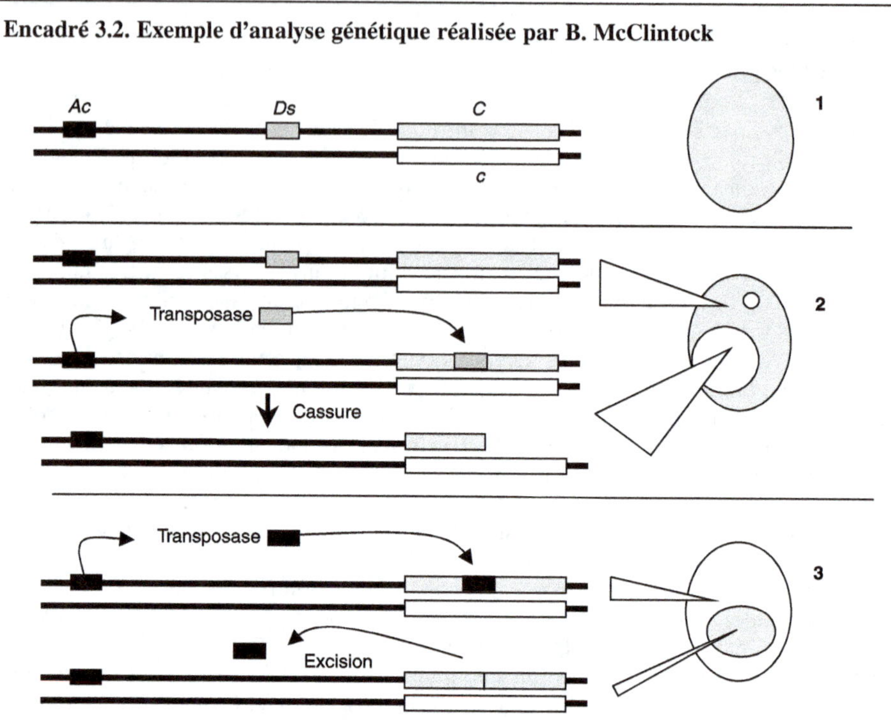

Encadré 3.2. Exemple d'analyse génétique réalisée par B. McClintock

Lors d'une des expériences de B. McClintock, une variété de maïs donnant des grains apigmentés (génotype *cc*, homozygote récessif pour le gène de régulation de la pigmentation C) a été croisée avec une plante d'une variété donnant des grains tachetés et ayant pour génotype *C/C, Ds/Ds, Ac/+* (le signe + signifie l'absence de l'élément *Ac*). On s'attend à ce que 50 % de la descendance ait pour génotype *C/c, Ds/+, +/+* conduisant à un phénotype de plantes à grains colorés uniformément du fait de l'absence de l'élément *Ac* et donc de l'immobilisation de l'élément *Ds* (grains de type 1).

Le génotype des 50 % de plantes restantes est *C/c, Ds/+, Ac/+* permettant la mobilité de l'élément *Ac* et indirectement de l'élément *Ds*. Sur ces plantes, la majorité des grains sont colorés uniformément comme les précédents (présence du gène *C* sans insertion de transposon) et une fraction des grains sont colorés avec des taches blanches liées à la perte du gène *C*, suite à la transposition de l'élément *Ds* sous l'influence de l'élément *Ac* (grains de type 2). L'élément *Ds,* en s'insérant à proximité du gène *C*, peut engendrer une cassure chromosomique visible par analyse cytogénétique et ainsi la perte du fragment de chromosome porteur du gène *C*. Lorsque la transposition somatique se fait sans cassure chromosomique, la mutation est instable. Ce type d'anomalie chromatinienne a conduit B. McClintock à émettre l'hypothèse d'un élément mobile déterminant la mutation chromosomique. La taille des taches blanches est d'autant plus grande que la transposition est précoce.

À une fréquence plus faible, des grains blancs à taches rouges peuvent apparaître (grains de type 3). Cela est dû à une insertion de l'élément *Ac* dans le gène *C* (génotype C^{Ac}), suivie ultérieurement de son excision restaurant l'activité du gène *C* (l'ancien site d'intégration du transposon est figuré par un trait vertical noir).

L'élément *Ac* est en noir, l'élément *Ds* en gris, l'allèle *C* est en gris clair et l'allèle *c* en blanc.

biosynthèse de l'anthocyane (cf. Fil rouge, Planche 4). En effet, la transposition de l'élément *Tam* dans un gène de synthèse de l'anthocyane n'est détectable que dans les cellules où s'exprime le gène comme dans certaines cellules des pétales. Une transposition dans les cellules-mères des gamètes ne sera perceptible qu'après développement du sporophyte et des fleurs (cf. Chapitre 6).

L'identification des éléments mobiles s'est faite initialement sur la base d'études génétiques. Aujourd'hui il est possible, à partir de l'analyse des séquences connues des génomes, d'identifier des séquences répétitives dispersées homologues à des éléments du maïs : *Ac* (*Ac-like element*), *Mu* (MULE *Mu-like element*), *Spm* (*CACTA-like element*) et à des éléments transposables décrits surtout chez les organismes animaux, comme les éléments *Tc1-like* ou TLE et les éléments *Mariner-like* ou MLE. Les éléments MITE (*Miniature Inverted-repeat Transposable Element*), autre groupe de transposons, sont caractérisés par une petite taille (< 600 pb), une séquence bordée par 2 séquences TIR spécifiques, une absence d'ORF et un nombre de copies assez élevé (> 10 000, en général). Les éléments MITE sont les éléments les plus fréquents chez les poacés (graminées). Ils correspondent à des dérivés d'éléments transposables non autonomes et s'insèrent préférentiellement dans des régions riches en dinucléotides TA ou trinucléotides TAA.

La liste des transposons et des séquences dérivées de transposons n'est pas encore totalement établie.

Les éléments *Ac* et *Ds*

L'isolement du transposon *Ac* a été possible grâce à son insertion dans un gène connu. À l'aide d'une sonde spécifique du gène, on a pu isoler, cloner et séquencer le transposon (Figure 3.3). Les éléments *Ds* présentent tous une délétion plus ou moins importante du gène de la transposase ; cependant ils conservent les différentes séquences actives en *cis*.

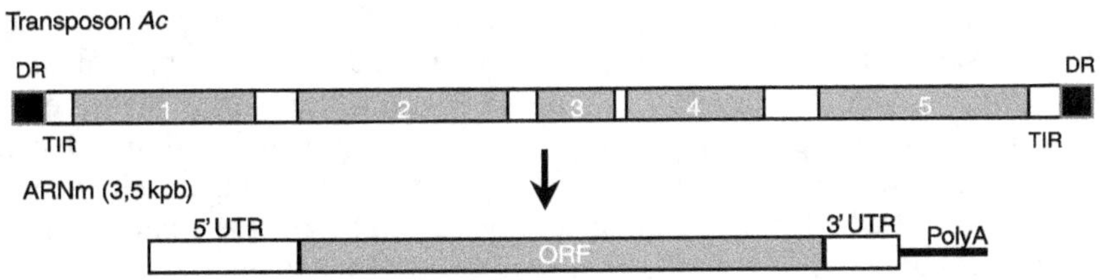

Figure 3.3. Structure du transposon *Ac*.

Le transposon *Ac* du maïs (4 563 pb) porte le gène de la transposase (5 exons, en gris) et, aux 2 extrémités, une région d'environ 200 pb non transcrite intervenant comme séquence *cis*-active dans la transposition. Ces régions sont reconnues par la transposase (protéine de 807 acides aminés) qui se lie à un motif hexamérique répété (AAACGG). La transposition dépend aussi de la présence de 2 répétitions inversées terminales (TIR) de 11 pb. Les 2 répétitions directes (DR, hachures) de 8 pb proviennent de la duplication du site d'insertion au cours de l'intégration. ORF : *Open Reading Frame*, cadre ouvert de lecture ; UTR : *UnTranslated Region*, region transcrite, non traduite (cf. Annexe A4).

Le rôle de l'élément *Ac* sur la mobilité de l'élément *Ds* peut être mis en évidence expérimentalement à l'aide de constructions utilisant le gène rapporteur *uidA*, codant une ß-glucuronidase d'*E. coli* (cf. Chapitre 5 ; cf. Planches 6/7). Le gène *uidA* placé sous le contrôle d'un promoteur végétal et inactivé par insertion d'un élément *Ds* est transféré dans le génome des cellules végétales. La cotransformation des cellules avec un deuxième plasmide possédant le gène de la transposase de l'élément *Ac* associé à son propre promoteur provoque l'excision de l'élément *Ds* dans certaines cellules, d'où l'expression locale du gène *uidA* (cf. gène rapporteur, cf. Chapitre 5). L'isolement et le séquençage du gène *uidA* permettent de vérifier que l'élément *Ds* est excisé.

L'utilisation de ces éléments comme agents mutagènes est présentée au chapitre 6.

Éléments *En/I* ou *Spm/dSpm*

Les éléments mobiles *En* (*Enhancer*) et *Spm* (*Suppressor-mutator*) sont autonomes, alors que les éléments *I* (*Inhibitor*) et *dSpm* (*defectif Spm*) sont non autonomes. L'élément *En* a une taille de 8,3 kpb et code deux protéines nécessaires à la transposition, TNPA (67 kDa) et TNPD (131 kDa) provenant d'une maturation différente des ARN pré-messagers. Les séquences *cis* nécessaires à la transposition comportent les 2 extrémités de l'élément (soit 200 pb en 5' et 300 pb en 3') ainsi que deux TIR de 13 pb. Chez certaines plantes, les éléments *En/I* sont utilisés pour générer des mutations par insertion de transposons. Chez *Arabidopsis*, le système *En/I* s'est ainsi avéré plus efficace que le système *Ac/Ds* dont la fréquence de transposition peut être plus faible.

▸▸ Les rétrotransposons

Rétrotransposons à LTR

Les rétrotransposons à LTR ou rétroéléments de type viral sont proches des rétrovirus. Les rétrovirus possèdent un génome constitué d'un ARN monobrin enfermé dans une capside à enveloppe. Une fois qu'il a pénétré dans une cellule hôte, l'ARN des rétrovirus est rétrotranscrit en ADN par la rétrotranscriptase virale et cet ADN est alors intégré en un point quelconque du génome par action d'une deuxième protéine virale, l'intégrase. Le génome rétroviral intégré forme le provirus comprenant d'une part 2 LTR de 200 à 600 nucléotides ayant un rôle régulateur en *cis* sur l'expression des gènes viraux du fait de la présence d'un *enhancer*, d'un promoteur et de sites de polyadénylation et d'autre part, une région d'environ 7 kpb portant les 3 gènes, *gag*, *pol* et *env*. Cette région correspond à 2 ORF codant l'information pour la protéine Gag de la capside, les enzymes responsables des étapes spécifiques du cycle rétroviral, la protéase (PR), la rétrotranscriptase (ou transcriptase inverse, RT) à activité ribonucléase H associée, l'intégrase (Int) et les glycoprotéines d'enveloppe (Figure 3.4).

Les rétrotransposons ou rétroéléments à LTR sont caractérisés par une région intercalaire comprenant les gènes *gag* et *pol*, région comprise entre 2 LTR analogues

Rétrotransposon de type *Ty1 - copia*

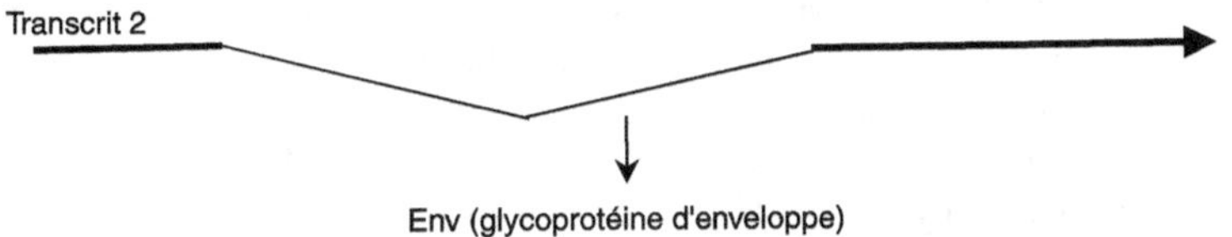

Structure d'un rétrovirus

Figure 3.4. Comparaison des structures d'un rétrotransposon et d'un rétrovirus.
Les régions LTR (*Long Terminal Repeat*) comprennent les signaux d'initiation et de fin de transcription (U3, R et U5). Le rétrotransposon possède les gènes *gag* et *pol* ; dans la plupart des cas le gène *env* est absent.

à celles des rétrovirus et 2 courtes répétitions directes du site d'insertion (5-10 pb). Les rétrotransposons végétaux sont regroupés en 2 familles selon la position relative des domaines enzymatiques portés par le gène *pol* : la famille de type *Ty3-Gypsy* (d'ordre PR/RT/H/Int) et la famille de type *Ty1-Copia* (d'ordre PR/Int/RT/H), avec pour référence les rétrotransposons *Ty1* et *Ty3* de la levure et les éléments *Copia* et *Gypsy* de la drosophile.

Le premier rétroélément végétal à LTR fut isolé chez le maïs en 1984 et nommé *Cin1*. Depuis, un grand nombre d'autres rétroéléments à LTR ont été caractérisés chez différentes plantes monocotylédones, dicotylédones et gymnospermes. Certains éléments comme les rétrotransposons *Tos1* à *Tos3* ont été utilisés à des fins agronomiques et notamment pour génotyper des cultivars du riz. Le nombre de familles et de copies sont très variables selon les organismes. L'élément *Ta1* d'*Arabidopsis* fait partie d'une superfamille de rétroéléments comprenant 10 membres (*Ta1* à *Ta10*). L'élément *Ta1* est dépourvu de séquences codantes et d'une LTR ; c'est un élément non autonome, en copie unique dans le génome.

Le clonage d'un rétrotransposon actif, l'élément *Tnt1* (Grandbastien *et al.*, 1989) du tabac, a été possible à partir de plantes mutées par insertion de celui-ci dans un gène impliqué dans le métabolisme des nitrates, le gène codant la nitrate réductase. En effet, la connaissance de la structure de ce gène, ainsi qu'un crible génétique basé sur la résistance au chlorate de soude[3], a permis d'isoler l'élément mobile. Le séquençage a montré qu'il s'agissait d'un rétrotransposon de type *Copia*.

Rétrotransposons sans LTR

Généralités

Ces rétroéléments sont dépourvus de LTR. Ils sont appelés rétrotransposons de type non viral ou encore rétroposons. Ils se caractérisent par une séquence poly-adénylée en 3' qui révèle que leur origine dérive de la rétrotranscription d'un ARN mature polyadénylé, suivie de leur intégration (rétroposition). Leur structure rappelle celle des rétropseudogènes ou rétrogènes qui dérivent de copies ADN d'ARNm matures de gènes. Un pseudogène par rapport au gène initial est réduit aux seuls exons et possède une séquence polyA en 3'. Ces rétropseudogènes intégrés aléatoirement ne peuvent en principe s'exprimer faute de promoteur.

On distingue 2 sous-familles : les éléments LINE (*Long INterspersed Element*) et les éléments SINE (*Short INterspersed repetitive Element*). Les rétroposons LINE et SINE sont ubiquitaires chez les eucaryotes. Leur présence en très grand nombre d'exemplaires, fruit d'un grand nombre de transpositions passées, et leur activité actuelle possible font de ces éléments un facteur important de l'évolution de la taille des génomes eucaryotes, chez l'homme en particulier. Les éléments LINE transcrits en ARNm par l'ARN polymérase II sont rétrotranscrits en ADNc par la rétrotrans-criptase codée par le rétrotransposon lui-même et donc produite par la traduction de l'ARNm. Les rétroéléments de type SINE dérivent de la transcription par l'ARN polymérase III de petits ARN (ARNt, ARN7SL) puis de leur rétrotranscription par action d'une rétrotranscriptase opportuniste. La fonction des rétroéléments semble se limiter à leur multiplication par transposition dans le génome comme un virus dans une cellule. Cet ADN parasite, en induisant des réarrangements génétiques, pourrait toutefois s'avérer être un facteur important de l'évolution.

Rétroéléments LINE

Les rétroposons LINE possèdent en général 2 cadres ouverts de lecture (ORF) dont l'un code la protéine de type Gag et l'autre, une transcriptase inverse (RT) (Figure 3.5). Ce type de rétroélément est représenté chez l'homme par l'élément L1 de 7 kb de long avec 100 000 copies. En général, peu d'éléments LINE sont actifs car ils comportent des délétions plus ou moins importantes au niveau de leur extrémité 5'.

Des rétroéléments sans LTR de type LINE ont été découverts en 1987 chez le maïs. Ces éléments appartiennent à la famille Cin. Ils sont de taille variable de l'ordre de 4,5 kb et diffèrent par leur extrémité 5' qui est plus ou moins tronquée. D'autres éléments LINE ont été découverts chez diverses espèces végétales comme l'élément *del-2* chez le lys, présent en 250 000 copies, l'élément BNR chez la betterave et les éléments *Tat* (1 à 17) chez *Arabidopsis*.

---

3. La nitrate réductase transforme le chlorate de soude en chlorite, substance toxique pour la plante. L'insertion de *Tnt1* dans le gène de la nitrate réductase inactive ce gène et permet la survie de la plante en présence de chlorate de soude.

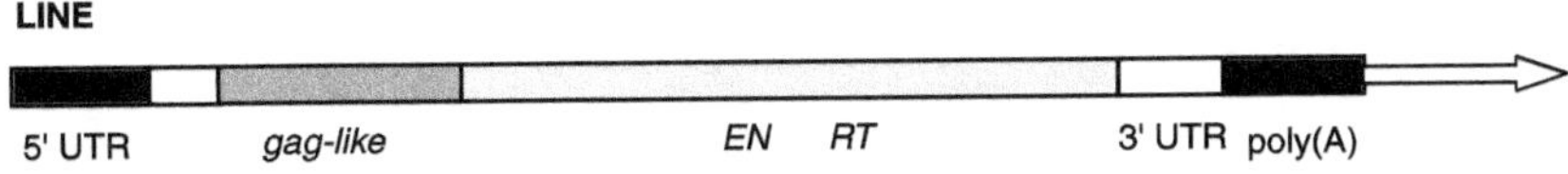

Figure 3.5. Rétroposons de type LINE et SINE.

Les rétroposons LINE possèdent deux cadres ouverts de lecture (ORF) : l'un (*gag-like*) code une protéine de type Gag et l'autre, une endonucléase (EN) et une transcriptase inverse (RT). Ils possèdent des répétitions à l'extrémité 3', généralement poly(A).

Les éléments SINE possèdent une séquence poly(A) à leur extrémité 3', deux motifs consensus A et B de promoteurs de l'ARN polymérase III du côté 5' et une région variable. Ils sont dépourvus de séquence codant une protéine. UTR : *UnTranslated Region.*

Rétroéléments SINE

Les éléments SINE sont les rétroposons les plus fréquents chez certains animaux. Chez l'homme et les primates, les rétroposons SINE sont représentés par la famille des séquences « Alu », séquences de 300 pb présentes à environ 300 000 copies et correspondant à 3 % du génome. La présence des rétroéléments SINE chez les plantes n'a été décrite que récemment : leur fréquence et leur impact sur les génomes végétaux seraient moindres que sur les génomes animaux.

Les éléments SINE possèdent une séquence polyadénylée à leur extrémité 3' et deux motifs consensus A et B de promoteurs de l'ARN polymérase III, mais ils sont dépourvus de séquence codante pour une protéine. Les séquences SINE dériveraient de la rétrotransposition de petits ARN, l'ARN dit 7SL dans le cas de la séquence Alu, et des ARNt en général (Pelissier *et al.*, 2004). Les séquences SINE peuvent être transcrites par l'ARN polymérase III qui transcrit les gènes des petits ARN. Elles dépendent, pour être rétrotranscrites en ADNc et se réintégrer, de l'action d'une rétrotranscriptase opportuniste, éventuellement codée par un élément LINE.

Un rétroélément de type SINE a été isolé chez le tabac (Yoshioka *et al.*, 1993). Cet élément, appelé TS (*Tabacco SINE*), a une structure homologue à l'ARNt^{LYS}. Il est présent à environ 50 000 copies.

Les rétroéléments SINE peuvent être utilisés comme outils pour les études de phylogénie moléculaire. En effet, dans la mesure où l'insertion d'un rétroélément n'est pas réversible, sauf délétion, le moment de l'apparition d'un rétroélément en un site donné peut être repéré au sein d'une lignée phylogénétique et aider à établir les relations entre les espèces : une espèce dépourvue du rétroélément donné est alors considérée comme étant plus ancestrale que les espèces le possédant.

Chez *A. thaliana,* sur 2 109 rétrotransposons, 1 594 sont des rétroéléments à LTR (75 %) et 515 sont des rétroéléments sans LTR, parmi lesquels on compte 72 % de LINE et 28 % de SINE (AGI, 2000).

Chapitre 4

Régulation génique

La régulation génique est centrale dans la formation, le développement des organismes, leurs adaptations et leurs réponses à divers facteurs endogènes et environnementaux (lumière, température, disponibilité des éléments nutritifs, etc.). Il existe trois principaux niveaux de régulation de l'expression des gènes : une régulation transcriptionnelle qui contrôle la production des ARN messagers, une régulation dite post-transcriptionnelle qui joue sur la stabilité des ARNm, leur maturation et leur traductibilité (Figure 4.1) et enfin une régulation traductionnelle qui porte sur la maturation, les modifications post-traductionnelles, la stabilité et la conformation des protéines (cf. Annexe 4). Ce chapitre présente les deux premiers niveaux de régulation, le dernier relevant plus de la biochimie des protéines[1].

Les profils d'expression des gènes[2] peuvent être transitoires au cours de la vie d'une cellule ou du développement d'un organisme, ou se transmettre de cellule-mère en cellules-filles lors de la mitose ou d'une génération à l'autre, lors de la méiose. L'établissement, le maintien et la transmission de ces profils d'expression reposent sur des modifications « épigénétiques » du génome. Celles-ci sont définies de la façon suivante : toute modification entraînant une modification de l'expression des gènes, sans modification de la séquence de l'ADN et transmissible en mitose et/ou en méiose, est une modification de type épigénétique (« épi » signifiant au-dessus du niveau génétique, de l'ADN). L'ensemble des modifications épigénétiques d'un génome à un temps donné définit un épigénome. L'empreinte parentale (ou *paternal imprinting*) permettant l'extinction sélective de certains allèles parentaux, voire de chromosomes entiers (chromosome sexuel X chez les mammifères), fait appel à des modifications épigénétiques. Les marques épigénétiques sont diverses et leur mise en place sur la chromatine est soumise à des régulations complexes ayant des répercussions sur la dynamique de la chromatine, la fonctionnalité et l'expression des génomes. Des modifications épigénétiques peuvent également survenir de façon accidentelle, on parle alors de mutations épigénétiques ou épimutations, générant un épiallèle (Planche 11).

---

1. Pour plus de détail, voir Huber et Hardin (2004).
2. Un profil ou patron d'expression d'un gène est l'ensemble des caractéristiques de l'expression spatio-temporelle de ce gène (spécificités tissulaire, cellulaire, développementale, etc.).

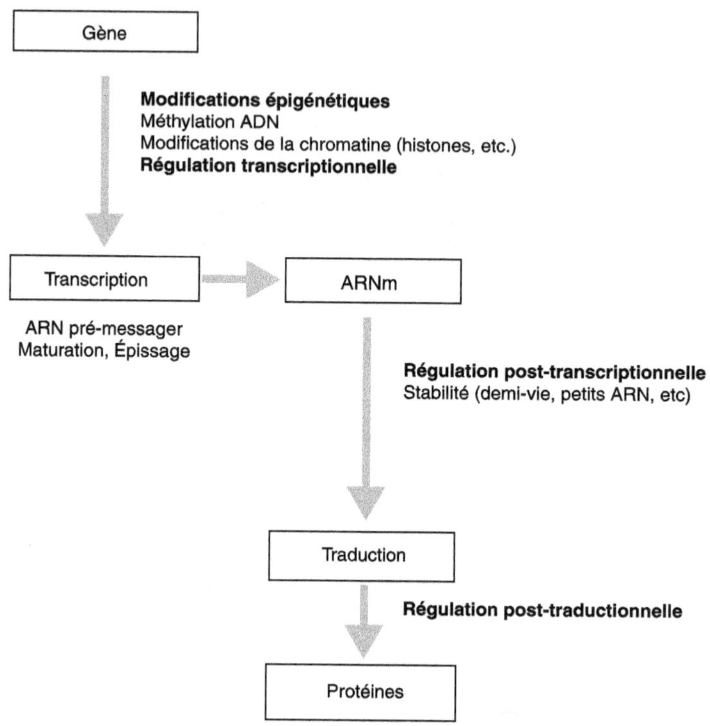

Figure 4.1. Quelques niveaux de la régulation des gènes.
Des facteurs environnementaux, biotiques, abiotiques ou des facteurs développementaux interviennent dans ces différents niveaux de régulation.

▶▶ Régulation transcriptionnelle

La transcription médiée par l'ARN polymérase II résulte d'une cascade complexe d'événements. Elle comprend plusieurs phases (initiation, élongation et terminaison de la transcription, épissage) qui sont soumises à des régulations par divers facteurs protéiques (cf. Annexe 4).

Dans ce chapitre, nous nous attacherons principalement à la régulation de l'initiation de la transcription. La régulation de cette étape fait intervenir (i) les séquences régulatrices situées en position *cis* des gènes, (ii) la machinerie de transcription de base comprenant l'ARN polymérase II et ses cofacteurs, ainsi que (iii) des régulateurs ou facteurs de transcription (FT) plus spécifiques. Diverses modifications de la chromatine interviennent également à ce niveau de régulation en contrôlant l'accessibilité à l'information génétique de divers complexes protéiques nécessaires au contrôle de la transcription. Nous n'aborderons pas les régulations de transcription par les ARN polymérases I et III, qui ne présentent pas de spécificités particulières chez les plantes.

Séquences régulatrices en *cis* de l'unité transcriptionnelle

Il existe plusieurs types de séquences régulatrices en *cis* (c'est-à-dire associées à la séquence du gène). Certaines ont des positions définies par rapport à la séquence codante du gène, comme le promoteur situé en position 5' de la séquence codante du gène, en amont du début de transcription (site + 1 de transcription), ou comme le terminateur situé en position 3' de la séquence codante. D'autres ont des positions plus variables (activateurs, répresseurs) et sont généralement situées dans la région promotrice, mais peuvent se trouver dans les premiers introns des gènes, voire plusieurs kpb en amont ou en aval des gènes. Ces séquences sont généralement une combinaison de modules, certains étant communs à tous les gènes, d'autres spécifiques d'une famille de gènes, d'autres enfin responsables d'une régulation particulière. Des expériences de fusion de ces séquences (de longueur variable) avec un gène rapporteur (cf. Chapitre 5) permettent de définir précisément la localisation des séquences régulatrices, d'étudier la composition de ces séquences et leurs spécificités, de définir les motifs régulateurs élémentaires.

La région promotrice a une taille variable selon les gènes (de quelques centaines de pb à quelques kpb). Elle est composée d'une région promotrice minimale ou « *core promoter* » (cœur du promoteur) et de régions régulatrices plus ou moins étendues et éloignées du promoteur minimal.

La région promotrice minimale permet l'initiation de la transcription avec l'assemblage du complexe de pré-initiation, PIC (*Pre-Initiation Complex*), et le choix du « brin sens » à transcrire[3]. Chez les végétaux, elle comporte généralement, comme chez la majorité des promoteurs des gènes eucaryotes, le site d'initiation de la transcription (site + 1), la séquence TATA (*TATA box* ou boîte TATA) localisée en position – 30 pb par rapport au site d'initiation de la transcription et la boîte CAAT (*CAAT box*) en position – 75 pb. Des mutations dans ces séquences peuvent interférer avec le mécanisme de l'initiation de la transcription. La boîte TATA, localisée sur le brin sens, permet la fixation d'une des sous-unités du facteur de transcription TFIID (*Transcription Factor of RNA polymerase II*), le facteur TBP (*TATA box Binding Protein*). Le complexe PIC, comportant l'ARN polymérase II, le facteur TBP, les facteurs de transcription TFIIB et TFIIF, se forme selon une séquence d'événements encore imparfaitement connue. Divers coactivateurs, les facteurs TAFII (*TBP-associated factor*) et des facteurs de remodelage de la chromatine interagissent avec les facteurs généraux de transcription pour réguler cette étape positivement ou négativement, selon les facteurs.

En plus du *core promoter*, la région promotrice comporte des motifs régulateurs (séquences en position *cis* spécifiques des gènes, localisées en amont du site d'initiation de la transcription). Ces motifs permettent la fixation de facteurs de transcription plus spécifiques intervenant dans la régulation génique en réponse à des facteurs endogènes (hormones, âge, stades développementaux, etc.), à des facteurs

---

3. Le brin sens est le brin d'ADN dont la séquence est identique à celle de l'ARN formé lors de la transcription, les uridines de l'ARN correspondant aux thymidines de l'ADN. Le brin antisens est le brin d'ADN dont la séquence est complémentaire à celle de l'ARN (avec C pour G, U pour A, A pour T et G pour C). C'est ce brin qui sert de matrice à l'ARN polymérase ADN-dépendante lors de la synthèse de l'ARNm.

environnementaux (lumière, température, etc.), au contexte cellulaire, à divers stress (pathogènes, etc.). Ils permettent de moduler l'expression des gènes de manière quantitative, selon le type cellulaire ou le tissu, en fonction des phases du cycle cellulaire par exemple. Certains motifs sont bien conservés et leur présence dans le promoteur d'un gène peut donner des indications sur le type de régulation

---

Encadré 4.1. Méthodes d'étude des régions promotrices

L'identification et l'étude des régions promotrices des gènes ou des séquences régulatrices peuvent être réalisées par transgenèse en utilisant des constructions comportant un gène rapporteur (*uidA*, *GFP*, etc.) dépourvu de promoteur ou ne contenant que la région promotrice minimale, permettant de « piéger » un promoteur ou un *enhancer* (cf. Chapitres 5 et 6). Lorsque le transgène s'insère dans le génome, il peut éventuellement subir l'influence des séquences génomiques adjacentes. Si une expression du gène rapporteur est détectée, cela révèle la présence de séquences activatrices proches. Divers cribles ont ainsi été réalisés pour rechercher des séquences régulatrices particulières, spécifiques d'un tissu (phloème, etc.), d'un type cellulaire, d'une régulation particulière, etc.

Des librairies d'ADNc représentatives du transcriptome[a] de tissus, d'organes, ou de conditions physiologiques particulières, suite à des inductions diverses, peuvent être constituées et permettre l'identification de gènes dont la régulation est spécifique. On peut ainsi remonter, lorsque les génomes sont entièrement séquencés, aux séquences génomiques régulatrices en amont. Des analyses bioinformatiques permettent d'identifier des séquences ou motifs spécifiques de ces régulations. La fonctionnalité des motifs est ensuite testée grâce à des fusions avec des gènes rapporteurs.

Par exemple, on peut fusionner la séquence du promoteur du gène de l'ADP-glucose pyrophosphorylase, enzyme de synthèse de l'amidon s'exprimant au niveau de certains parenchymes, à la séquence codante du gène *uidA*. Le suivi de l'expression du gène *uidA* permet de confirmer que la séquence promotrice est bien responsable d'une expression restreinte au niveau de tissus vasculaires et limitée à une phase développementale précise.

L'expression de nombreux gènes impliqués dans la croissance et le développement des plantes est régulée par la lumière. Certains processus morphogénétiques sont dépendants d'une stimulation lumineuse. Ainsi la maturation des plastes en chloroplastes lors de la germination des graines exige la présence de lumière rouge. En absence de lumière, les graines germent et les jeunes plantules sont alors jaunes, étiolées, du fait de l'absence de synthèse chlorophyllienne ; les plastes restent immatures (étioplastes). Exposées à la lumière, ces plantules verdissent et les étioplastes poursuivent leur maturation en chloroplastes. La couleur rouge ou noire des grappes de raisins est due à l'accumulation d'anthocyanes produites dans la peau de la baie. Cette biosynthèse associée à la maturation du raisin est corrélée avec l'accumulation de sucre dans la baie. L'enzyme DFR (cf. Planche 4) est une enzyme-clé de la biosynthèse des anthocyanes de la baie. Le gène *DFR* de *Vitis vinifera* a été cloné et des motifs ont été identifiés dans sa région promotrice. Cette région promotrice fusionnée au gène *uidA* a été réintroduite dans *V. vinifera*. Des délétions ordonnées de la région promotrice ont montré que la région située entre la position 725 pb et la position 233 pb contrôle l'expression du gène *DFR* dans la baie. La lumière et le saccharose induisent l'expression du gène rapporteur sous le contrôle du promoteur *DFR*, suggérant qu'il existe une régulation coordonnée entre ces deux voies d'activation (Gollop *et al.*, 2002).

a. Le transcriptome est l'ensemble des données de l'expression du génome.

---

contrôlant l'expression de ce gène. Des banques de motifs commencent à se constituer. S'il existe des programmes qui permettent d'identifier les régions codantes, il est plus difficile de faire des prédictions sur la taille des régions promotrices. Ces régions régulatrices sont reconnues par des régulateurs protéiques qui s'y fixent de façon séquence-dépendante, interagissent avec la machinerie de transcription de base et régulent l'activité de cette machinerie (Encadré 4.1).

Facteurs de transcription

Le concept de facteur de transcription a été proposé et vérifié initialement chez les bactéries. L'analyse expérimentale de la régulation de la synthèse de la β-galactosidase en fonction du milieu de culture a conduit au modèle de l'opéron lactose (Encadré 4.2). Un facteur de transcription (FT) se définit comme un facteur protéique agissant en *trans* et reconnaissant des séquences en *cis* d'un gène ; il agit comme un inhibiteur ou un activateur de la transcription. Ce concept de FT a été étendu à la régulation des gènes eucaryotes. Un ensemble complexe de facteurs de transcription, comprenant des facteurs primaires de transcription communs à tous les gènes transcrits par l'ARN polymérase II et des facteurs secondaires spécifiques de certains gènes, est nécessaire à l'initiation de la transcription et à son contrôle. Le contrôle de la transcription par les FT est complexe du fait de leur grand nombre et des cascades de régulation. En effet, la régulation de l'expression d'un gène donné par un premier facteur FT1 soulève ensuite la question de la régulation de ce FT1 qui peut alors dépendre de la présence d'un deuxième FT. Les différents facteurs régulateurs fonctionnent donc en réseau.

Les FT possèdent généralement un ou plusieurs domaines responsables de leurs activités (action activatrice de la transcription, liaison à l'ADN, liaison à un autre facteur, dimérisation). La présence de ces domaines fonctionnels est généralement utilisée pour la classification des FT. Une analyse bioinformatique du génome d'*A. thaliana*, réalisée lors du séquençage complet du génome en 2000, a évalué, sur la base d'homologies avec des FT déjà connus chez d'autres espèces, à quelques 3 000 les protéines impliquées dans la régulation des gènes et à environ 1 700 les facteurs de transcription. Ces facteurs seraient ainsi deux fois plus nombreux chez *A. thaliana* que chez la drosophile et trois fois plus que chez *Caenorhabditis elegans*. Certaines familles de FT présentes chez les animaux seraient absentes chez les plantes et *vice versa* : sur les 29 familles de FT répertoriées chez *Arabidopsis*, 16 seraient spécifiques des plantes. Plusieurs centaines de facteurs possédant le motif MADS[4] sont ainsi présents chez *Arabidopsis*. Ces facteurs de transcription reconnaissent généralement des séquences consensus riches en AT avec des motifs d'environ 10 pb. Ils forment des homodimères ou des hétérodimères, interagissent avec d'autres facteurs et sont impliqués dans des régulations très diverses (développement floral, etc.).

---

4. La présence du motif ou domaine MADS caractérise une grande famille de facteurs de transcription. Plus de 100 membres ont été identifiés chez *Arabidopsis*. Ce domaine a été initialement mis en évidence dans les facteurs MCM1 (*Minichromosome Maintenance1*, chez la levure), AGAMOUS (*Arabidopsis*), DEFICIENS (*Antirrhinum*) et SRF (*Serum Response Factor*, chez l'homme), d'où son nom.

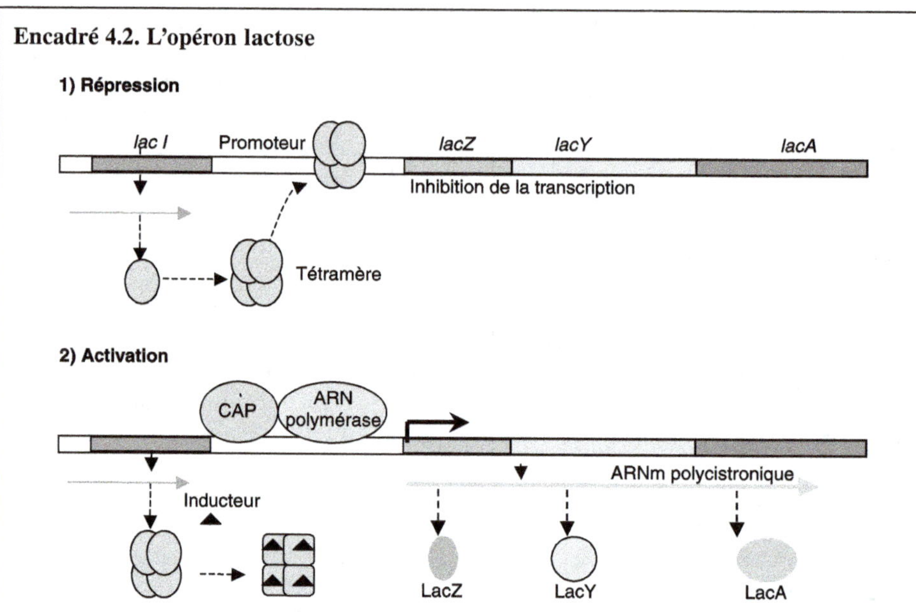

Le modèle de régulation de l'opéron lactose proposé par F. Jacob et J. Monod en 1961 met l'accent sur l'existence d'une régulation négative de l'opéron, bloquant la transcription des trois gènes *lacZ*, *lacY* et *lacA* codant respectivement pour la β-galactosidase, la β-galactoside perméase et la β-galactoside acétylase. En absence de lactose, le répresseur LacI se fixe sur le promoteur sous forme de tétramère et réprime la transcription (1). En présence de lactose, le répresseur LacI se fixe au lactose (ou tout autre ligand pouvant jouer le rôle d'inducteur comme l'IPTG) et subit un changement conformationnel entraînant une perte d'affinité pour le promoteur de l'opéron. La transcription peut alors avoir lieu (2). Le contrôle de l'opéron dépend aussi d'une régulation positive dépendante de la protéine activatrice CAP (*Catabolic Activator Protein*), qui peut se fixer sur une région du promoteur plus en amont et dont l'affinité pour cette région dépend de la présence d'AMPc (adénosine monophosphate cyclique). Cette protéine CAP a été mise en évidence grâce au phénomène d'inhibition catabolique de l'opéron. En effet, en présence de glucose, l'opéron est inhibé car le taux d'AMPc est faible. Une forte expression de l'opéron dépend ainsi à la fois de la dérepression de la transcription par l'inducteur et de l'activation de la transcription par la protéine CAP. La régulation de l'opéron lactose dépend donc de facteurs transcriptionnels protéiques diffusibles agissant en *trans* par liaison spécifique à l'ADN (répresseur et protéine CAP) et de séquences nucléiques spécifiques agissant en *cis*.

Il existe plus de 150 facteurs bHLH (*basic Helix-Loop-Helix*) répertoriés dans le génome d'*Arabidopsis* et certains de ces facteurs sont impliqués dans le contrôle de la transduction du signal lumineux par les phytochromes (photorécepteurs).

Les facteurs bZIP, au nombre de 75 dans le génome d'*Arabidopsis*, comportent une région basique (b) permettant la fixation à l'ADN et un domaine avec crémaillère à leucine, ou *leucine zipper*, permettant leur dimérisation.

L'étude de la régulation des gènes végétaux par l'auxine a conduit à l'identification de facteurs de transcription spécifiques de type Aux/IAA et ARF (*Auxin Responsive*

Factor) reconnaissant des séquences consensus de la réponse à l'auxine (*Auxin Response Elements*, telle la séquence TGTCTC).

Certains facteurs de transcription possédant le domaine WRKY sont activés suite à un stress causé par un agent pathogène. Ces facteurs de transcription se fixent en amont de gènes dit « de défense » au niveau d'une séquence ADN appelée « boîte W » (Figure 4.2).

Les encadrés 4.3 et 4.4 présentent certaines méthodologies pour l'étude de facteurs de transcription ainsi que quelques exemples.

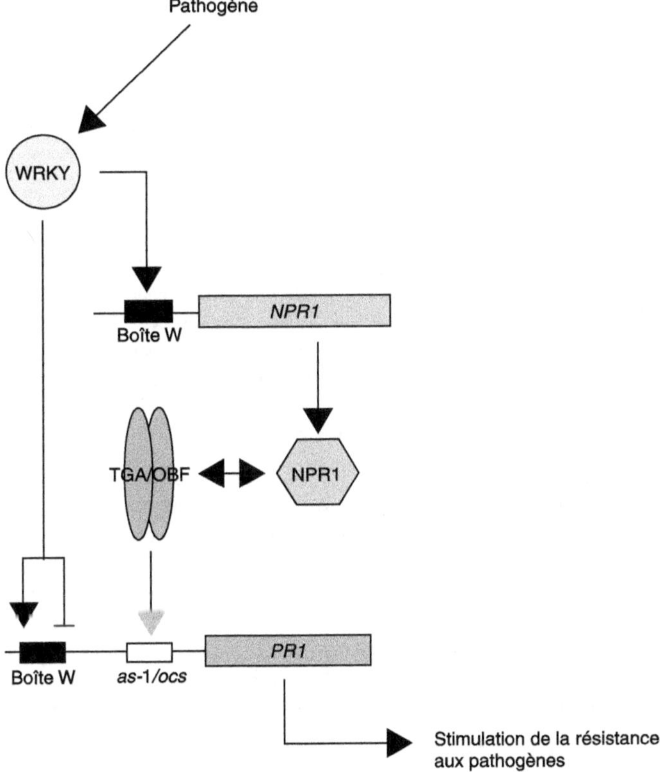

Figure 4.2. Cascade de régulation d'un facteur WRKY impliqué dans la réponse à un stress biotique. L'infection par un pathogène active le facteur de transcription à domaine WRKY qui se fixe sur la boîte W ; le gène *NPR1* est activé et la protéine NPR1 va activer un autre facteur de transcription de type bZIP (TGA/OBF). Ce facteur reconnaît une boîte as-1/ocs située dans la région promotrice du gène codant la protéine PR1 (*Pathogenesis-Related protein 1*, protéine à activité antimicrobienne). D'autres protéines WRKY ont un effet répresseur sur l'expression du gène *PR1* en se fixant sur la boîte W.

Méthylation de l'ADN

Mécanisme

L'ADN peut être soumis à des modifications biochimiques telle la méthylation des résidus cytosine en 5-méthylcytosine au niveau de sites symétriques (CG ou CHG)

Encadré 4.3. Méthodes d'étude des facteurs de transcription

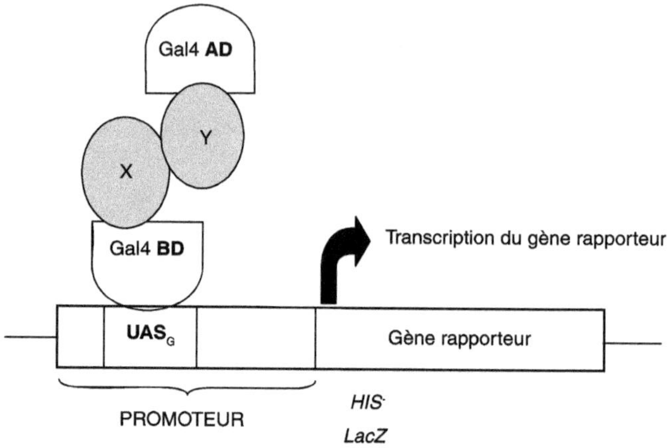

L'interaction d'un facteur de transcription avec une séquence d'ADN cible peut être mise en évidence par la technique de retard sur gel. Cette technique consiste à incuber la séquence d'ADN hypothétique radiomarquée avec un extrait protéique nucléaire puis à réaliser une électrophorèse : la liaison ADN-protéine entraîne un ralentissement de la migration de l'ADN dans le gel par rapport à l'ADN nu. L'affinité d'une séquence peut être utilisée pour isoler le facteur de transcription. Des expériences de mutagenèse de la séquence permettent de définir précisément les nucléotides nécessaires à cette reconnaissance.

L'interaction entre une séquence nucléique et un facteur de transcription peut être étudiée *in vivo* chez la levure *Saccharomyces cerevisiae* grâce à la technique du simple hybride. Les séquences nucléiques en *cis* à tester (l'appât) sont placées en amont d'un gène rapporteur. Le domaine de fixation à l'ADN d'un facteur de transcription FT provenant d'une banque est fusionné à un domaine activateur de transcription AD (*Activating Domain*) provenant d'un facteur de transcription connu de levure (le domaine activateur du facteur Gal4 est très fréquemment utilisé). Si le FT reconnaît la séquence « appât », la protéine hybride formée par le FT et le domaine AD entraîne l'expression du gène rapporteur.

Plusieurs facteurs de transcription peuvent être nécessaires au contrôle transcriptionnel d'un gène. Connaissant un facteur, on peut rechercher les autres grâce à la technique du double hybride dans le système levure. La technique du double hybride consiste à fusionner les protéines X et Y à étudier avec le domaine AD (*Activating Domain*) pour l'une, et le domaine BD (*Binding Domain*) d'un activateur transcriptionnel (protéine GAL4 par exemple). Le domaine BD reconnaît une séquence promotrice spécifique (séquence UAS$_G$ pour le domaine BD de Gal4), tandis que le domaine AD permet l'activation de la transcription. Ces constructions sont introduites chez la levure, *S. cerevisiae*. Si X et Y interagissent, les deux domaines du facteur de transcription de levure sont rapprochés, permettant la reconstitution d'une protéine fonctionnelle ; le complexe X-AD/Y-BD peut ainsi activer la transcription d'un gène rapporteur (gène d'autotrophie à l'histidine, *HIS*) ou d'un gène codant la ß-galactosidase (*LacZ*), placé sous le contrôle de la séquence reconnue par le domaine BD.

Encadré 4.4. Exemples de conservation fonctionnelle de facteurs de transcription

Les régulateurs des gènes de la voie de biosynthèse des anthocyanes ont été particulièrement étudiés chez le maïs (cf. Fil rouge, Planche 4, Tableau 2). L'expression des gènes *A1* (DFR, dihydroflavonol réductase), *C2* (CHS, chalcone synthase), *Bz1* (UDP-glucose flavonoïde glycosyltransférase) du maïs est sous le contrôle de plusieurs gènes régulateurs appartenant à 2 familles : la famille C1/PL et la famille R/B (Lloyd *et al.*, 1992). La régulation fait intervenir des interactions entre les facteurs protéiques de ces deux familles.

Les gènes de la famille R/B contrôlent la spécificité tissulaire de la synthèse des anthocyanes et les gènes de la famille C1/PL, la régulation par la lumière. Le gène *C1* a été cloné par étiquetage du gène par le transposon *En* (cf. Chapitre 6). Il code un facteur de transcription possédant 2 domaines : un domaine basique homologue au proto-oncogène *MYB*, protéine se liant à l'ADN avec un motif de type *leucine zipper*, et un domaine acide responsable de la fonction activatrice. La protéine C1 reconnaît une séquence *cis* présente dans le promoteur des gènes cibles (*A1, C2, Bz1*). Les facteurs R/B possèdent un domaine bHLH (*basic Helix-Loop-Helix*) permettant la liaison à l'ADN et la dimérisation ; ce domaine est également présent dans le proto-oncogène *MYC*. Chez *A. thaliana*, le gène *TT8* code un facteur de transcription intervenant dans le contrôle de l'expression du gène *DFR*. Le gène *TT8* est l'homologue du gène *C1* du maïs. La séquence du gène régulateur *TT2* chez *A. thaliana* est proche de celle du proto-oncogène *MYB*. L'introduction par transgenèse du gène *R* du maïs, chez le mutant *tt2* d'*A. thaliana*, permet de restaurer un phénotype sauvage (expérience de complémentation fonctionnelle).

---

ou de sites asymétriques (CHH) (H est A, C ou T). La méthylation des sites CHH semble spécifique des plantes. Selon les organismes, le degré de méthylation des génomes est plus ou moins important (faible taux de méthylation chez la drosophile par exemple) et peut varier au cours du développement.

Les ADN méthyltransférases sont responsables de ces modifications. On distingue des enzymes de maintenance qui permettent la méthylation d'un brin d'ADN en se servant du brin d'ADN complémentaire déjà méthylé comme matrice de référence et des enzymes de méthylation *de novo* permettant de méthyler un ADN complètement déméthylé. Chez *A. thaliana*, l'enzyme MET1 (méthyltransférase 1) est la méthylase de maintenance la plus importante et les protéines DRM1 et DRM2 (*Domain Rearranged Methylase*) participeraient à la méthylation *de novo*. Les plantes possèdent par ailleurs des méthyltransférases spécifiques comportant un chromo domaine[5] dont l'une, CMT3 (chromométhylase 3), interviendrait dans la maintenance de la méthylation des sites CHG.

Au cours de la réplication de l'ADN, une déméthylation passive peut s'opérer si les enzymes de maintenance ne sont pas activées. La méthylation se dilue progressivement, n'étant plus conservée que sur l'un des deux brins. Des dé-méthylations actives peuvent également s'opérer grâce à des enzymes telles que les ADN glycosylases qui peuvent cliver l'ADN au niveau des résidus méthylés, l'ADN étant ensuite réparé. Deux ADN glycosylases ont ainsi été identifiées par crible génétique chez *Arabidopsis*, ROS1 (*Repressor of Silencing 1*) et DEMETER. La protéine

---

5. Le chromo (*chromatin organization modifier*) domaine est une structure d'une soixantaine d'acides aminés, organisée en 3 feuillets bêta anti-parallèles. À l'origine, il a été mis en évidence dans les protéines Polycomb et HP1 de drosophile et a été retrouvé dans de nombreuses protéines associées à la chromatine.

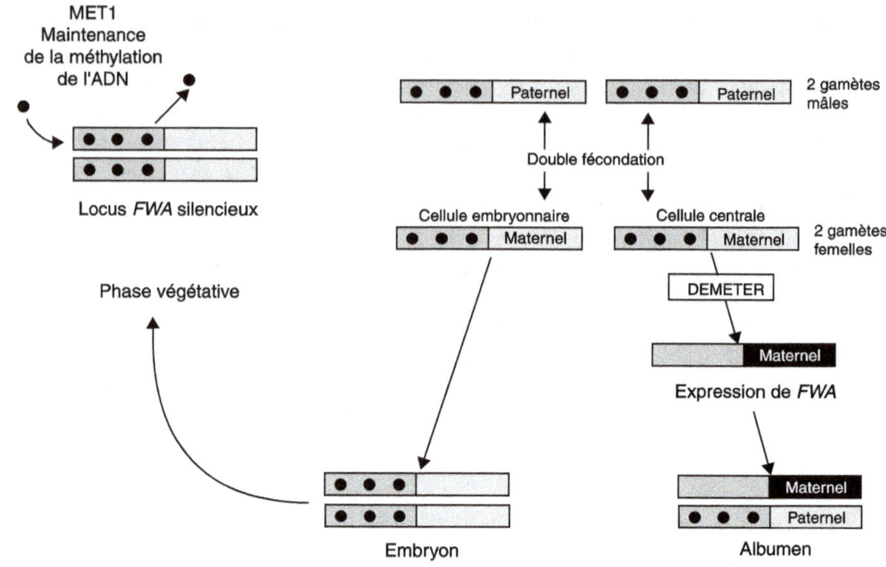

Figure 4.3. Déméthylation active de l'ADN impliquée dans l'empreinte parentale chez les plantes. Pendant la phase végétative, le gène *FWA* est méthylé grâce à l'ADN méthyltransférase de maintenance MET1 (points noirs). Lors de la formation des gamètes, les allèles restent méthylés. Après la fécondation, les allèles maternel et paternel sont maintenus méthylés dans l'embryon, alors que l'allèle maternel est déméthylé dans l'endosperme grâce à l'activité ADN glycosylase de l'enzyme DEMETER. Ainsi, selon l'origine parentale, l'allèle a un statut épigénétique différent ; on parle d'empreinte parentale. D'après Berger (2004).

DEMETER, requise au cours du développement embryonnaire chez *Arabidopsis*, contrôle l'état de méthylation des gènes *FWA* (Figure 4.3). Elle permet notamment l'activation de l'allèle maternel de *FWA* en le déméthylant spécifiquement dans l'albumen.

La méthylation peut concerner des régions diverses du génome (régions régulatrices ou séquences codantes des gènes). De plus, une forte méthylation est normalement associée à l'hétérochromatine constitutive, formée par les régions centromériques, péricentromériques et télomériques. Elle est généralement associée aux séquences répétées comme les transposons ou rétrotransposons inactifs. La méthylation de l'ADN s'accompagne souvent d'une méthylation spécifique des histones de ces régions.

Méthylation et régulation génique

Il existe de nombreuses corrélations entre le niveau de méthylation des régions génomiques et leur activité transcriptionnelle.

Un des exemples les plus remarquables a été décrit chez la linaire, *Linaria vulgaris* (Cubas *et al.*, 1999). En 1749, le botaniste Linné observe un variant naturel de *L. vulgaris* ayant une fleur à symétrie radiale (dit variant pélorique) au lieu d'une symétrie bilatérale. Chez ce mutant, le gène homologue du gène *CYCLOIDEA*, qui code un facteur de transcription régulant la symétrie de la fleur chez le muflier

(*Antirrhinum majus*), n'est plus exprimé (cf. Planche 11). Le séquençage de l'allèle pélorique a montré qu'il ne possède aucune mutation, mais cet allèle est fortement méthylé. Cet allèle méthylé a pu se transmettre au cours des générations. Il porte une information de type épigénétique (ici la méthylation) qui conduit à l'absence d'expression du gène. Sur certaines plantes, des fleurs sauvages et péloriques se côtoient, une déméthylation occasionnelle de l'épiallèle pélorique est alors associée à ces restaurations du phénotype sauvage de la fleur (réversions), illustrant la réversibilité des marques épigénétiques.

Chez les plantes, des mutations conduisant à une hypométhylation du génome entraînent progressivement des anomalies plus ou moins importantes du développement (mutants d'*A. thaliana met1* et *ddm1* [*d*ecrease in *DNA* *m*ethylation *1*]).

Méthylation et mise en évidence de la TGS

En 1989, Matzke et ses collaborateurs ont montré qu'une inactivation génique pouvait survenir du fait de l'existence d'homologies de séquences au niveau des promoteurs de transgènes que cette inactivation génique pouvait être corrélée avec la méthylation des séquences concernées (Matzke *et al.*, 1989). Des plants de tabac ont été transformés successivement avec des constructions comportant des gènes marqueurs différents, placés sous le contrôle d'un même promoteur, le promoteur du gène de la nopaline synthase (p*Nos*). La première transformation a été effectuée avec la construction portant le gène *nptII* qui confère la résistance à la kanamycine. Les transformants ont été sélectionnés sur la base de leur résistance à la kanamycine et ont été retransformés avec la deuxième construction portant le gène *hpt* (résistance à l'hygromycine). La sélection des plantes doublement transformées a été réalisée sur l'acquisition de la résistance à l'hygromycine. Parmi les double-transformants, certains étaient devenus sensibles à la kanamycine, le gène *nptII* n'étant plus transcrit. L'analyse de la séquence du transgène éteint chez ces plantes a montré que le promoteur p*Nos* du gène *nptII* était méthylé au niveau de certains résidus cytosine. La présence du deuxième transgène avait donc entraîné la méthylation du promoteur du premier transgène résidant et ainsi une inactivation transcriptionnelle en *trans* du premier transgène. Cette inactivation transcriptionnelle ou TGS (*Transcriptional Gene Silencing*), médiée par la méthylation de l'ADN, a pu être également observée en *cis* dans le cas de locus contenant plusieurs copies d'un même transgène.

Régulateurs de la méthylation

Des régulateurs de la méthylation (autres que les enzymes directement impliquées dans la méthylation de l'ADN) ont été mis en évidence chez *Arabidopsis* par différentes approches, les unes basées sur la recherche directe de plantes aux profils de méthylation modifiés, les autres basées sur la recherche des gènes abolissant la méthylation induite par TGS, c'est-à-dire en mesurant la réactivation de différents transgènes.

La mutation *ddm1* affecte un gène codant un facteur de remodelage de la chromatine (ATPase appartenant à la famille SWI2/SNF2) et entraîne une déméthylation globale du génome de l'ordre de 70 %. Cette déméthylation induit la réactivation de gènes réprimés par le mécanisme de TGS, ainsi que la réactivation de transposons inactifs. De plus, au cours des générations, le phénotype mutant s'aggrave et révèle des défauts de développement (diminution des entrenœuds, retard de la floraison, stérilité partielle, etc.) (Kakutani *et al.*, 1996). Le mode d'action de la protéine DDM1 est encore mal connu. Il a été proposé que DDM1, en s'associant à d'autres protéines chromatiniennes, modifierait la compaction de la chromatine et le degré de méthylation de l'ADN en facilitant l'accessibilité à l'ADN pour des ADN méthyltransférases.

De même, des mutations dans des gènes codant des histones méthyltransférases (KRYPTONITE/SUVH4, SUVH2, SUVH6) ou l'histone déacétylase HDA6 ont également des répercussions sur la méthylation de l'ADN, illustrant les interrelations entre méthylation de l'ADN, régulation de l'expression génique et structure de la chromatine.

Un certain nombre de mutations dans les gènes codant des protéines de la machinerie de l'interférence par l'ARN (protéines telles que RDR2, RDR6, AGO1) ont également des répercussions sur l'état de méthylation. Une RNA polymérase spécifique des plantes (Pol IV) a été également décrite comme étant essentielle pour la méthylation *de novo* de l'ADN, dirigée par les petits ARN de 24 nucléotides (Herr *et al.*, 2005 ; Onodera *et al.*, 2005).

Le mutant *mom1* (*morpheus molecule 1*) a été obtenu en sélectionnant des plantes d'*Arabidopsis* présentant une réactivation transcriptionnelle d'un transgène rendu silencieux par le mécanisme de TGS. Chez ce mutant, la transcription est induite mais le transgène reste méthylé. Ceci démontre que la méthylation de l'ADN seule peut ne pas suffire pour assurer la répression de la transcription et pour maintenir l'inactivation par TGS.

Code des histones

Définition

Dès 1964, une corrélation entre le niveau d'acétylation des histones et l'état transcriptionnel avait été décrite par Allfrey *et al.* (1964).Ce n'est que dans la dernière décennie que cette idée a connu des développements très importants, notamment chez la levure et dans le domaine animal pour aboutir à l'hypothèse d'un code des histones (Jenuwein et Allis, 2001). Le code des histones s'applique également chez les végétaux.

Ce code repose sur un répertoire de modifications post-traductionnelles affectant le plus souvent la partie N-terminale des histones du cœur du nucléosome. En effet, les parties N-terminales de ces histones émergent à l'extérieur du nucléosome et constituent des cibles sur lesquelles des informations épigénétiques peuvent être inscrites. Les régions plus internes des histones sont également soumises à ces modifications, ainsi que les histones H1 (Figure 4.4).

Les principales modifications répertoriées sont l'acétylation des résidus lysine, la méthylation des résidus lysine ou arginine, la phosphorylation des résidus sérine, l'ubiquitination, la ribosylation ou la sumoylation[6]. Des enzymes spécialisées

---

6. La sumoylation des protéines consiste en l'addition (conjugaison) de la protéine SUMO (*Small Ubiquitin-related Modifier*, une petite protéine apparentée à l'ubiquitine) sur certains résidus. Cette modification est réversible.

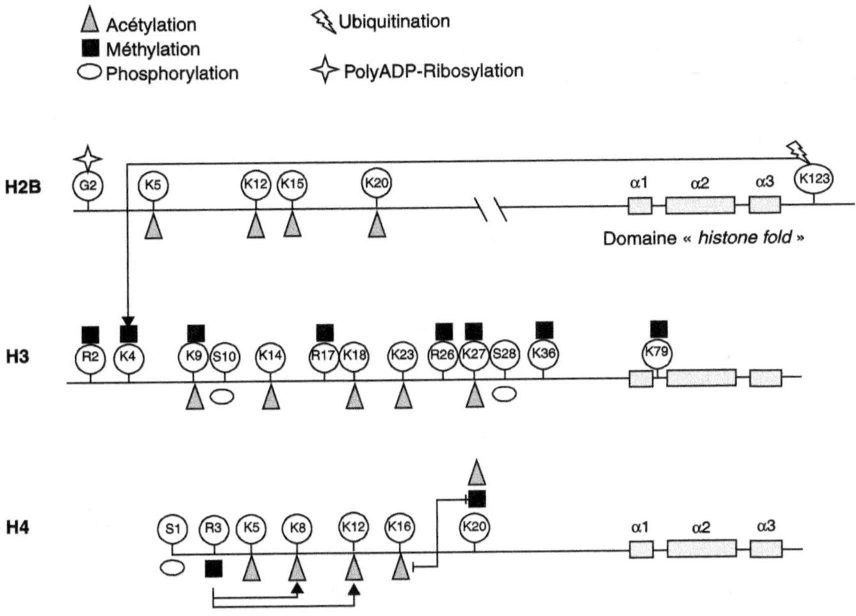

Figure 4.4. Code des histones.
Les histones du cœur de nucléosome (H2B, H3, H4) comportent un motif caractéristique formé par trois hélices alpha (α1, α2 et α3), appelé « *histone fold* » (rectangles gris). Des résidus localisés principalement sur les extrémités N-terminales et, pour certaines histones, des résidus plus internes ou en position C-terminale peuvent être modifiés post-traductionnellement. Les principales modifications sont cartographiées ici. Certaines modifications excluent d'autres modifications (trait borné), alors que d'autres entraînent la modification de résidus sur la même histone ou sur d'autres (flèche) (H2BK123/H3K4). Les protéines ne sont pas représentées à l'échelle afin de mettre en valeur la partie N-terminale. G : glycine ; K : lysine ; R : arginine ; S : sérine. D'après Berger et Gaudin (2003).

permettent la mise en place de ces marques épigénétiques et, dans la plupart des cas, les marques sont réversibles. Les mécanismes de déméthylation des histones sont encore assez mal connus. Par ailleurs, la méthylation des résidus peut comporter différents degrés (mono [^{me}], di [^{me2}] et tri-méthylation [^{me3}]). Selon le degré de modification, les informations épigénétiques peuvent avoir différentes conséquences en terme fonctionnel.

Le code s'appuie sur une combinatoire de ces marques avec des relations de synergie ou antagonisme entre les marques. Il est ensuite « lu » par un certain nombre de protéines possédant des domaines particuliers qui reconnaissent spécifiquement ces marques. Ainsi le chromo domaine de la protéine HP1[7] reconnaît la lysine 9 méthylée de l'histone H3 (H3K9^{me}), celui de la protéine

---

7. HP1 (*Heterochromatin Protein 1*) est une protéine originellement identifiée chez la drosophile comme un composant de l'hétérochromatine, impliquée dans les phénomènes de variégation par effet de position ; membre fondateur d'une petite famille de protéines caractérisées par la présence d'un chromo et d'un chromo *shadow* domaines. Les protéines de la famille HP1 sont des constituants essentiels de la chromatine et sont généralement impliquées dans la formation de structures chromatiniennes transcriptionnellement inactives.

Polycomb[8] a une plus grande affinité pour la lysine 27 méthylée de l'histone H3 (H3K27^{me}) et leurs affinités changent en fonction du degré de méthylation de ces résidus. Les bromo domaines des protéines permettent la reconnaissance de résidus acétylés. Ces protéines, capables de lire le code des histones, recrutent à leur tour d'autres protéines chromatiniennes qui traduisent le code. Il en résulte une structure chromatinienne spécifique ayant une activité transcriptionnelle plus ou moins importante. Cela permet ainsi d'ajuster l'expression des gènes en fonction de diverses réponses (physiologiques, environnementales), mais aussi de participer à la transmission d'une information sur des échelles de temps plus longues. Ainsi, les marques H3K9^{me2}, H3K27^{me} et H4K20^{me} sont généralement associées à des formes transcriptionnellement inactives de la chromatine, tandis que les marques H3K4^{me3} et H3K36^{me} sont généralement associées à des formes actives de la chromatine.

Pour illustrer ces associations entre marques épigénétiques et états chromatiniens, citons les régions hétérochromatiques des centromères. Chez les animaux ou la levure, ces régions sont enrichies en résidus H3K9^{me} sur lesquels la protéine HP1 vient se fixer. L'acétylation des histones est fréquemment associée à des états actifs. Les changements peuvent être plus ou moins localisés et concerner un promoteur, un intron, des régions génomiques de taille plus large, etc. Les techniques d'immunoprécipitation de la chromatine (ChIP pour *Chromatin Immuno Precipitation*), faisant appel à l'utilisation d'anticorps dirigés spécifiquement contre l'une de ces marques, permettent d'identifier les séquences génomiques concernées par la (ou les) modification(s) épigénétique(s) portée(s) par les histones.

Les questions qui se posent actuellement concernent l'établissement de ces états, la nature des complexes chromatiniens qui y participent, l'ordre d'établissement des modifications et leurs significations. Il a été proposé que les modifications de résidus adjacents, voire très proches, pourraient agir comme des interrupteurs (*switch*) en permettant l'accrochage et le décrochage des effecteurs (par exemple, la méthylation d'un résidu entraîne l'accrochage du complexe et la phosphorylation d'un résidu adjacent entraînerait la libération du complexe au niveau de ce site). Ce mécanisme donnerait une grande flexibilité et une relative rapidité dans les réponses. Par ailleurs, ces modifications pourraient constituer des sortes d'unités informatives discrètes (cassettes de modification), situées à des endroits précis et permettant de médier et de relayer divers signaux. Une modification d'un résidu au sein de cette cassette aurait des répercussions sur la fixation de l'effecteur correspondant.

Acteurs du code des histones

L'acétylation des résidus lysine est régulée par un couple formé par une histone acétyltransférase (HAT) et une histone déacétylase (HDAC). La méthylation des

---

8. Polycomb est une protéine initialement mise en évidence chez la drosophile et impliquée dans le maintien du profil d'expression des gènes *Hox* ; la mutation *polycomb* chez la drosophile entraîne l'apparition de peignes (*comb*) sexuels additionnels sur les pattes de l'insecte ; membre fondateur d'une famille de répresseurs transcriptionnels associés à la chromatine, les protéines Pc-G (*Polycomb-Group proteins*) impliquées dans le contrôle du développement des organismes. Les protéines Pc-G sont également présentes chez les plantes.

résidus arginine (R) ou lysine (K) est contrôlée par diverses histones méthyltrans-férases (HMT). La méthylation des histones a longtemps été considérée comme une marque épigénétique irréversible, la déméthylation de ces résidus peut toutefois s'opérer. Trois mécanismes sont à l'étude : le remplacement de l'histone méthylée par une histone non méthylée, le clivage de l'extrémité N-terminale de l'histone portant la marque et l'activité d'enzymes spécifiques permettant d'enlever la marque. Récemment, il a été montré que l'enzyme humaine LSD (*Lysine Specific Demethylase*), une amine oxydase, permettrait d'enlever spécifiquement la méthylation de la lysine 4 de l'histone H3.

Chez *Arabidopsis*, les gènes codant des HAT, HDAC ou HMT ont été répertoriés et organisés en sous-familles selon leur structure et leur spécificité. Les fonctions de ces protéines sont encore mal connues. La protéine HDA6 (famille des HDAC) serait notamment nécessaire au maintien de l'inactivation génique (*silencing*) de transgènes ainsi que de séquences répétées endogènes.

▸▸ Régulation post-transcriptionnelle

Un second niveau de régulation très important est la régulation au niveau post-transcriptionnel. Elle s'exerce à de multiples niveaux, depuis la production du transcrit primaire jusqu'à l'obtention de la protéine mature (Annexe 4).

Nous décrirons en particulier les mécanismes conduisant à l'inactivation génique post-transcriptionnelle ou PTGS (*Post-Transcriptional Gene Silencing*). La distinction entre PTGS et TGS repose sur l'existence ou non d'un transcrit primaire détecté grâce à la technique de Run-on (Tableau 4.1). Cette technique consiste à mesurer l'incorporation d'UTP radioactif dans des noyaux isolés. Si des ARN sont en cours de transcription, une incorporation pourra être mesurée, permettant de quantifier le taux de transcription.

Dans ce domaine de recherche en plein essor, il a été montré que l'extinction ou inactivation génique est médiée par des petits ARN. On parle d'interférence par l'ARN ou ARNi. Selon la nature de ces ARN, on distingue plusieurs mécanismes faisant appel à différents complexes protéiques mais dont certains ont des composants identiques.

Ces ARN dont la biogenèse est décrite ultérieurement peuvent être :
– de petits ARN (21-24 nucléotides) ou siARN (*small interfering* ARN) ayant diverses origines (virale, liée à des séquences répétées inversées, à des transgènes ou transposons, etc.) ;
– de petits ARN d'origine endogène ou microARN (miARN) (21-24 nucléotides) ;
– des ta-siARN (*trans-acting* siRNA).

Tableau 4.1. Régulations transcriptionnelle (TGS) et post-transcriptionnelle (PTGS).

	TGS	PTGS
Run-on	Pas d'incorporation	Incorporation
Présence de transcrits	Non	Oui

Historique de la PTGS

La compréhension du phénomène d'ARNi découle de nombreuses études. Il est intéressant de noter que ce sont des études menées chez le pétunia qui ont été à l'origine du concept de cosuppression ou PTGS (Napoli *et al.*, 1990 ; van der Krol *et al.*, 1990). Des études réalisées chez le nématode *Caenorhabditis elegans* ont révélé le rôle des ARN double-brin (ARNdb) dans le mécanisme de l'inactivation post-transcriptionnelle.

Inactivation génique par cosuppression après transgenèse

En 1990, deux équipes réalisent en parallèle la même expérience qui a consisté en l'introduction par transgenèse, dans des pétunias à fleurs violettes, du gène *CHS* de la chalcone synthase, enzyme de la voie de biosynthèse des anthocyanes (cf. Fil rouge ; Planches 4 et 12). Le gène *CHS* est placé sous le contrôle du promoteur 35S du virus CaMV[9] (p35S). L'objectif était d'obtenir des fleurs de couleur plus intense grâce à la surproduction de la CHS. Les auteurs observent paradoxalement que, chez ces plantes transgéniques possédant un gène *CHS* endogène et un transgène p35S::*CHS*, les fleurs sont soit toutes blanches, soit possèdent des pétales avec des secteurs blancs ou violets. Des expériences de Run-on, réalisées sur des noyaux isolés provenant de zones blanches, ont permis de détecter des transcrits. On observe une inactivation coordonnée de l'expression des deux gènes, le transgène et le gène endogène, au niveau post-transcriptionnel. La terminologie de cosuppression a été proposée, puis celle de PTGS a été adoptée par la suite.

Cette inactivation a également été observée avec des transgènes n'ayant pas d'équivalents endogènes, comme des gènes rapporteurs. L'inactivation post-transcriptionnelle n'est liée à aucune altération de l'ADN : elle disparaît lorsque le gène endogène et le transgène sont séparés lors de croisements (ségrégation). En effet, dans la descendance d'autofécondation de pétunias transgéniques à fleurs blanches, on peut réobtenir des plantes aux fleurs violettes, ayant une activité normale de la chalcone synthase et qui ne possèdent plus le transgène. L'inactivation post-transcriptionnelle peut avoir lieu lorsque l'homologie entre le gène endogène et le transgène est limitée à la seule séquence codante : environ 300 pb suffisent pour induire l'inactivation.

Inactivation de gènes viraux par cosuppression

Une pratique prophylactique déjà ancienne de protection biologique de certaines plantes contre des infections virales consiste à infecter volontairement les plantes avec une souche atténuée du virus phytopathogène. Cette pratique de prémunition, comparable à la vaccination chez les animaux, est appliquée aux cultures maraîchères et fruitières. Par exemple, l'infection de tomates par une souche affaiblie du virus ToMV (*Tomato Mosaic Virus*) permet d'induire une protection efficace contre une souche virulente responsable de mosaïque nécrotique.

---

9. *Cauliflower Mosaic Virus* (CaMV) : virus de la mosaïque du chou-fleur, virus à ADN bicaténaire possédant 2 unités transcriptionnelles de 19S et 35S (cf. Chapitre 5).

L'efficacité de la protection croisée par prémunition a conduit à tester la possibilité d'induire cette protection par transgenèse. Ainsi, des plantes transgéniques ayant intégré un gène viral deviennent résistantes à ce virus et ceci même si le gène (codant une protéine de la capside ou une enzyme virale) est muté et ne peut être traduit. Ceci démontre que la protéine codée par le transgène n'est pas impliquée dans le phénomène de résistance. Le fait que l'on observe une résistance pour des virus à génome ARN, dont la réplication suppose la présence simultanée d'ARN de polarités positive et négative, suggère que le mécanisme fait intervenir un ARN double-brin qui serait ensuite la cible de systèmes de dégradation cellulaire. Cette inactivation génique par l'intermédiaire de virus ou VIGS (*Virus-Induced Gene Silencing*) est utilisée en génétique inverse (cf. Chapitre 6).

Caractérisation de l'interférence par l'ARN chez *Caenorhabditis elegans*

La découverte du processus d'interférence par l'ARN (ARNi) découle de l'utilisation de la technique qui consiste à introduire un ARN simple-brin antisens d'un gène donné chez un organisme pour inactiver ce gène par blocage de la transcription et/ou de la traduction. L'ARNsb introduit s'hybride avec l'ARN pré-messager ou l'ARNm mature (tous deux sens). Il a été observé, en 1995, que l'introduction d'un ARN sens chez *C. elegans* avait le même effet répressif. En 1998, l'équipe de A. Fire a montré que l'effet inattendu de l'ARN sens dépendait de la présence d'ARN double-brin, même présent en très faible quantité dans la solution injectée (Fire *et al.*, 1998). Ces auteurs ont vérifié que l'injection d'un ARN double-brin spécifique d'un gène induisait son inactivation.

Le processus de l'interférence par l'ARN apparaît très similaire à la régulation génique de type PTGS mise en évidence chez les plantes. L'ARNi est un mécanisme existant chez de très nombreux organismes, protozoaires, invertébrés, vertébrés et est maintenant utilisé pour inactiver des gènes « à la carte » (cf. Chapitre 6).

Plusieurs caractéristiques relatives à l'ARNi ont pu être dégagées :
– la séquence du gène cible n'est pas modifiée ;
– le changement phénotypique induit est instable ;
– la séquence de l'ARN double-brin utilisée expérimentalement pour l'interférence correspond à une région de l'ARNm du gène inactivé ;
– le taux cytoplasmique de l'ARNm du gène cible est réduit alors que le taux nucléaire de l'ARN pré-messager est maintenu constant ;
– l'inactivation peut se propager dans l'espace et notamment aux cellules voisines par diffusion d'un signal moléculaire constitué de petits ARN.

L'ampleur des effets induits par l'interférence par l'ARN suggère l'intervention d'un processus d'amplification.

Mise en évidence des petits ARN interférents

Une des hypothèses pour expliquer le mécanisme de PTGS suggérait l'existence d'un ARN antisens correspondant à l'ARNm pour que se forment des ARN double-brin. Cependant, des ARN antisens de grande longueur n'ont jamais été détectés. Par contre, il a été montré que des ARN de petite taille s'accumulent chez des plantes transgéniques inactivées (Hamilton et Baulcombe, 1999). Des tomates ont été transformées avec l'ADNc du gène *ACO* impliqué dans la biosynthèse de l'éthylène (C_2H_4) et placé sous le contrôle du promoteur 35S du CaMV. Certaines lignées transformées, présentant une inactivation du gène *ACO*, n'accumulent pas l'ARNm *ACO* contrairement aux témoins non transformés et aux lignées transformées non inactivées. Des expériences d'hybridation de type Northern ont révélé la présence de petits ARN, sens et antisens, du gène *ACO*. Ces petits ARN d'environ 20-25 nucléotides, de polarité sens et antisens, ne sont détectés que dans les lignées manifestant le phénomène de PTGS. Ces petits ARN de type simple-brin (sb) ou double-brin (db) sont appelés siARN pour *small interfering RNA*.

Mécanisme et acteurs de la PTGS

Les acteurs de la PTGS ont été progressivement identifiés en parallèle chez plusieurs organismes modèles (*Neurospora crassa*, *C. elegans*, *D. melanogaster*, *A. thaliana*, *S. pombe*) grâce à des approches génétiques (recherches de suppressseurs de *silencing*), biochimiques ou moléculaires. Les avancées réalisées grâce à l'utilisation de l'un de ces organismes modèles ont eu des répercussions sur la compréhension des mécanismes chez les autres organismes modèles. Grâce à l'ensemble des données acquises, un modèle général semble se dégager qui repose sur l'activité d'une ribonucléase, l'enzyme DICER, capable de dégrader l'ARNdb et sur le complexe RISC (*RNA-Induced Silencing Complex*), qui conduit à la dégradation de l'ARNm cible, guidé par un petit ARN complémentaire de l'ARNm.

On distingue 3 composantes protéiques majeures : l'enzyme DICER, des protéines de la famille ARGONAUTE et une ARN polymérase ARN-dépendante.

Activité DICER

L'utilisation de systèmes *in vitro* a permis de suivre les étapes de la production et de l'action des siARN. Chez la drosophile, une approche biochimique a permis d'identifier le principe actif de cette activité : de l'ARNdb radiomarqué, mis en contact avec des extraits de cellules embryonnaires de drosophile, est hydrolysé en présence d'ATP, mettant en évidence l'activité ribonucléase III de la protéine DICER (Bernstein *et al.*, 2001). Les produits d'hydrolyse sont de petits ARN double-brin (siARNdb) de 21 à 25 nucléotides avec deux nucléotides non appariés aux extrémités 3'. Deux activités DICER ont été par la suite mises en évidence chez la drosophile : l'une est plutôt impliquée dans la formation des microARN, l'autre dans l'ARNi. Chez *C. elegans,* une seule protéine DICER a été décrite assurant les deux types de fonctions.

Une activité DICER-like a également été mise en évidence dans des extraits de germes de blé. Chez *Arabidopsis*, il existe 4 gènes codant des homologues de DICER, les gènes *DICER-LIKE* (*DCL1* à *4*). Leurs fonctions et leurs localisations sont globalement spécifiques bien que certaines redondances fonctionnelles aient été décrites pour ces gènes. La protéine DICER possède plusieurs domaines fonctionnels (Figure 4.5).

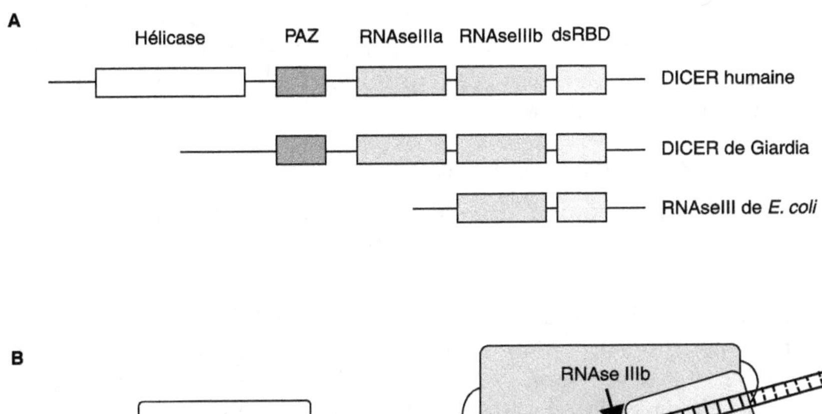

Figure 4.5. Enzymes DICER.
(A) Structures de différentes protéines à activité RNAse. La RNAse III d'*Escherichia coli* possède deux domaines : le domaine dsRBD fixe l'ARN double-brin et le domaine RNAseIII est responsable du clivage de l'ARNdb. L'enzyme DICER de *Giardia*, un protiste, a été cristallisée : sa structure est plus complexe. Elle possède, comme les enzymes humaines et végétales, deux domaines ribonucléase (RNase IIIa et IIIb), un domaine PAZ présent également dans les protéines ARGONAUTE et un domaine de fonction inconnue (DUF283). L'enzyme DICER humaine ou végétale possède en plus un domaine hélicase.
(B) Schéma représentant l'interaction de la protéine DICER humaine avec l'ARNdb ainsi que le site de clivage (flèches) à environ une vingtaine de nucléotides de l'extrémité de l'ARNdb. Schéma d'après Zhang *et al.* (2004).

Protéines ARGONAUTE et le complexe RISC

Les propriétés du complexe RISC (500 kDa) ont été mises en évidence dans des extraits de cellules de drosophile transformées avec une construction qui génère un ARNdb correspondant à un ARNm exprimé (Hammond *et al.*, 2000). Un complexe protéique différent de DICER dégrade l'ARNm. De plus, ce complexe est associé à de petits ARN complémentaires de l'ARNm.

Les protéines ARGONAUTE (AGO) forment une large famille multigénique de protéines impliquées dans la formation des complexes RISC. Elles se caractérisent par la présence de deux motifs spécifiques : le domaine PAZ permettant la fixation aux ARNdb et le domaine PIWI permettant l'interaction avec les protéines DICER et pour lequel une activité endonucléase a été décrite. Certaines protéines AGO auraient une activité de clivage des ARNm, d'autres non. Selon la protéine AGO participant au complexe RISC, celui-ci régulerait le taux de transcrits ou interviendrait dans la répression de la traduction ou la formation d'hétérochromatine.

C. elegans possède plusieurs protéines AGO : la protéine RDE1 est l'une des premières décrites. Le mutant correspondant a été isolé en provoquant l'inactivation d'un gène vital par ARNi. Ainsi les individus pour lesquels la machinerie de l'ARNi était fonctionnelle mourraient, tandis que les mutants *rde1* survivaient.

Chez *Arabidopsis*, les mutations dans les gènes AGO entraînent des anomalies développementales plus ou moins fortes selon les gènes et les allèles mutants. Une dizaine de gènes AGO ont été répertoriés chez *Arabidopsis*, huit chez les mammifères, cinq chez la drosophile.

ARN polymérase ARN-dépendante

Une activité ARN polymérase ARN-dépendante ou RdRP (*RNA-dependent RNA Polymerase*) a été détectée chez les champignons, les plantes, *C. elegans* ou *S. pombe,* mais pas chez les mammifères.

L'activité RdRP est nécessaire à l'inactivation génique. Elle permet de produire des ARN complémentaires de l'ARNm provenant de transgènes qui formeraient ainsi des ARNdb. Ces ARNdb seraient ensuite la cible de la ribonucléase DICER et permettraient de produire des siARN. La polymérisation pourrait se faire en absence d'amorce ou en utilisant les premiers siARN produits comme amorces. Cette enzyme servirait ainsi à la maintenance et à l'amplification du signal permettant l'inactivation génique. Chez *Arabidopsis*, plusieurs gènes *RdRP* interviennent dans différentes voies de production de petits ARN.

Rôle de l'interférence par l'ARN

Le mécanisme de PTGS, initialement mis en évidence grâce à la transgenèse, est un mécanisme conservé au cours de l'évolution. Il est essentiel au maintien de l'intégrité des génomes en intervenant dans la neutralisation d'acides nucléiques invasifs tels que les génomes viraux, les transposons. Il se déclenche lorsque des acides nucléiques sont introduits par transgenèse.

Contrôle des infections virales

La plupart des virus de plantes sont des virus à ARN de polarité positive (de type ARNm) qui se multiplient dans le cytoplasme. En 1997, il a été montré que la PTGS était un mécanisme naturel de défense des plantes (Ratcliff *et al.*, 1997). Des plantes non transgéniques infectées par un népovirus (*nematode polyhedral virus,* virus transmis par des nématodes) développent un phénotype de résistance spécifique. Des symptômes d'infection sont observés sur la feuille inoculée et la feuille voisine, mais les feuilles supérieures plus distantes restent indemnes de symptômes et de virus. Ces feuilles sont résistantes à une inoculation par le même népovirus, mais elles sont sensibles si le virus provient d'une autre famille comme le PVX (virus X de la pomme de terre). Par contre, l'infection avec un virus PVX recombinant possédant un fragment du génome du népovirus suffit à induire la résistance en entraînant la dégradation des ARN du virus PVX. Dans ce cas, on est en présence d'un phénomène d'inactivation de gènes étrangers, dépendant d'une homologie de séquence n'ayant rien à voir avec la transgenèse. La résistance à l'infection virale qui se manifeste à distance du point de la première inoculation témoigne de l'existence d'un signal spécifique diffusible. Les mutants déficients pour l'inactivation génique par PTGS perdent cette résistance et deviennent hypersensibles à certains virus. Inversement, certains virus sont capables d'inhiber le mécanisme de PTGS par activation de protéines virales appelées des suppresseurs de PTGS. L'interaction entre les virus et les plantes est ainsi très complexe, les virus pouvant être à la fois inducteurs et cibles de la PTGS, mais également inhibiteurs.

Contrôle des éléments mobiles

Les transposons et les rétrotransposons peuvent être considérés comme des acides nucléiques étrangers, invasifs. Chez certains mutants d'*Arabidopsis* (*ago*, etc.), il a pu être montré que des rétrotransposons silencieux étaient activés, alors que chez les plantes témoins sauvages, de petits ARN spécifiques des rétroéléments ont pu être détectés (Hamilton *et al.*, 2002). Ces observations suggèrent que l'inactivation de ces éléments mobiles était sous le contrôle du mécanisme d'ARNi. Cependant, l'inactivation des transposons et des rétrotransposons fait également intervenir des mécanismes de type TGS ou de contrôle de la structure de la chromatine.

Régulation du développement

La régulation de l'expression des gènes au cours du développement chez les plantes dépend également de la présence de petits ARN, les miARN (microARN). Les exemples de telles régulations sont de plus en plus nombreux.

D'autres types de mutants d'inactivation chez *Arabidopsis,* comme les mutants *carpel factory* (*caf*) affectant l'enzyme DICER, présentent des anomalies du développement, montrant un lien entre le contrôle de l'expression génique par l'ARNi et le contrôle du développement.

Régulation par les microARN

Découverte des miARN

Les microARN ont été mis en évidence originellement chez le nématode *C. elegans*. En 1993, il a été montré que le gène *lin-4* impliqué dans le développement post-embryonnaire du nématode ne codait pas une protéine mais un petit ARN non codant de 22 nucléotides, dérivant d'un ARN précurseur d'environ 60 nucléotides, ayant une structure en épingle à cheveux (Lee *et al.*, 1993). Le gène *lin-4* est par ailleurs atypique puisque localisé dans un intron d'un autre gène. Ce petit ARN présente des homologies avec les séquences des régions 3' non traduites (3' UTR) des gènes *lin-14* et *lin-28* et réprimerait leur traduction. En 2000, la découverte du gène *let-7*, toujours chez *C. elegans*, codant un autre petit ARN réprimant l'expression d'autres gènes laissait supposer l'existence d'un mécanisme de régulation génique plus général.

Biogenèse des miARN

De nombreux petits ARN non codants, agissant comme répresseurs de l'expression des gènes, ont été retrouvés chez la plupart des animaux (nématodes, drosophile, poisson, souris, homme) et chez les plantes. Un certain nombre de miARN sont associés au contrôle du développement des organismes mais, pour la plupart, leurs fonctions sont encore inconnues. Ces petits ARN dérivent d'ARNm de gènes régulateurs endogènes dont l'expression peut varier au cours du temps, selon les stades du développement ou les conditions environnementales. Cela a conduit à les appeler stRNA pour *small temporal RNAs*, avant de les renommer de façon plus générale des microARN ou miARN. Les gènes dont ils dérivent sont appelés les gènes *MIR*. Ils sont localisés soit à un locus qui leur est propre, soit dans l'intron d'un autre gène.

La biogenèse des miARN présente des étapes communes avec la biogenèse des siARN, petits ARN très semblables en taille (Figure 4.6).

Chez les animaux, la biosynthèse est compartimentée. La première étape se ferait dans le noyau (enzyme DROSHA de type ribonucléase III), tandis que les pré-miARN

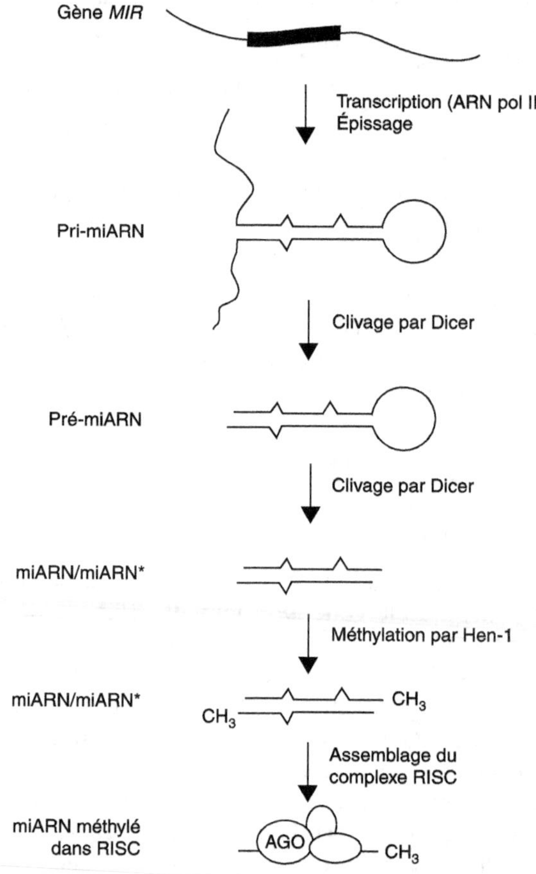

Figure 4.6. Biogenèse des miARN chez les plantes.

Un gène *MIR* est transcrit en un pri-miARN par l'ARN polymérase II. Ce transcrit est polyadénylé et coiffé. Il peut provenir de la transcription de régions intergéniques ou introniques. Il adopte une conformation en tige-boucle imparfaite (*hairpin* ou épingle à cheveux) et porte le miARN sur l'un des côtés de la tige. Il subit une maturation par clivage par une enzyme DICER (ribonucléase de classe III) générant un pré-miARN d'environ 70 à 90 nucléotides, capable de former une structure ARNdb en épingle à cheveux, la boucle contenant de 4 à 15 nucléotides. Le pré-miARN est ensuite clivé en miARN de 21 à 24 pb par l'enzyme DICER. Le groupement 2' du ribose à l'extrémité 3' du miARN est ensuite méthylé, protégeant l'extrémité d'une « attaque » exonucléasique. Les deux brins du duplex sont asymétriques, seul le miARN mature et actif simple-brin sera incorporé dans un complexe ribonucléoprotéique de type RISC (*RNA-Induced Silencing Complex*). AGO : protéine ARGONAUTE.

seraient ensuite exportés vers le cytoplasme où ils seraient clivés par la protéine DICER. Chez les végétaux, les deux étapes pourraient s'effectuer dans le noyau grâce à la même enzyme DLC1 (DICER-like1). Les acteurs de ces processus ne sont pas encore bien connus.

Chez les plantes, il a été montré que les miARN pouvaient être méthylés à leur extrémité 3', au niveau du ribose. Il a été proposé que le groupement méthyl pourrait permettre une protection des miARN d'une dégradation.

Mode d'action des miARN

Les miARN cytoplasmiques sont incorporés à un complexe ribonucléoprotéique analogue au complexe RISC. Deux modes d'action ont été proposés selon les niveaux de complémentarité entre le miARN, la cible et la spécificité des protéines du complexe. Le complexe agirait en inhibant la traduction selon un mécanisme non encore élucidé, ou en agissant sur la stabilité de l'ARNm, en guidant le clivage des ARNm grâce à une activité ribonucléasique (protéine de la famille ARGO-NAUTE), voire en contrôlant la méthylation des loci cibles. Dans les trois cas, cela conduit à l'inactivation du gène correspondant. Contrairement aux siARN, l'appariement du miARN avec sa cible n'est pas aussi strict (50 à 85 % d'homologies). Dans le cas du clivage de l'ARNm, celui-ci s'effectue à 10 ou 11 nucléotides de l'extrémité 5' du miARN. Deux produits de clivage sont ainsi générés à partir de l'ARNm : le produit de clivage situé du côté 5' est dégradé par une exoribonucléase cytoplasmique, tandis que le produit 3', peut être détecté car sa dégradation est plus lente (Llave *et al.*, 2002).

Par ces mécanismes, un seul type de miARN peut contrôler l'expression de plusieurs gènes ayant en commun une même séquence.

Fonction des miARN

Le nombre de gènes codant des miARN serait estimé à environ 1 %, tandis que 20-30 % des gènes humains pourraient être régulés par des miARN. L'effort actuel porte sur l'obtention d'un répertoire complet des miARN, pour préciser leurs rôles et leurs impacts sur les génomes, qui pourrait faire évoluer ces chiffres. Des approches directes par clonage sont en cours, ainsi que des approches bioinformatiques sur les génomes totalement séquencés. Les gènes *MIR* peuvent en effet être prédits en recherchant des séquences possédant des régions auto-complémentaires presque parfaites et adjacentes.

Chez les plantes, plusieurs centaines de miARN prédits ou confirmés par des études fonctionnelles réguleraient des gènes codant diverses protéines, la majorité étant des facteurs de transcription ou des protéines régulatrices du développement. Ainsi certains miARN sont impliqués dans la régulation de protéines impliquées dans la signalisation par les auxines (miR164), dans le contrôle de transitions développementales, dans la régulation de la polarité des organes, de la morphologie des feuilles, de l'identité florale (régulation du gène *AP2* par miR172) ou dans la mise en place de frontières entre les organes au niveau des méristèmes (régulation des gènes *CUC* par miR164).

Les microARN miR165/166 jouent un rôle primordial dans la mise en place de la polarité des feuilles. Cette polarité se manifeste par une face adaxiale (supérieure) et une face abaxiale (inférieure) présentant des caractéristiques morphologiques différentes au niveau de l'épiderme, du mésophylle ou des tissus vasculaires. Elle résulte des activités antagonistes de deux groupes de gènes. Le premier groupe comprend les gènes *PHABULOSA* (*PHB*), *PHAVOLUTA* (*PVH*) et *REVOLUTA* (*REV*), exprimés dans les régions adaxiales des organes. Ces gènes codent des protéines à homéodomaine et à *leucine zipper*. Le second groupe comprend les gènes de la famille *KANADI* (*KAN1*, *2* et *3*) exprimés dans les régions abaxiales. Des mutants dominants *phv* et *phb* ont été isolés, pour lesquels l'appariement avec le microARN miR165/166 serait modifié, conduisant à l'accumulation de transcrits dans les régions abaxiales (Figure 4.7). Le miR165/166 réprimerait les gènes *PHB*, *PHV* et *REV* dans les régions abaxiales, en guidant le clivage de leur ARNm. Cependant, miR165/166 est capable d'induire la méthylation des gènes *PHB* et *PHV*. Un mécanisme alternatif est proposé qui conduirait à l'inactivation transcriptionnelle des gènes *PHV* et *PHB* dans la région abaxiale, suite à leur méthylation. Quel que soit le mécanisme, il semble être conservé au cours de l'évolution. En effet, le site de fixation de miR165/166 est très conservé chez d'autres espèces (angiospermes, gymnospermes, mousses, etc.).

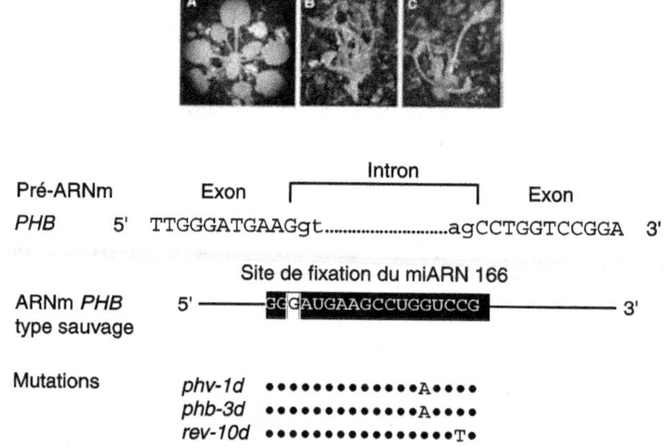

Figure 4.7. Rôle de miR165/miR166 dans le contrôle de la polarité foliaire.
Photos d'une plante sauvage d'*Arabidopsis thaliana* (A) et des mutants *phabulosa (phb)* (B) et *phavulata (phv)* (C) affectés pour le plan de polarité de la feuille. Les mutants *phb* et *phv* présentent une polarité de la feuille modifiée (photographies extraites de Mallory *et al.*, 2004). Ces mutants, ainsi que le mutant *revoluta (rev)* qui a le même phénotype, sont affectés au niveau des sites d'appariement des miARN miR165 et miR166. Une substitution d'une guanine (G) en adénine (A) diminue de 200 fois l'efficacité du clivage de l'ARN cible chez les mutants *phb* et *phv* ; une substitution d'une cytosine (C) en thymine (T) chez le mutant *rev* a le même effet. Le site de fixation du miARN se trouve à cheval sur deux exons (présenté dans le gène *PHB*). Ainsi, chez les plantes sauvages, le miARN miR165/166 réprime les gènes *PHV*, *PHB* et *REV* dans les régions abaxiales (inférieures) de la feuille.

Une troisième classe de petits ARN, les ta-siARN

À côté des miARN et des siARN, la classe des ta-siARN (*trans-acting* siARN) a été mise en évidence (Yoshikawa *et al.*, 2005 ; Vazquez *et al.*, 2004). Les ta-siARN ressemblent fonctionnellement aux miARN en dirigeant le clivage de transcrits endogènes en *trans*. Cependant, leur biogenèse est différente des miARN qui proviennent quant à eux d'un ARNsb dont la conformation permet la formation d'un intermédiaire double-brin (épingle à cheveux). Les ta-siARN proviennent d'un ARN messager précurseur. Ce précurseur est la cible d'un miARN et il est alors clivé comme une cible d'un miARN. Un des produits du clivage est ensuite copié en ARNdb grâce à une ARN polymérase ARN-dépendante, avant d'être découpé en phase, par une enzyme DICER, en petits ARN (ta-siARN) (Figure 4.8). Ces petits ARN ont ensuite pour cibles des ARNm qui seront dégradés par le complexe RISC. Les ta-siARN illustrent un processus d'amplification très efficace pour réguler plusieurs gènes au niveau post-transcriptionnel.

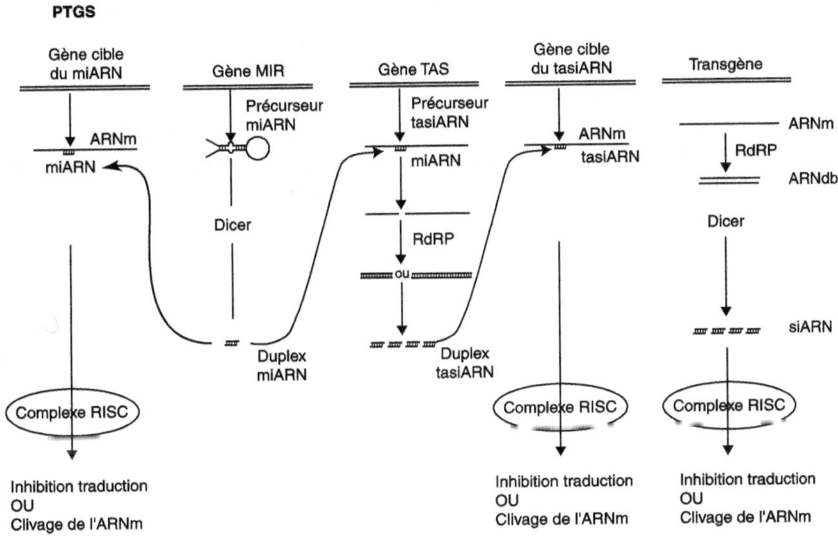

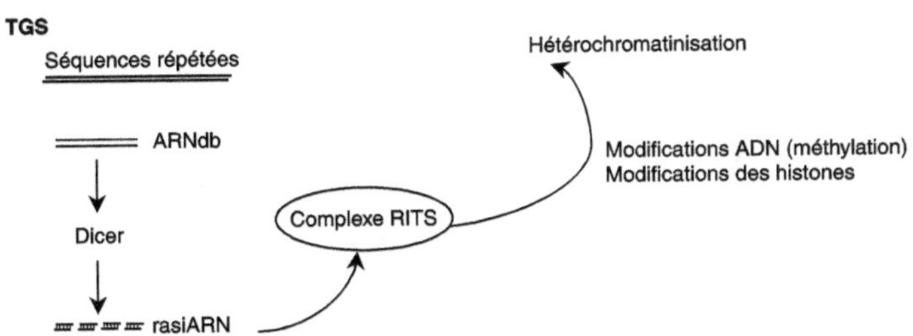

Figure 4.8. Schéma récapitulatif des différentes voies impliquant des petits ARN. PTGS : *Post-Transcriptional Gene Silencing* ; RdRP : *RNA-dependent RNA Polymérase* ; RISC : *RNA-Induced Silencing Complex* ; RITS : *RNA-induced Initiation of TGS* ; ta-siARN : *trans-acting* siARN ; TGS : *Transcriptional Gene Silencing* ; ra-siARN : *repeated-associated-si*ARN.

TGS et PTGS, deux mondes assez proches

Chez *S. pombe*, des siARN correspondant à des régions répétées centromériques ont été mis en évidence. De plus, des protéines intervenant dans l'ARNi, telles que DICER, AGO et l'ARN polymerase ARN-dependante (RdRP) seraient également impliquées dans le « silencing » des centromères. Ces siARN seraient associés au complexe RITS (*RNA-induced Initiation of TGS*) dans lequel la protéine AGO1 interviendrait. De même, chez les plantes, certains acteurs de l'ARNi (AGO4, DCL3, RDR2) interviendraient également dans la TGS (Hamilton *et al.*, 2002).

Ceci suggère l'existence de fortes interrelations, mais encore mal connues, entre les mécanismes de TGS, de PTGS, la méthylation de l'ADN ainsi que la dynamique de la chromatine. Un schéma général de l'état des connaissances actuelles présente les différentes voies de régulation par des petits ARN (cf. Figure 4.8).

Depuis la première mise en évidence d'une répression médiée par les ARN, le monde des petits ARN s'est considérablement développé et enrichi d'une grande diversité de ces petites molécules (siARN, miARN, ta-siARN, etc.). Il permet par différentes voies de réguler de façon fine l'expression des gènes en exploitant des homologies de séquences entre la cible et ces petits ARN. Les mécanismes sont étonnamment bien conservés au cours de l'évolution ; cependant, les plantes présentent une plus grande diversité d'acteurs. Cette diversité permet sans doute une plus grande flexibilité, une meilleure régulation du développement en fonction d'une large palette de facteurs biotiques et abiotiques et contribue à l'adaptation des plantes à leur environnement.

Deuxième partie

Outils de la génétique moléculaire végétale

La génétique moléculaire végétale fait appel à un ensemble de techniques et d'outils similaires à ceux qui ont été développés par la biologie moléculaire appliquée aux procaryotes et aux eucaryotes animaux. Cependant, certaines adaptations techniques se sont révélées nécessaires dans le domaine végétal notamment du fait de la présence de la paroi pecto-cellulosique des cellules végétales et de certaines particularités physiologiques (cf. Annexe 1). Ainsi, les outils de transgenèse, de mutagenèse et de cartographie moléculaire, utilisés en génétique moléculaire végétale sont présentés dans les chapitres suivants, tandis que les principales techniques de clonage et de séquençage des gènes sont considérées comme connues et ne seront pas décrites[1]. Ces chapitres sont interdépendants. En effet, la transgenèse peut être utilisée comme outil pour la mutagenèse tandis que cette dernière, ou la cartographie, peuvent permettre l'identification et le clonage de gènes qui pourront être réintroduits dans des organismes par transgenèse.

---

1. Pour les techniques de biologie moléculaire (clonage, séquençage, etc.), le lecteur pourra se référer aux ouvrages suivants : Ausubel *et al.* (1995) ; Sambrook et Russell (2001).

Chapitre 5

Transgenèse végétale

La transgenèse végétale permet l'introduction d'un fragment d'ADN dans le génome de la plante, conférant ainsi à celle-ci de nouvelles propriétés. Cette nouvelle plante est alors qualifiée de « plante transgénique » ou d'organisme génétiquement modifié (OGM). Le fragment d'ADN transféré dans le génome végétal peut avoir diverses origines (végétale, bactérienne ou animale). Si ce fragment porte un gène, ce gène sera qualifié de transgène. Le fragment intégré de façon stable dans le génome est ensuite transmis à la descendance de la plante.

La création de plantes transgéniques est intéressante tant pour l'amélioration des plantes ou les biotechnologies végétales que pour la recherche fondamentale. Les quelques exemples ci-dessous illustrent cette double application de la transgenèse végétale.

Une des méthodes de l'amélioration classique des plantes consiste à regrouper par croisements et sélections, dans une même plante, certains caractères d'intérêt et donc les gènes correspondants, présents dans l'espèce ou dans une espèce voisine. Cette pratique conduit généralement à l'introduction d'une portion de taille variable d'un génome. Les progrès de la biologie moléculaire et du génie génétique permettent ainsi d'envisager une amélioration ciblée par transfert de gènes spécifiques « naturels » provenant de la même espèce ou d'une espèce voisine. Ainsi, le gène *RB* de *Solanum bulbocastanum,* une espèce mexicaine de pomme de terre, a pu être introduit dans une variété de pomme de terre cultivée par génie génétique. Ce transfert de gène a conféré à cette variété une bonne tolérance à *Phytophtora infestans*, champignon responsable du mildiou. Les outils du génie génétique permettent également la création de nouveaux gènes constitués de séquences d'origine diverse, gènes pouvant être responsables de nouveaux caractères qui pourront ensuite être introduits dans les espèces d'intérêt. Ainsi la production de végétaux génétiquement modifiés peut être motivée par les mêmes objectifs agronomiques et économiques qui sous-tendent l'amélioration classique (par sélection). Les gènes utilisés jusqu'à présent en transgenèse végétale permettent de rendre les plantes tolérantes à des herbicides ou à des insectes, d'améliorer la qualité des produits, etc. Les principales cultures concernées sont le soja, le maïs, le cotonnier et le colza. La production de protéines recombinantes à visée thérapeutique (sérum thérapeutique (sérum albumine humaine, hémoglobine, lactoferrine, anticorps, vaccins, etc.) par des plantes transgéniques (*molecular farming*) est une autre application en cours de développement. La production de protéines d'origine animale peut s'avérer plus efficace dans les cellules végétales que dans les cellules bactériennes (meilleur respect de la conformation et du repliement des protéines, meilleure maturation).

En recherche fondamentale, la transgenèse permet de générer du matériel végétal qui peut ensuite être utilisé pour étudier la régulation et les fonctions des gènes, le développement ou la physiologie de la plante.

Le transfert de gènes chez les végétaux peut être réalisé soit en exploitant les propriétés naturelles et les compétences de bactéries du genre *Agrobacterium*, soit par voie « directe » en utilisant des techniques physiques ou chimiques et les propriétés de totipotence et de régénération des végétaux (cf. Annexe 1). La totipotence permet, à partir de cellules somatiques transformées, de régénérer une plante entière ayant acquis de façon stable de nouvelles propriétés liées à la présence du transgène. Chez les animaux, seuls les gamètes, le zygote ou les cellules souches embryonnaires peuvent être utilisés pour obtenir un organisme entier et la totipotence est beaucoup plus limitée. Ainsi le transfert de gènes chez les animaux est délicat à mettre en œuvre, comparé au transfert de gènes chez les végétaux.

▸▸ Transgenèse naturelle par conjugaison interspécifique

Agrobacterium, une bactérie phytopathogène

Les bactéries du genre *Agrobacterium* sont des bactéries aérobies à Gram négatif de la microflore du sol, appartenant au groupe des *Rhizobiaceae*. Ce groupe comporte en outre les genres *Rhizobium*, *Bradyrhizobium* et *Phyllobacterium*, bactéries symbiotiques fixatrices d'azote. Le genre *Agrobacterium* comprend plusieurs espèces : *A. radiobacter* est non-phytopathogène, tandis que *A. tumefaciens*, *A. vitis*, *A. rubi* ainsi qu'*A. rhizogenes* sont des bactéries phytopathogènes pouvant infecter de nombreuses plantes dicotylédones et quelques monocotylédones. Leurs spectres d'hôtes sont variables selon les souches. Bien que l'infection ne porte pas atteinte au développement de la plante, elle entraîne des baisses de rendement ou de vigueur et peut occasionner des dégâts importants, notamment chez les plantes horticoles pérennes telles que la vigne, le pommier ou le cerisier.

A. tumefaciens est responsable d'une prolifération cellulaire anarchique au niveau d'une blessure, entraînant la formation d'une excroissance tumorale encore appelée galle du collet ou *crown gall* (le collet étant la jonction entre la tige et la racine). Cette bactérie peut également entraîner la formation de galles sur les tiges ou les racines. *A. vitis* induit, chez la vigne, le développement de galles au collet et sur les tiges, ainsi que des nécroses sur les racines. *A. rubi* entraîne la formation de galles rondes sur les parties aériennes ou *cane gall*, alors que *A. rhizogenes* est responsable de la formation d'un chevelu racinaire ou *hairy root*, sorte de rhizogenèse adventive au site d'infection (Figure 5.1).

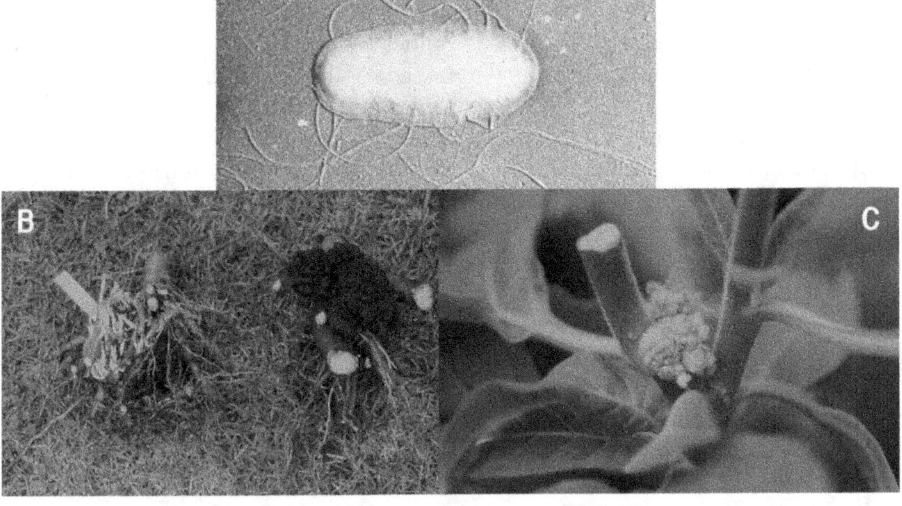

Figure 5.1. *Agrobacterium tumefaciens* et deux exemples de tumeurs.
(A) *Agrobacterium tumefaciens*, en microscopie électronique. Les flagelles qui permettent son déplacement dans le sol sont bien visibles. (B) Collet de merisier sauvage (à gauche) et collet infecté par *A. tumefaciens* formant une tumeur naturelle (à droite). (C) Formation d'une tumeur sur tige de tabac suite à l'inoculation d'une souche d'*A. tumefaciens* (tumeur expérimentale). (Photos L. Jouanin, Inra Versailles).

Les réactions des plantes à l'infection par certaines espèces d'*Agrobacterium* sont comparées à des cancers végétaux. Les cellules de ces tumeurs végétales ont acquis de nouvelles propriétés résultant d'un mécanisme de génie génétique naturel : elles ont été transformées par l'agrobactérie qui transfère une molécule d'ADN (ADN transféré ou ADN-T) dans la cellule hôte ; cet ADN-T s'intègre dans le génome de la cellule végétale et s'y exprime.

Nouvelles propriétés physiologiques acquises par les cellules tumorales illustrant leur transformation génétique

Indépendance hormonale

Des fragments de tumeurs ou de racines, transférés sur des milieux de culture *in vitro*, maintiennent leur capacité à proliférer en absence d'apport exogène de phyto-hormones (auxines et cytokinines), contrairement à des cellules végétales provenant de tissus sains. Ces cultures de racines ou de tissus de la galle du collet, repiquées régulièrement sur milieu de culture, peuvent être maintenues indéfiniment. Les divisions cellulaires actives se déroulent alors qu'aucune bactérie n'est présente dans les tissus tumoraux prélevés. Le taux d'hormones a été quantifié dans les tumeurs et trouvé significativement plus élevé que dans les tissus sains.

Production de tumeurs

Des tissus tumoraux, cultivés *in vitro*, peuvent après transplantation sur une plante saine conduire au développement d'une nouvelle tumeur. La tumeur n'est pas une réaction de la plante à l'infection par *A. tumefaciens*, mais la conséquence de la prolifération *in vivo* des cellules greffées.

Nouvelle capacité métabolique

Les cellules tumorales synthétisent de nouveaux métabolites azotés de petit poids moléculaire, les opines. La nature des opines synthétisées dépend de la souche d'*Agrobacterium*. Il existe plus d'une vingtaine d'opines résultant, selon les souches, de la condensation d'acides aminés, d'acides cétoniques et de sucres. Les plus étudiées sont l'octopine, dont les précurseurs sont l'arginine et l'acide pyruvique, et la nopaline qui a pour précurseurs l'arginine et l'acide α-cétoglutarique. Les opines produites par la plante sont utilisées comme sources d'azote et de carbone par les agrobactéries, permettant leur croissance et leur dissémination. L'agent pathogène crée, dans les cellules de l'hôte qu'il infecte, un environnement favorable à son développement, une niche écologique particulière qui lui confère des avantages sélectifs du fait de la biosynthèses de ces opines. Généralement, seules les souches d'*Agrobacterium* permettant la synthèse d'une opine donnée possèdent les enzymes nécessaires à son catabolisme. Ainsi une souche induisant la production d'octopine peut dégrader ce composé, mais pas la nopaline. L'observation de cette corrélation stricte entre capacité de dégradation des opines et induction de la biosynthèse des opines par la plante suite à l'agroinfection avait suggéré l'existence d'un transfert génétique dès les années 1970, bien avant sa mise en évidence expérimentale. Quelques bactéries du sol sont également capables d'utiliser les opines. *A. radiobacter* peut utiliser la nopaline et s'implanter dans la niche, voire même éliminer certaines souches d'*A. tumefaciens* grâce à la production par cette espèce d'une bactériocine[2], l'agrocine.

Bref historique de la compréhension du transfert génétique

Le mécanisme de transfert naturel médié par les agrobactéries a fait l'objet de nombreuses études[3]. Ces études ont permis ultérieurement d'utiliser ce mécanisme à des fins de génie génétique et en biotechnologies végétales.

1897	Cavara identifie l'agent de la galle de la vigne, nommé *Agrobacterium vitis*
1907	Isolement par Smith et Townsend d'*Agrobacterium tumefaciens*, comme étant l'agent responsable de la galle du collet (*crown gall*) chez *Argyranthemum frutescens* (marguerite, anthemis, astéracée).
1930	Riker *et al.* isolent *A. rhizogenes* comme l'agent responsable de la formation d'un chevelu racinaire sur jeunes pommiers (*hairy root*).
1940-1950	Propagation indéfinie des tissus tumoraux *in vitro* (White et Braun, 1941). Hypothèse d'une transformation des cellules par un principe inducteur de tumeur (TIP, *Tumor Inducing Principle*) (Braun, 1947).

...

---

2. Une bactériocine est une protéine sécrétée par des bactéries et capable d'inhiber la croissance de bactéries de la même espèce ou du même genre. Par exemple, les colicines produites par une souche de *E. coli* inhibent d'autres souches de *E. coli*. L'agrocine produite par *A. radiobacter* pénètre en utilisant la nopaline perméase et inhibe ainsi la croissance de souches à nopaline d'*A. tumefaciens*.
3. Les références des travaux mentionnés dans ce résumé historique pourront être retrouvées dans les revues suivantes : Dessaux *et al.* (1992, 1993) ; Gelvin (2000) ; Zupan *et al.* (2000).

1956	De façon concomitante, Morel et Lioret mettent en évidence de nouvelles molécules, les opines, synthétisées par les tissus tumoraux.
1958	Si les bactéries sont éliminées après l'étape du contact infectieux, la tumeur peut toujours se former. L'hypothèse d'un virus lysogène est discutée.
1971	Perte de la virulence par culture de la bactérie à 37° C. Transfert du TIP entre souches par conjugaison.
1974-1978	Mise en évidence de plasmides d'environ 250 kpb dans les souches de *A. tumefaciens* (Ti, *Tumor inducing*) et *A. rhizogenes* (Ri, *Root inducing*) par l'équipe de J. Schell. Le rôle du plasmide Ti dans la formation du *crown gall* est démontré par Van Larebeke *et al.* en 1974 (Encadré 5.1a) et celui du plasmide Ri dans la rhizogenèse par Moore *et al.* en 1978.
1977	Chilton *et al.* montrent qu'un fragment du plasmide Ti est présent dans le génome nucléaire des cellules tumorales. Ce fragment dit ADN-T (ADN transféré) porte l'information génétique responsable de la transformation tumorale (Encadré 5.1b).
1979	Selon le concept d'opines (Tempé *et al.*) et celui de colonisation génétique (Schell *et al.*), les opines jouent un rôle central dans la relation *Agrobacterium*-plante et dans l'écologie de la bactérie.
1983	Obtention des premières plantes transgéniques en utilisant le plasmide d'*A. tumefaciens* comme vecteur : plants de tabac résistant à la kanamycine par l'équipe de J. Schell ainsi que des plants de tournesol produisant la phaséoline de haricot par l'équipe de T.C. Hall.
1984	Identification de gènes de l'ADN-T responsables de la surproduction d'auxines et de cytokinines.
De 1984 à nos jours	Séquençage intégral d'un plasmide Ti (2000), constructions de divers vecteurs navettes dits vecteurs « binaires », étude des mécanismes de transfert et d'intégration de l'ADN-T. Le spectre d'hôtes de *A. tumefaciens* s'élargit à la levure, aux champignons et aux cellules de mammifères.

Structure du plasmide Ti

Les plasmides Ti sont des plasmides de très grande taille (environ 250 kpb) qui comportent cinq régions importantes pour leur biologie (Figure 5.2). On distingue ainsi :
– la (ou les) région(s) d'ADN-T ;
– la région Vir responsable de la virulence de la souche et du transfert interspécifique de l'ADN-T ;
– la région portant les gènes du catabolisme des opines ;
– la région Tra ou région intervenant dans le transfert conjugatif des plasmides entre souches bactériennes ;
– la région contrôlant la réplication du plasmide au sein de la bactérie.

Les plasmides Ri ont une organisation similaire.

Encadré 5.1. Le plasmide Ti

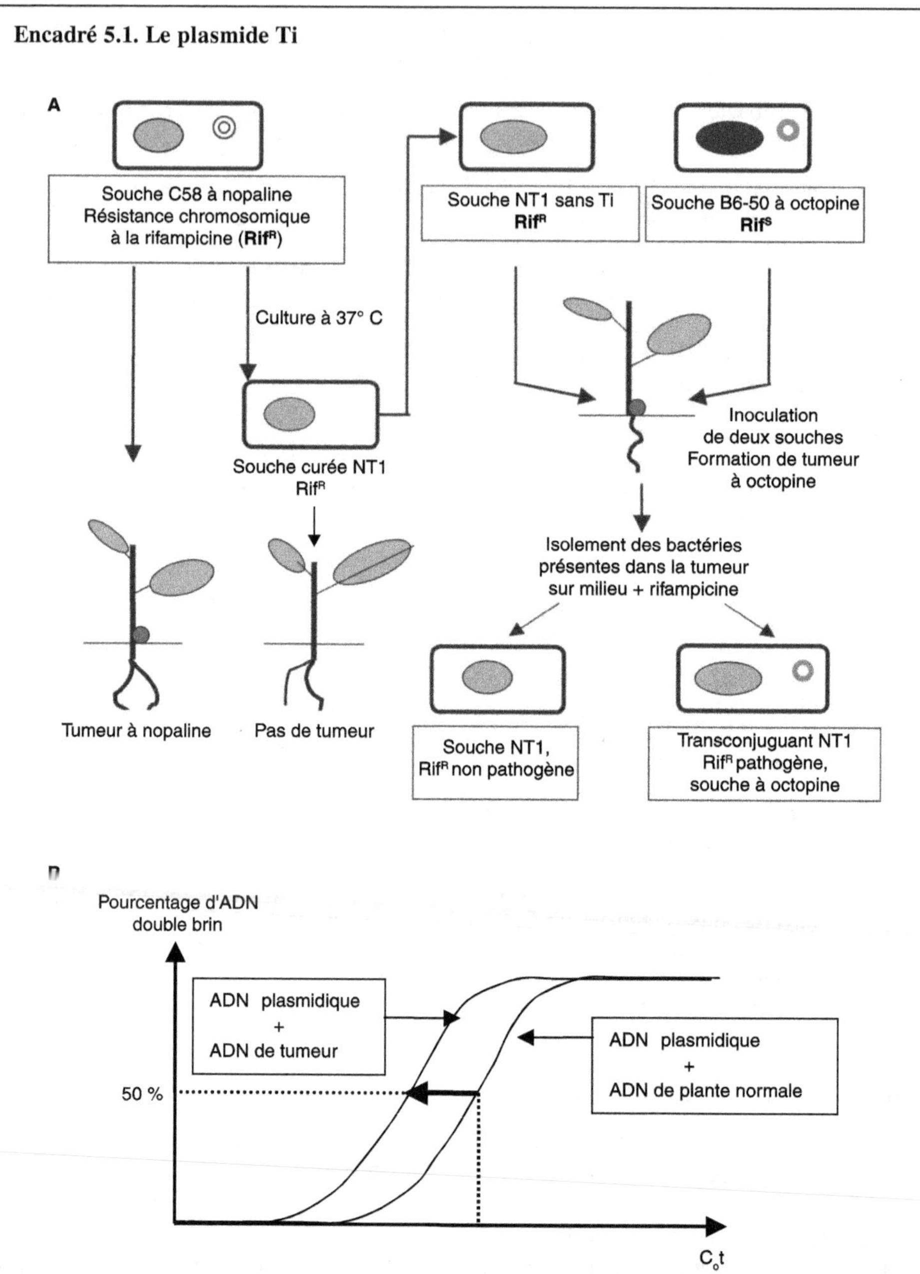

(**A**) Expérience ayant établi le rôle du plasmide Ti dans l'induction de tumeurs (d'après Van Larebeke *et al.*, 1974). La souche d'*A. tumefaciens* C58, possédant un plasmide Ti à nopaline (cercle blanc) et un gène chromosomique conférant la résistance à la rifampicine, est cultivée à 37°C. Elle devient avirulente. Mise en présence d'une souche pathogène possédant un plasmide Ti à octopine (cercle gris) lors d'une inoculation dans une plante, elle peut acquérir par conjugaison ce plasmide et redevenir pathogène.

...

Elle induira alors la formation d'une tumeur végétale dont les cellules produiront de l'octopine et non de la nopaline : la formation de la tumeur ainsi que la production d'opines sont bien dues au plasmide Ti.

(B) Premières mises en évidence d'un transfert de matériel génétique d'*Agrobacterium* vers le génome de la plante (d'après Chilton *et al.*, 1977).

Cinétique de renaturation

L'ADN du plasmide Ti, marqué par incorporation de dCTP marqué au phosphore ^{32}P, et l'ADN végétal sont thermodénaturés puis soumis à une lente renaturation. Le marquage radioactif permet de mesurer la vitesse de réassociation de l'ADN plasmidique en présence de l'ADN végétal. Cette réassociation est légèrement accélérée en présence d'ADN extrait de tissus tumoraux par rapport à une réassociation en présence d'ADN provenant de tissus sains. L'abaissement de la valeur du $C_o t^{1/2}$ (cf. Encadré 2.2) en présence d'ADN tumoral démontre l'existence de séquences complémentaires du plasmide Ti dans cet ADN. L'ADN extrait de tumeurs apporte donc des séquences complémentaires au plasmide Ti, absentes dans l'ADN de tissus sains.

Hybridation moléculaire

L'ADN végétal extrait d'une tumeur est fragmenté par digestion enzymatique, puis les fragments d'ADN sont séparés sur gel d'agarose et transférés sur membrane. Différents fragments de restriction du plasmide Ti sont marqués par incorporation de dCTP ^{32}P et hybridés sur la membrane. Les fragments correspondant à la région de l'ADN-T du plasmide Ti s'hybrident avec l'ADN végétal. Cette région couvre environ 10 kb, soit 5 % du plasmide.

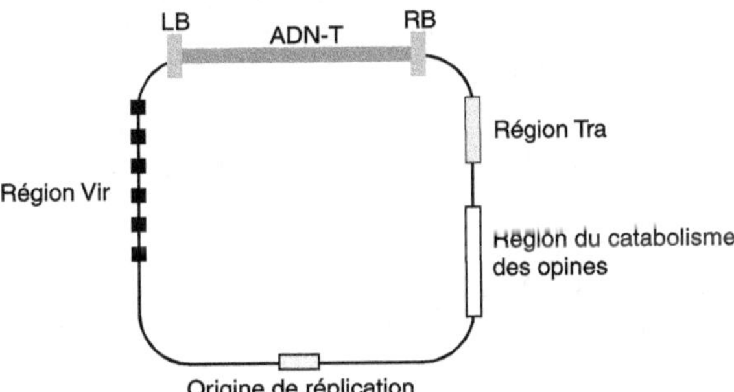

Figure 5.2. Organisation des différentes régions du plasmide Ti.
Le plasmide Ti (environ 250 kb) comprend quatre grandes régions : la région T ou ADN-T (qui correspond à l'ADN transféré à la plante) définie par les bordures droite (RB, *Right Border*) et gauche (LB, *Left Border*) ; la région de virulence Vir nécessaire au transfert de l'ADN-T ; la région qui code les enzymes du catabolisme des opines ; la région Tra impliquée dans le transfert du plasmide Ti entre agrobactéries.

ADN-T

L'ADN-T est délimité par la présence à ses extrémités de deux courtes séquences répétées et directes de 25 pb, appelées bordure gauche (LB, *Left Border*) et bordure droite (RB, *Right Border*). Selon le type de plasmide Ti, une ou deux régions d'ADN-T sont présentes (1 pour les plasmides à nopaline, 2 pour les plasmides à octopine) (Figure 5.3). La taille de l'ADN-T varie entre 7 et 25 kpb en fonction de la nature de la région (unique ou en deux parties) et des souches d'*Agrobacterium*.

ADN-T à octopine

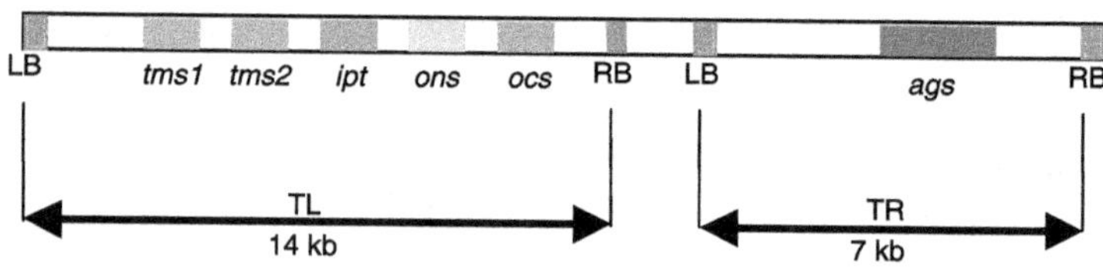

ADN-T à nopaline

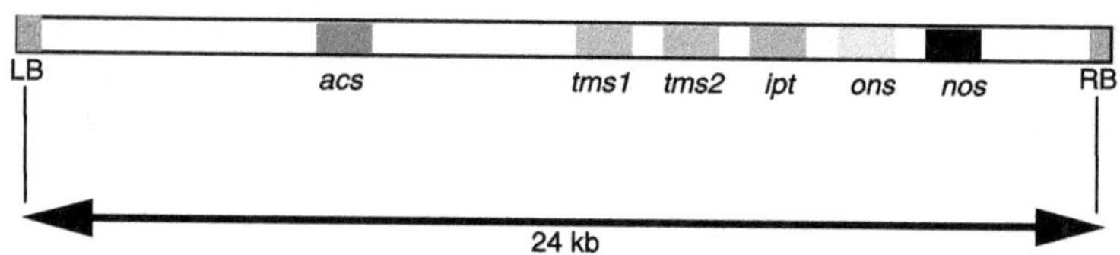

Figure 5.3. Structures des régions d'ADN-T de plasmides Ti à octopine ou nopaline.
L'ADN-T porte deux grands groupes de gènes, les oncogènes impliqués dans la formation des tumeurs (*tms1* [tryptophane 2-monooxygénase], *tms2* [indole-3-acétamide hydrolase], *ipt* [Δ2-isopentenyl pyrophosphotransférase], voir la Figure 5.4) et les gènes de biosynthèse des opines (*ocs* [octopine synthase], *ags* [agropine synthase], *acs* [agrocinopine synthase], *nos* [nopaline synthase]). TL : *Left T-DNA* ; TR : *Right T-DNA* ; *ons* : *opine secretion*.

Quand l'ADN-T est constitué de deux régions transférées, leur transfert peut être indépendant ou couplé. Les ADN-T des plasmides à nopaline et des plasmides à octopine présentent environ 40 % d'homologies entre les séquences nucléotidiques ; ils sont ainsi assez bien conservés.

L'ADN-T porte deux principaux groupes de gènes : les gènes responsables de la tumorigenèse et les gènes de biosynthèse des opines. Ces gènes se distinguent des autres gènes bactériens localisés en dehors de la région d'ADN-T. Ils possèdent en effet des caractéristiques propres aux gènes eucaryotes : ils sont monocistroniques, transcrits par l'ARN polymérase II eucaryote et ils possèdent les signaux de régulation (promoteur, terminateur, site de polyadénylation) caractéristiques des gènes eucaryotes.

Les gènes de biosynthèse d'hormones

Ces gènes participent à la transformation tumorale des cellules végétales. Ils codent des enzymes de la voie de biosynthèse des phytohormones. Ainsi le gène *ipt (tmr)*, codant une Δ2-isopentenyl pyrophosphotransférase, permet la synthèse de la cytokinine isopentényl adénosine monophosphate. Les gènes *tms1/iaaM* et *tms2/iaaH* codent respectivement la tryptophane 2-monooxygénase et l'indole-3-acétamide hydrolase, et permettent la synthèse d'une auxine, l'acide indole acétique (AIA). La présence de ces gènes sur l'ADN-T et leur expression ultérieure dans les cellules de la plante expliquent les taux d'hormones très élevés, mesurés dans les tumeurs. L'expression de ces gènes modifie ainsi l'équilibre hormonal des tissus infectés et active la croissance cellulaire et/ou une organogenèse anormale (Encadré 5.2). Il en résulte des modifications de l'expression d'un ensemble de gènes de la plante, aboutissant (en fonction du nouvel équilibre hormonal généré) à des proliférations

---

Encadré 5.2. Influence de l'équilibre hormonal sur la croissance et l'organogenèse

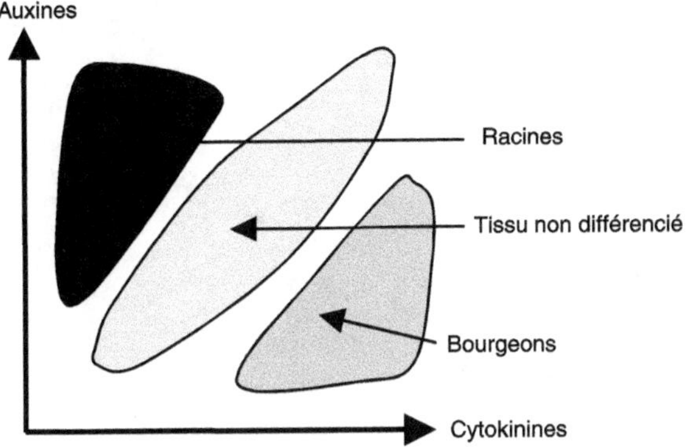

Chez les végétaux, l'équilibre hormonal a un effet sur la croissance et l'organogenèse. Un rapport cytokinines/auxines faible favorise la rhizogenèse ; un rapport élevé conduit plutôt à la formation de bourgeons, tandis qu'un rapport moyen conduit à la formation d'un tissu ou d'un cal non organisé.

---

tumorales non organisées ou au développement de tératomes avec formation de bourgeons ou de racines.

Ces gènes ont été mis en évidence par mutagenèse. Les tumeurs induites par des souches présentant des mutations dans la région *tms* (*tumor morphology shooty*) forment essentiellement des bourgeons, alors que des souches portant des mutations dans la région *tmr* (*tumor morphology rooty*) induisent une rhizogenèse au site d'infection. Il a été montré que la région *tms* porte les gènes *tms1* et *tms2* (gènes de biosynthèse de l'auxine), tandis que la région *tmr* porte le gène *ipt* (gène de la biosynthèse des cytokinines) (Figure 5.4).

Les gènes de biosynthèse des opines

Les plasmides Ti et Ri des différentes souches sont classifiés en fonction du type d'opines produites. Il existe 7 familles d'opines : mannityl-opines (agropine, mannopine), octopine, nopaline, cucumopine, leucinopine, succinamopine et agrocinopines. Les gènes codant les enzymes de biosynthèse de la nopaline synthase (gène *nos*), l'octopine synthase (*ocs*), l'agrocinopine synthase (*ags*) ou la mannopine (*mas1* et *mas2*) ont été plus particulièrement étudiés. L'octopine est le produit de la condensation de l'arginine et de l'acide pyruvique ; la nopaline, de l'acide β-cétoglutarique et de l'arginine (Figure 5.5).

Régulon *vir*

La région de virulence, d'une taille d'environ 35 kpb, est responsable du transfert de l'ADN-T vers le noyau de la cellule végétale. Elle regroupe 9 opérons principaux mono- ou polycistroniques : les opérons *virA*, *virB*, *virC*, *virD*, *virE*, *virF*, *virG*, *virH* et *virJ* (Tableau 5.1). Les opérons *virH* (*PinF*) et *virJ* (*AcvB*) ont des fonctions encore mal connues. Des mutations affectant les opérons *virA*, *virB*, *virD* ou *virG* conduisent à des souches avirulentes, tandis que la virulence de souches affectées

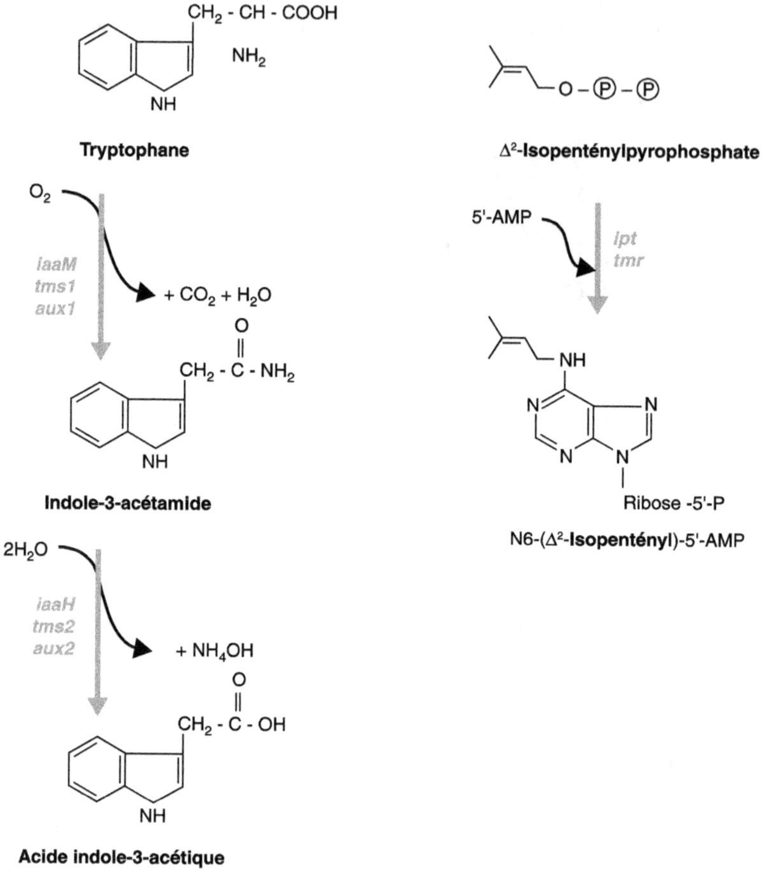

Figure 5.4. Voies de biosynthèse de l'auxine et du précurseur des cytokinines impliquées dans la formation de tumeurs. Voir la figure 5.3 pour la légende.

dans les opérons *virC* ou *virE* est atténuée. La région Vir est très conservée entre les différents plasmides Ti et Ri et peut être interchangeable. Essentielle pour le transfert de l'ADN-T, elle peut agir en *cis* (présence sur le même plasmide que l'ADN-T) ou en *trans* (présence sur un autre plasmide Ti).

À l'exception des gènes des opérons *virA* et *virG* qui présentent une expression constitutive, les autres gènes *vir* sont inductibles grâce à la fixation du facteur transcriptionnel VirG sur des séquences régulatrices appelées « *vir box* », localisées en amont des différents opérons *vir*, y compris de l'opéron *virG* ainsi autorégulé.

Des gènes localisés sur le chromosome bactérien, les gènes *chv*, participent également au mécanisme de virulence des souches.

Gènes du catabolisme des opines

Une région du plasmide Ti regroupe les gènes codant des enzymes permettant le catabolisme des opines produites par les gènes de biosynthèse et présents sur l'ADN-T (nopaline [région *noc* pour *nopaline catabolism,* environ 6 pkb], octopine

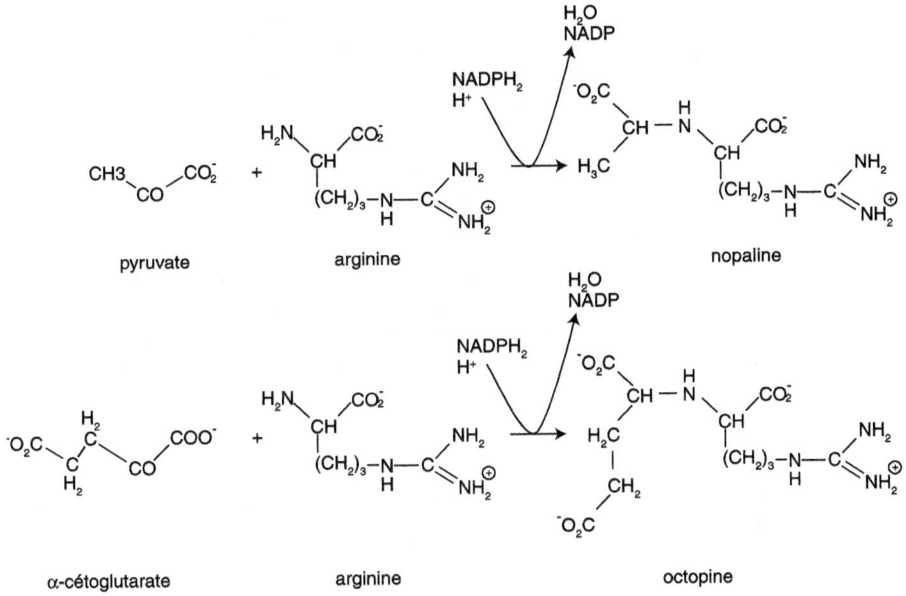

Figure 5.5. Réactions catalysées par les enzymes nopaline synthase (nos) et octopine synthase (ocs). NADP : nicotinamide adénine dinucléotide ; NADPH : nicotinamide adénine dinucléotide phosphate.

Tableau 5.1. Gènes *vir* et leurs fonctions.

Gènes	Fonctions chez *Agrobacterium*	Fonctions dans la plante
VirA	Récepteur membranaire kinase Senseur sensible à l'acétosyringone	
VirG	Facteur transcriptionnel activateur Induction des gènes *vir*	
VirB(1 à 11)	Constituants de l'appareil protéique de transfert du monobrin d'ADN-T	
VirC1	Activateur du transfert	
VirD1	Hélicase associée à VirD2	
VirD2	Endonucléase Liaison covalente à l'ADN-T en 5'	Ciblage de l'ADN-T vers le noyau Transport à travers l'appareil protéique de transfert Intégration Protection contre les exonucléases
VirD4	Constituant de l'appareil de transfert	
VirE1	Protéine chaperone de VirE2	
VirE2	Protéine se liant à l'ADN-T simple brin	Protection contre les endonucléases Ciblage vers le noyau Passage à travers les pores nucléaires Allongement de la phase S Dégradation de la protéine virE2
VirF		
VirJ	Exportation de l'ADN-T, protéine périplasmique	

[région *occ* pour *octopine catabolism*], agrocinopines [région *acc* pour *agrocinopine catabolism*], etc.). Les plasmides Ti à nopaline portent ainsi les gènes du catabolisme de la nopaline (gènes *noc*) permettant la dégradation de la nopaline en arginine et en 2-oxo-glutarate. Le catabolisme de l'octopine (gènes *occ*) produit de l'arginine et du pyruvate. L'arginine est ensuite dégradée en urée et ornithine par une arginase ; l'ornithine est catabolisée en proline par une ornithine cyclodésaminase. Ces gènes du catabolisme de l'octopine sont corégulés et leur expression est induite par l'opine correspondante.

Ces gènes confèrent aux souches pathogènes qui les possèdent un avantage sélectif en leur donnant la possibilité d'utiliser des sources de carbone et d'azote produites par les cellules tumorales végétales, seules les souches possédant les gènes de catabolisme correspondant aux opines produites pouvant en tirer profit.

Région Tra

La région Tra (environ 30 kpb) est impliquée dans le transfert conjugatif du plasmide entre souches bactériennes. Elle comporte 22 ORF homologues aux ORF des régions Tra de plasmides contrôlant la conjugaison entre cellules bactériennes mâle et femelle (facteur F). La présence d'opines stimule également le transfert conjugatif entre agrobactéries.

Région contrôlant la réplication

Cette région de quelques centaines de pb environ permet le maintien du plasmide dans les bactéries de souches pathogènes. Le mécanisme de réplication est bidirectionnel et identique à celui de la réplication du chromosome. La régulation de la réplication du plasmide est liée à celle du chromosome. Cette région possède les séquences responsables de l'incompatibilité[4] entre plasmides appartenant à un même groupe.

Mécanisme moléculaire du transfert génétique

Le mécanisme de transfert de l'ADN-T peut être vu comme une adaptation du processus de conjugaison bactérienne qui assure le transfert de matériel génétique d'une cellule à une autre (transfert conjugatif). Cette conjugaison particulière, interspécifique et inter-règne, assure le transfert de l'ADN-T de la bactérie (cellule procaryote) à la cellule végétale (cellule eucaryote), son adressage vers le noyau de cette cellule, son intégration dans l'ADN nucléaire et son expression. La figure 5.6 récapitule les différentes étapes développées ci-dessous.

Chimiotactisme et attachement des agrobactéries

Lors d'une blessure, les cellules de la plante, localisées au site de blessure, libèrent diverses substances parmi lesquelles des sucres et des molécules phénoliques telles que l'acétosyringone et l'hydroxyacétosyringone (Figure 5.7).

---

4. Deux plasmides sont incompatibles lorsqu'ils ne peuvent coexister au sein d'une même bactérie. Ceci provient du fait qu'ils partagent les mêmes éléments nécessaires à leur réplication ou à leur ségrégation.

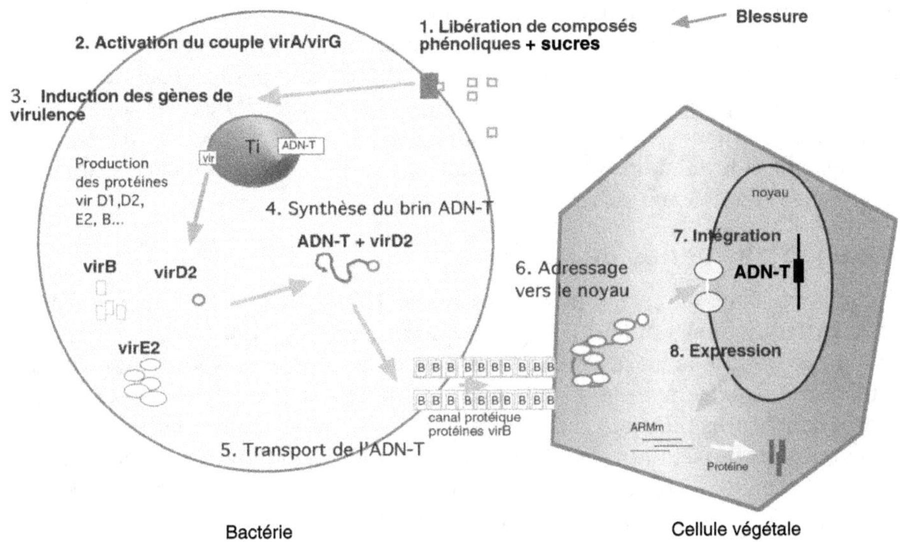

Figure 5.6. Étapes de la transformation par *Agrobacterium tumefaciens*.

Figure 5.7. Structure de l'acétosyringone.

Ces substances attirent les agrobactéries portant un plasmide Ti vers le site de blessure, grâce au chimiotactisme de ces bactéries. Les agrobactéries sont en effet mobiles dans la rhizosphère grâce à deux flagelles polaires et à des flagelles latéraux (de 2 à 4) leur permettant de remonter des gradients de concentration chimique.

La protéine membranaire bactérienne ChvE, codée par un gène porté par le chromosome, participerait à la détection de ces signaux en reconnaissant notamment certains sucres. ChvE et VirA seraient des senseurs du chimiotactisme. L'acétosyringone aurait également pour effet d'activer la protéine VirA par autophosphorylation.

Agrobacterium se fixe sur les cellules végétales d'une façon polaire et selon un mécanisme en deux étapes. Un premier attachement faible faisant intervenir le gène *attR* s'effectue grâce à la synthèse par la bactérie de polysaccharides acétylés. Cette fixation est réversible. Elle est suivie par un ancrage plus fort faisant intervenir la synthèse de microfibrilles de cellulose. Les gènes chromosomiques *chvA*, *chvB* et *pscA* (*exoC*) sont ainsi impliqués dans la synthèse, la maturation et l'export de β-1,2 glucanes et d'autres sucres, et participeraient à l'attachement de la bactérie au niveau de la paroi de la cellule végétale. Diverses études sont en cours pour déterminer le rôle des protéines végétales dans l'attachement bactérien. Une mutagenèse a permis d'identifier les mutants *rat* (*resistant to Agrobacterium transformation*) chez *A. thaliana*. Parmi eux, les mutants *rat1* et *rat3* seraient respectivement déficients en une glycoprotéine à arabinogalactane (AGP) et en une petite protéine supposée secrétée dans l'apoplasme, soulignant le rôle de la paroi végétale dans l'étape d'attachement. Par ailleurs, il a pu être montré que certaines accessions d'*Arabidopsis thaliana* sont plus ou moins susceptibles à l'infection, du fait de blocage à des étapes très précoces du mécanisme de transformation.

Induction des gènes de virulence

Le gène *virG* code une protéine cytoplasmique (VirG, 30 kDa) à fonction d'activateur transcriptionnel, tandis que le gène *virA* code un récepteur transmembranaire à fonction de protéine kinase (VirA, 70 kDa). Ces deux protéines forment un système régulateur à deux composants, analogue à d'autres systèmes régulateurs bactériens déterminant la sensibilité aux facteurs de l'environnement. Dans ces systèmes, un des éléments est un senseur qui transmet un signal au deuxième composant, lequel se fixe à l'ADN et active certains gènes. Des similarités de séquences ont été mises en évidence entre les gènes *virA* et *virG* et les gènes *ntrB* et *ntrC* qui interviennent dans la régulation de l'assimilation de l'azote (la protéine NTRB active la protéine NTRC en la phosphorylant). Après liaison avec l'acétosyringone (l'inducteur), la protéine VirA (chémorécepteur) s'autophosphoryle et phosphoryle la protéine VirG. La protéine VirG ainsi activée peut alors se fixer aux promoteurs des opérons *virD*, *virE*, *virB* et *virC* et activer leur transcription ainsi que celle de son propre gène.

Production et transfert du brin T

Les régions bordures RB et LB de 25 pb sont essentielles pour la production de l'ADN-T sous la forme d'un ADN simple-brin, appelé brin T. Cette production est initiée au niveau de la bordure droite. Une délétion de la bordure droite bloque la mobilisation, alors que la délétion de la bordure gauche est sans effet. La formation du brin T dépend de l'activité endonucléasique spécifique de la protéine VirD2 (Figure 5,8).

Transfert du brin T

Le complexe nucléoprotéique formé par VirD2 et le brin T traverse ensuite une série de « barrières » pour aller de la bactérie vers le cytoplasme de la cellule végétale, selon un mécanisme de transfert/export présentant des analogies avec le système de sécrétion bactérien de type IV, impliqué dans la pathogénicité de nombreuses bactéries responsables de maladies humaines (*Helicobacter pylori*, *Legionella pneumophila*, *Bordetella pertussis*)[5]. Chez *Agrobacterium*, le système de transfert dépend des 11 gènes de l'opéron *virB* (*virB1* à *virB11*) et du gène *virD4*. Le

---

5. La sécrétion de protéines chez les bactéries pathogènes Gram négatif est considérée comme un mécanisme de virulence. Les protéines doivent franchir les deux membranes et l'espace périplasmique de ces bactéries. Pour cela, ces bactéries ont développé plusieurs systèmes de sécrétion différents parmi lesquels 4 ont été décrits chez les bactéries phytopathogènes. Les systèmes de sécrétion de type I, II et III sont associés au transport de protéines. Le système de sécrétion de type III est en particulier associé à l'injection de protéines pathogènes dans les cellules eucaryotes. Le système de sécrétion de type IV est impliqué dans la prise en charge de la toxine de *Bortella pertussis*, l'agent de la coqueluche, et dans le transfert d'ADN par conjugaison chez *E. coli*. Le système de sécrétion de type IV transporte le complexe T de *A. tumefaciens*.

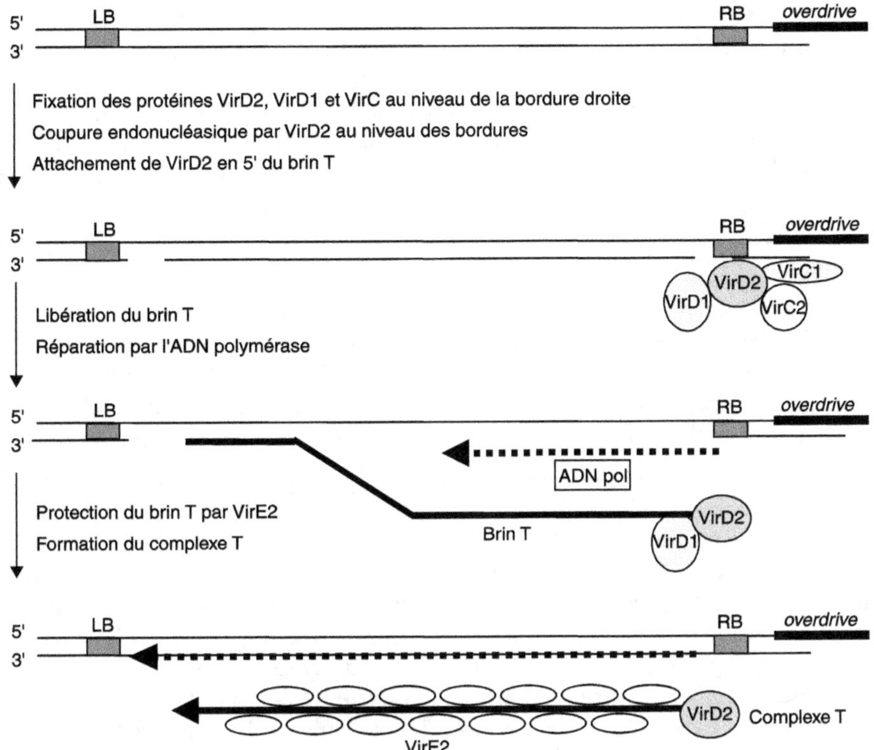

Figure 5.8. Formation du complexe T.

La protéine VirD1, une hélicase, interagirait avec l'endonucléase VirD2 pour permettre la production de l'ADN simple-brin. L'efficacité de coupure serait augmentée grâce aux protéines VirC1 et VirC2. La protéine VirC1 se fixerait en particulier sur une séquence spécifique à proximité de la bordure droite (RB), appelée séquence *overdrive*. Le déplacement du brin T (trait plein) est compensé par la synthèse d'un nouveau brin (trait pointillé) par l'ADN polymérase (ADN pol), restaurant l'intégrité du plasmide Ti après ligation. La protéine VirD2 se fixe de façon covalente par une liaison phosphotyrosine à l'extrémité 5' du brin T, le protégeant de la dégradation par les nucléases. La protéine VirD2 possède des séquences NLS (*Nuclear Localisation Signal*) permettant d'adresser le brin T vers le noyau. LB : *Left Border*, bordure gauche.

pilus T est le transporteur transmembranaire du brin T et des protéines effectrices de la virulence (VirE2, VirF et VirE3), ces dernières possédant dans leur partie C-terminale un signal de translocation vers la cellule végétale *via* le pilus T. La formation de ce pilus T est généralement initiée à l'une des extrémités de l'agrobactérie, après perception du signal phénolique et induction des gènes *vir*. Les 11 protéines VirB participent à sa formation. L'apport d'énergie nécessaire est assuré grâce aux ATPases VirB4 et VirB11.

L'unité de base du pilus T est la piline T, peptide cyclisé de 74 acides aminés provenant du clivage de la pro-piline VirB2 (121 acides aminés) puis de sa cyclisation. Ce « transporteur VirB » semble servir tant à délivrer le complexe T dans la cellule végétale hôte, qu'au transfert des sous-unités de piline T vers l'extérieur de la bactérie lors de sa formation. Les mécanismes de formation et de fonctionnement du pilus T sont encore mal connus, bien que quelques éléments commencent à émerger.

La structure de base du pilus bactérien comporterait les 5 protéines VirB6 à VirB10. VirB4 formerait, dans le pore central, une structure symétrique en forme d'anneau. L'activité ATPasique de VirB4 participe à l'apport énergétique nécessaire au transfert du brin T. VirB11 pourrait avoir un rôle similaire et complémentaire à VirB4. Toutes deux permettraient également le transport des sous-unités de piline T. VirD4 est une troisième ATPase dont la fonction est encore mal connue. Elle ne semble pas nécessaire à la formation du pilus T lui-même, mais pourrait participer au transfert du complexe T. VirB5 permettrait de placer les sous-unités de piline T et jouerait le rôle d'une chaperone.

La traversée de la couche de peptidoglycanes de la paroi bactérienne pourrait faire intervenir VirB1. En effet, la partie N-terminale de VirB1 présente des homologies avec des transglycosidases lytiques (muraminidase ou lysozyme) également présentes dans d'autres systèmes de sécrétion. La maturation de la protéine VirB1 libère la partie carboxy-terminale de la protéine dont le rôle est mal défini.

Dans le cytoplasme de la cellule hôte, le brin T, toujours piloté par VirD2, serait recouvert d'un manchon protéique protecteur formé par les protéines VirE2, protéines se liant de façon aspécifique à l'ADN monobrin (*single strand DNA-binding protein*). La protéine VirE1 est une protéine chaperone pour VirE2, augmentant sa stabilité et l'empêchant de s'agréger ou d'interagir avec les membranes dans la bactérie. L'ensemble forme le « complexe T » qui est dirigé vers le noyau de la cellule hôte. Les protéines VirE2 possèdent également des signaux d'adressage nucléaire NLS (*Nuclear Localization Signal*) et contribuent ainsi au guidage du complexe T vers le noyau. La protéine VirE2 est capable d'interagir avec des protéines de la plante (VIP1, VIP2) qui permettraient l'importation de VirE2 dans le noyau, et elle favoriserait l'intégration de l'ADN-T. Ainsi l'importation du brin T dans le noyau ferait intervenir VirD2, VirE2 ainsi que des composants cellulaires végétaux. La protéine VirF, une protéine à F-box[6], interviendrait dans les mécanismes de dégradation des protéines VirE2 qui recouvrent le brin T, et permettrait ainsi son intégration dans le génome.

Intégration de l'ADN-T

Les analyses des collections de mutants d'*Arabidopsis* obtenus par insertion d'ADN-T ainsi que le séquençage systématique des sites génomiques d'insertion de l'ADN-T ont permis d'étudier les caractéristiques des sites d'insertion. Les régions riches en gènes et les régions intergéniques semblent être les régions d'intégration préférentielles, contrairement aux régions centromériques par exemple où peu d'intégrations ont été observées. Dans ces régions euchromatiques, les intégrations s'effectuent sans spécificité de séquence et sont distribuées de façon aléatoire dans le génome. Toutefois, de micro-homologies (sur 3 à 5 pb) aux sites d'insertion avec les extrémités de l'ADN-T ont été mises en évidence. L'ADN-T peut s'insérer en copies simples ou multiples (tandem), à un ou plusieurs loci.

Les insertions sont souvent accompagnées de petites délétions dans le génome de la plante et 40 % d'entre-elles s'accompagnent de l'addition d'ADN « de remplissage »

---

6. La F-box est une séquence d'environ 40 acides aminés mise en évidence initialement dans la protéine Cycline F. Ce motif a été retrouvé dans diverses protéines impliquées dans le système de dégradation des protéines, médié par l'ubiquitine.

ou ADN intercalaire (*filler DNA*). Des délétions au niveau de la bordure gauche peuvent être observées, suggérant que l'absence de protection par une protéine VirD2 au niveau de l'extrémité 3' du brin T peut entraîner des dégradations.

Les mécanismes d'intégration de l'ADN-T font appel à la machinerie cellulaire de l'hôte et sont encore mal définis. Plusieurs modèles d'intégration de l'ADN-T ont été proposés (Figure 5.9).

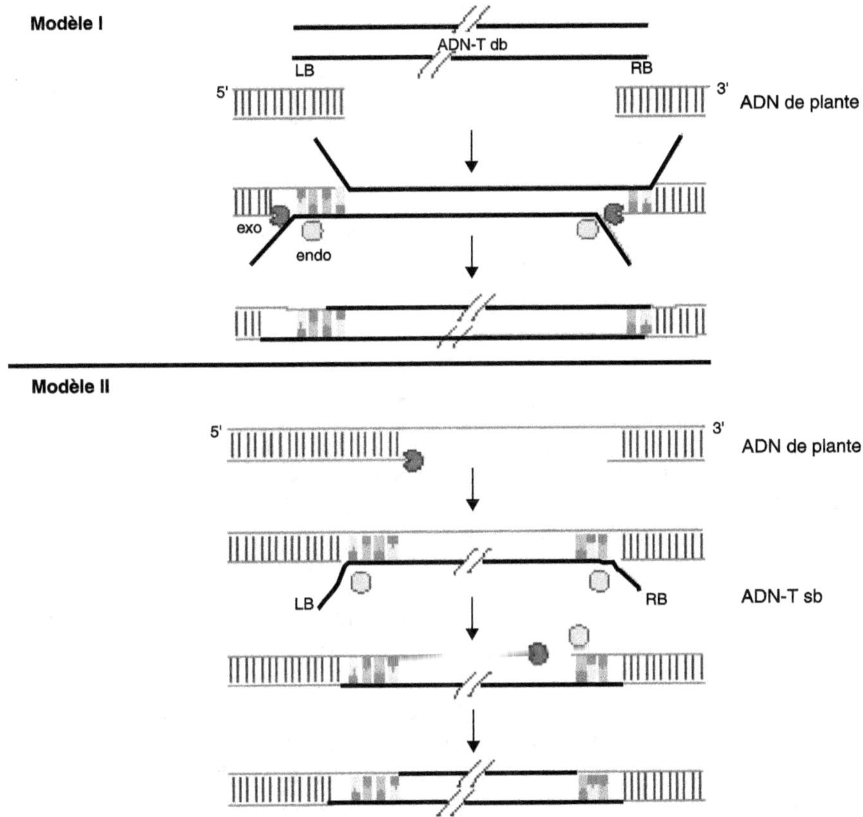

Figure 5.9. Modèles d'intégration du brin T dans le génome nucléaire de la plante.
Plusieurs modèles ont été proposés pour rendre compte de l'intégration de l'ADN-T dans le génome de la plante.
(I) Un premier modèle, basé sur la réparation des coupures double-brin DSBR (*Double Strand Break Repair*), s'appuie sur la conversion de l'ADN-T en ADN double-brin. Cet ADN-T db peut, tout comme le site d'intégration, être partiellement dégradé par des exonucléases (exo). Cette dégradation facilite la réassociation des deux types de molécules sur la base de micro-homologies. Les extrémités non appariées sont dégradées (endo) et il y a ligature de l'ADN-T et de l'ADN végétal.
(II) Un second modèle est basé sur la réparation des coupures simple-brin DSGR (*Double Strand Gap Repair*). Une coupure se produit sur un brin de l'ADN génomique et il y a dégradation par une exonucléase de l'extrémité 5' vers l'extrémité 3'. L'ADN-T vient se positionner sur la base de micro-homologies. Des endonucléases et des exonucléases agissent ensuite pour éliminer les régions non appariées de l'ADN-T et pour permettre la réplication du brin complémentaire de l'ADN-T.

Modèle III

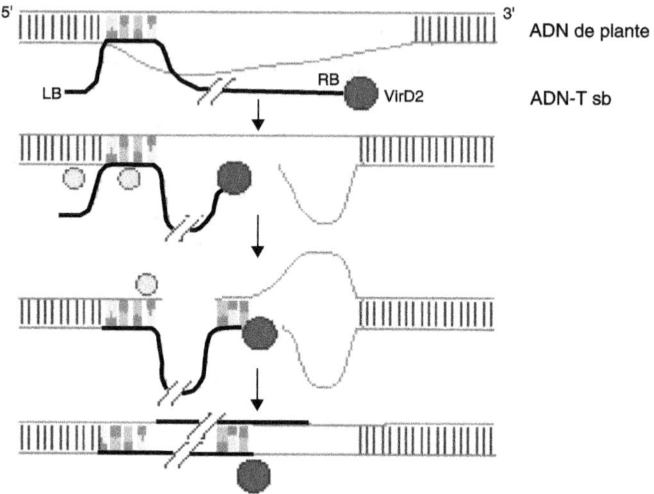

Figure 5.9. Suite

(III) Le troisième modèle s'appuie sur la présence de micro-homologies de séquences entre l'ADN-T et l'ADN végétal. Un premier appariement du brin T s'opère du côté de l'extrémité 3'. Le déplacement du brin de l'ADN cible entraîne sa coupure par une endonucléase. Il y a ensuite appariement du côté de l'extrémité 5' de l'ADN-T. Le brin non apparié de l'ADN de la plante est hydrolysé et répliqué. La ligature de l'ADN-T du côté de l'extrémité 5' entraîne la libération de VirD2. LB : *Left Border*, bordure gauche ; RB : *Right Border*, bordure droite. Schéma extrait de Tzfira *et al.* (2004).

L'existence d'un intermédiaire double-brin permettrait d'expliquer les intégrations en tandem : les extrémités d'ADN-T double-brin pourraient se lier selon les différentes combinaisons observées avant d'être intégrées dans le génome. La présence de VirD2 à l'extrémité 5' favoriserait les intégrations en tandem avec les deux ADN-T reliés du côté 5', ces intégrations ayant une fréquence plus élevée. La présence d'ADN intercalaire pourrait quant à elle résulter de la réparation de cassures double-brin.

Des travaux utilisant des mutants de levure affectés dans les systèmes de recombinaison homologue (RH) ou de recombinaison non-homologue (RNH) ont apporté de nouveaux éclairages. Ainsi chez la levure, les deux mécanismes de RH et de RNH permettent l'intégration du brin T et nécessitent l'activité d'enzymes de réparation de l'ADN. L'hypothèse d'un mécanisme RNH est favorisée pour permettre l'intégration chez les plantes. Actuellement, un faisceau d'observations suggère un rôle de la transcription et/ou de la réparation de l'ADN au niveau de cassure double-brin dans le mécanisme d'intégration (par exemple, VirD2 interagirait avec une protéine se fixant à la *TATA box* et la kinase nucléaire CAK2M interagirait avec l'ARN polymérase II). L'hypothèse de l'intégration d'un intermédiaire double-brin de l'ADN-T paraît être une hypothèse attractive mais demande des travaux de confirmation. La compréhension du mécanisme d'insertion de l'ADN-T permet en parallèle d'intéressantes observations sur les mécanismes de réparation et de recombinaison non-homologue chez les plantes.

Analogies avec la conjugaison bactérienne

Le système de transfert de l'ADN-T peut être assimilé à une sorte de conjugaison entre les bactéries et les plantes ; il possède de nombreuses similarités avec le système de conjugaison bactérienne (Tableau 5.2). Les produits de l'opéron VirB présentent de nombreuses similarités avec les produits des gènes *tra* impliqués dans la conjugaison bactérienne. Durant la conjugaison entre deux cellules bactériennes, un ADN simple-brin est généré, puis transféré d'une cellule donatrice à une cellule réceptrice. Puis le simple-brin est répliqué pour générer un plasmide circulaire. La conjugaison couplée au transfert de l'ADN-T d'*Agrobacterium*, tout comme la conjugaison bactérienne, peut être vue comme l'association de deux mécanismes : un mécanisme de réplication par cercle roulant et un système de sécrétion de type IV avec les protéines TraG ou VirD4 qui joueraient le rôle d'intermédiaire.

Tableau 5.2. Analogies entre conjugaison bactérienne et conjugaison interspécifique.

	Conjugaison bactérienne	Transfert d'ADN-T d'*Agrobacterium* à la plante
Événements précoces	Formation d'un pilus	Chv, VirA/VirG, signaux émis par la plante
Complexe de transfert	OriT, fonctions TraD et TraE	Bordure droite de l'ADN-T, Protéines VirD et VirE
Système de sécrétion de type IV	Fonctions Tra	Protéines VirB

▸▸ Modalités de la transgenèse expérimentale

Deux méthodes de transfert de gènes vers les cellules végétales sont utilisées en transgenèse expérimentale : une méthode de transfert dite « directe » et une méthode utilisant les propriétés d'*Agrobacterium*.

Avant d'effectuer le transfert de gènes, il est nécessaire de réaliser une construction permettant de placer le (ou les) gène(s) d'intérêt sous le contrôle d'éléments de régulation appropriés au mode d'expression recherché. De plus, un gène marqueur de sélection permettant de suivre l'efficacité de la transformation, et facilitant la sélection des cellules ou des plantes ayant intégré le transgène dans leur génome, est généralement associé à cette construction. Enfin, pour étudier les éléments régulateurs d'un gène grâce à la transgenèse, différents gènes « rapporteurs » peuvent être utilisés. L'ensemble de ces éléments sont placés entre les bordures droite et gauche d'un ADN-T et portés par un plasmide.

Constructions

Éléments régulateurs

Promoteurs de gènes de l'ADN-T

Les premiers éléments de régulation de la transcription utilisés en transgenèse ont été ceux provenant des gènes portés par l'ADN-T s'exprimant dans les cellules végétales et notamment des gènes de biosynthèse des opines. Les régions 5' et 3' non codantes du gène *nos* codant la nopaline synthase ont ainsi été très fréquemment utilisées en tant que promoteur et terminateur pour divers transgènes. Le gène *mas1'* codant la mannopine réductase et le gène *mas2'* la mannopine conjugase sont localisés tête-bêche sur l'ADN-T, définissant une région intergénique de 479 pb qui contrôle la transcription des deux gènes. Cette région « mas1'2' », qui contient deux promoteurs, est également utilisée.

Promoteurs de gènes viraux

Les gènes de virus végétaux, s'exprimant dans les cellules végétales souvent à des niveaux très élevés, ont été des sources d'éléments régulateurs. Le virus de la mosaïque du chou-fleur (*Cauliflower Mosaïc Virus*, CaMV) est un virus à ADN bicaténaire avec 2 unités transcriptionnelles, 19S et 35S, chacune possédant son propre promoteur et terminateur. Le promoteur de l'ARN 35S du CaMV ainsi que le terminateur 35S sont les plus utilisés, permettant une expression constitutive du gène placé sous leur contrôle. Le promoteur (460 pb) peut être divisé en trois régions. La région comprise entre + 1 (départ de transcription) et 46 pb, contenant les séquences consensus *TATA box*, *CAAT box* et le site d'initiation de la transcription, permet la fixation de l'ARN polymérase ; elle est utilisée comme promoteur minimal. La région de 46 pb à 90 pb (où se trouve le site de fixation du facteur transcriptionnel TGA1a) et la région de – 90 pb à – 460 pb contiennent des modules activateurs de la transcription et permettent d'obtenir de forts niveaux de transcription. Le promoteur 35S dans son entier est donc un promoteur fort s'exprimant dans quasiment tous les tissus. Le promoteur 35S minimal est utilisé pour des niveaux d'expression plus faibles, voire pour la recherche de séquences activatrices.

Promoteurs inductibles

Par la suite, les études portant sur les modes de régulation des gènes végétaux ou sur d'autres gènes eucaryotes ont permis d'élargir la gamme des éléments régulateurs utilisés en transgenèse. La structure des promoteurs étant généralement modulaire, des promoteurs chimériques peuvent être réalisés en combinant des modules de diverses origines et caractéristiques. Il est apparu très important de pouvoir exprimer le transgène de façon spécifique, dans certains organes, tissus ou cellules, à certains moments du développement ou de façon conditionnelle et inductible. De nombreux promoteurs sont ainsi disponibles.

Les protéines PR (*Pathogen Related*) sont des protéines végétales possédant des activités antibactériennes, antivirales ou antifongiques. La production de ces protéines est induite par la blessure, l'application d'acide salicylique ou l'action d'un agent pathogène. Le promoteur de la protéine PR-1a a ainsi été exploité et a été fusionné avec la séquence codante du gène codant la toxine insecticide de *Bacillus thuringiensis* (*Bt*). L'introduction de cette construction dans une plante permet ainsi de produire la toxine Bt dans des conditions d'infestation, conférant ainsi à la plante une certaine résistance aux insectes.

Divers systèmes d'induction de transgènes ont également été développés en utilisant des éléments régulateurs provenant d'organismes non végétaux et divers agents chimiques inducteurs. L'agent inducteur doit être absent chez l'espèce utilisée et ne pas être toxique ou affecter son développement. La figure 5.10 illustre comment l'addition de dexaméthazone (un corticoïde) permet ainsi de contrôler l'expression d'un transgène. Un système d'induction d'un transgène par l'éthanol a été développé. Dans ce système, le facteur de transcription AlcR du régulon[7] *Alc* d'*Aspergillus nidulans* (champignon filamenteux) est produit de façon constitutive ou de façon tissu-spécifique en fonction des expérimentations. En présence d'éthanol, il se fixe

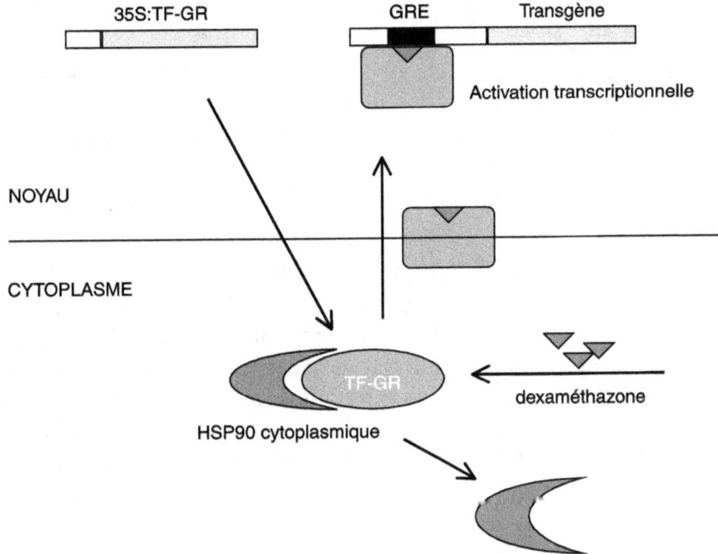

Figure 5.10. Exemple d'expression inductible d'un transgène.
Les hormones stéroïdes contrôlent le développement animal en affectant le patron d'expression de plusieurs gènes. Cette régulation implique la fixation d'un régulateur, activé par sa liaison à l'hormone, sur des séquences promotrices. Chez les plantes, il n'existe pas d'équivalent. Le gène codant le récepteur aux glucocorticoïdes, le récepteur TF-GR, est exprimé de façon constitutive dans des plantes transgéniques, sous le contrôle du promoteur 35S du virus de la mosaïque du chou-fleur, CaMV (*Cauliflower Mosaic Virus*). D'autre part, le transgène d'intérêt est placé sous contrôle d'un promoteur possédant la séquence régulatrice GRE (*Glucorticoid Responsive Element*), cible pour le régulateur et donc permettant une induction de son expression par l'hormone stéroïde. En absence d'hormone stéroïde, le régulateur TF-GR forme un complexe avec la protéine de choc thermique HSP90 et reste localisé dans le cytoplasme. En présence de dexaméthazone (un glucocorticoïde), le complexe se dissocie et le régulateur lié à l'hormone migre dans le noyau et vient se fixer sur la séquence régulatrice spécifique GRE, localisée en amont du transgène d'intérêt. Il active ainsi l'expression du transgène.

---

7. Un régulon est un ensemble de gènes régulés de la même manière, mais non nécessairement localisés dans une même région chromosomique.

sur le promoteur du gène *AlcA* (codant une alcool-déshydrogénase) qui a été placé en amont du gène d'intérêt. Ce système est très simple à mettre en œuvre ; l'induction est rapide et dose-dépendante.

Gènes marqueurs

Gènes de sélection

Le premier marqueur de la transformation a été la présence d'opines. Depuis, divers gènes permettant des méthodes de sélection plus aisées ont été utilisés. Parmi eux, se trouvent des gènes bactériens conférant des résistances à des antibiotiques ou des herbicides.

Les gènes bactériens codant la néomycine-phosphotransférase II (*nptII*) ou l'hygromycine phosphotransférase (*hpt*) sont très utilisés. Ils confèrent respectivement une résistance à la kanamycine ou à l'hygromycine en modifiant l'antibiotique. Ces marqueurs sont actifs sur cellules isolées, cals, fragments de tissus ou plante entière.

Un gène de résistance à l'herbicide phosphinothricine (Basta®), le gène *bar*, a été isolé de la bactérie *Streptomyces hygroscopicus*. Il permet notamment d'effectuer une sélection aisée sur semis, en serre, par arrosage des plantules avec l'herbicide Basta®. Le gène *bar* code une phosphinothricine acétyltransférase permettant de détoxifier la phosphinothricine, un analogue de l'acide glutamique et dont la cible est la glutamine synthétase.

Récemment, un nouveau gène marqueur de sélection, le gène *DAO* qui code la D-amino acide oxydase, a été décrit (Erikson *et al.*, 2004). Ce gène confère un avantage ou un désavantage sélectif selon le substrat qui est fourni à la plante portant ce transgène. En effet, si la plante pousse en présence de D-alanine ou de D-sérine, qui sont normalement toxiques, la DAO les métabolise en des produits non toxiques : le gène est alors utilisé comme marqueur de sélection positive. Par contre, la DAO transforme la D-isoleucine et la D-valine, peu toxiques, en acides cétoniques toxiques ; dans ce cas, le gène est un marqueur de sélection négative.

Gènes rapporteurs

Les gènes rapporteurs sont particulièrement intéressants pour l'étude de la régulation des gènes, en permettant par exemple l'étude des propriétés de certains promoteurs. Ces gènes rapporteurs doivent posséder les propriétés suivantes :
– avoir un produit ayant une activité détectable et quantifiable (activité enzymatique) ou des propriétés permettant de le suivre, voire de le quantifier (émission de fluorescence, absorption lumineuse, etc.) ;
– ne pas être présent chez l'organisme étudié ;
– ne pas interagir avec le métabolisme de la cellule.

Gène cat codant une chloramphénicol acétyl transférase

Le gène *cat* est un excellent gène rapporteur car l'activité de la protéine CAT est relativement facile à doser. Lors du dosage, les tisssus sont incubés avec du chloramphenicol marqué radioactivement au ^{14}C. Les dérivés acétylés du chloramphénicol (mono-, di- et tri-acétylés) sont ensuite séparés par chromatographie en couche mince et quantifiés. Ce gène a été très utilisé dans les premières études de transgénèse. Il est actuellement remplacé par d'autres gènes rapporteurs.

Gène uidA codant une β-glucuronidase

Ce gène *uidA* d'*E. coli* code une β-glucuronidase (GUS) qui catalyse l'hydrolyse de β-glucuronides. Ce gène existe chez les mammifères et la plupart des micro-organismes. Cette enzyme est très stable. L'activité enzymatique GUS est dosée par fluorimétrie, spectrophotométrie ou localisée par des approches cytologiques (cf. Planche 3). Pour révéler l'activité *in situ* dans les cellules ou les tissus en histochimie, le substrat utilisé est le X-Gluc (acide 5-bromo-4-chloro-3-indolyl-ß-D-glucuronide). Hydroxylé par la ß-glucuronidase, il donne un produit incolore, un indoxyl substitué. Ce dernier subit une dimérisation oxydative et les dimères polymérisent en formant des cristaux bleus insolubles de 5:5' dibromo-4 :4'dichloro indigo, visibles dans les cellules exprimant le gène *uidA*. L'expression du gène *uidA* peut être quantifiée en fluorimétrie en utilisant le 4-méthylumbelliféryl-ß-D-glucuronide (MUG) transformé en 4-méthylumbelliférone (MU) qui, exposé aux rayons UV, est fluorescent.

Gènes codant des protéines fluorescentes

La GFP (*Green Fluorescent Protein*) est une petite protéine fluorescente de 238 acides aminés (26 kDa) provenant de la méduse *Aequorea victoria*. Lorsqu'elle est excitée par des rayonnements ultraviolets ($\lambda_{excitation}$ = 395 nm), la GFP émet une fluorescence verte ($\lambda_{émission}$ = 509 nm). La GFP a une structure tertiaire en forme de « tonneau », formée par 11 feuillets β antiparallèles. À l'intérieur de cette structure, se trouve le chromophore constitué par les résidus Ser_{65}-Tyr_{66}-Gly_{67}. Le chromophore se forme par cyclisation de ces trois acides aminés et oxydation du résidu Tyr_{66}.

L'ADNc de la GFP est utilisé comme gène rapporteur dans de nombreux systèmes. L'excitation par les rayons UV de la GFP a cependant plusieurs inconvénients tels que la photoisomérisation de la protéine qui diminue l'absorbance à 395 nm, la perte de fluorescence engendrée par une excitation lumineuse prolongée, ainsi que des dommages possibles causés aux tissus exposés. Les propriétés de fluorescence de la GFP ont été modifiées et une série de variants tels que la BFP (*Blue Fluorescent Protein*), la CFP (*Cyan Fluorescent Protein*) et l'YFP (*Yellow Fluorescent Protein*) ont été générés par mutagenèse. Ces variants ont une stabilité et une fluorescence accrues, ou un meilleur repliement de la protéine et du chromophore, ou des maxima d'émission et d'excitation compatibles avec des études sur des organismes vivants. Ainsi, le variant GFP $Ser_{65}Thr$ de la GFP est excité par une raie à 488 nm et émet un signal à 507 nm.

Des protéines résultant de la fusion entre la GFP (ou ses variants) et la protéine d'intérêt permettent d'étudier *in vivo* la localisation de cette protéine au sein de la plante, du tissu, voire de la cellule, et/ou de suivre ses éventuels déplacements intra- et intercellulaires (cf. Planches 6/7).

Transformation *via Agrobacterium tumefaciens*

Principe général

La méthode actuelle de transgenèse la plus répandue utilise la fonction de transfert conjugatif d'*Agrobacterium*. Elle s'appuie sur le fait que tout fragment possédant les seules bordures LB et RB peut être transféré et que la région Vir peut agir en *trans* sans être physiquement liée à l'ADN-T.

Un système binaire basé sur l'utilisation de deux plasmides a ainsi été développé. Le premier vecteur est un plasmide navette ou « vecteur binaire » portant les bordures droite et gauche d'un ADN-T, entre lesquelles les gènes d'intérêt sont introduits. Ce plasmide navette est à la fois un vecteur de clonage bactérien et un vecteur d'expression pour les cellules végétales. Plasmide à large spectre d'hôte, il peut se répliquer chez *E. coli* et chez *Agrobacterium*. Il est maintenu de façon sélective grâce à un gène de sélection bactérien. Il porte un ADN-T comprenant le(s) gène(s) à transférer et un gène marqueur pour sélectionner les cellules végétales transformées, introduits grâce à la présence d'un site multiple de clonage. Le plasmide navette est de plus petite taille qu'un vecteur Ti naturel (environ 10-15 kpb) ; sa manipulation est ainsi plus aisée. Le second plasmide est un plasmide Ti dit « désarmé » car l'ADN-T, portant les gènes responsables de la formation des tumeurs, a été délété ; mais ce plasmide a conservé la région de virulence (Figure 5.11). Le plasmide navette, une fois construit, est introduit par conjugaison triparentale ou par électroporation dans une souche d'*A. tumefaciens* avirulente hébergeant un plasmide Ti désarmé. L'expression de l'opéron *vir* du plasmide Ti désarmé assure le transfert en *trans* de l'ADN-T du plasmide navette.

Transformation

Différents protocoles de transformation ont été développés selon l'espèce végétale, les techniques de régénération disponibles et le type d'expérience souhaitée. Pour obtenir des plantes transgéniques, la transformation peut concerner des tissus somatiques ou les gamétophytes.

Dans le cas de transformation de tissus somatiques, des explants de diverses origines (hypocotyles, disques foliaires) sont incubés avec une culture d'agrobactéries portant les transgènes à transférer. Ces explants infectés sont ensuite déposés sur des milieux de culture *in vitro* permettant la régénération de plantes entières. Ces milieux contiennent l'agent sélectif qui permet de sélectionner les cellules ayant reçu un ADN-T.

Une technique de transformation des gamétophytes *in planta* a été développée chez *Arabidopsis thaliana* afin d'éviter les étapes de culture *in vitro* et de régénération, souvent longues et laborieuses. Elle consiste à tremper de jeunes inflorescences d'*Arabidopsis* dans une culture d'agrobactéries en présence d'un détergent. Les bactéries transforment les gamétophytes femelles. Des graines hémizygotes pour l'ADN-T peuvent ainsi être directement récoltées et sélectionnées. La technique a été adaptée à d'autres espèces.

Dans certains cas, il n'est pas nécessaire d'obtenir des plantes transgéniques : des transformations dites transitoires sont effectuées. Ces transformations concernent en général des tissus somatiques et divers explants. Des infiltrations, directement dans certains tissus ou organes de la plante entière, peuvent également être réalisées. Les agrobactéries sont généralement préincubées avec de l'acétosyringone afin d'induire plus efficacement les opérons *vir*. L'expression des transgènes est étudiée quelques heures à quelques jours après la transformation. Aucune

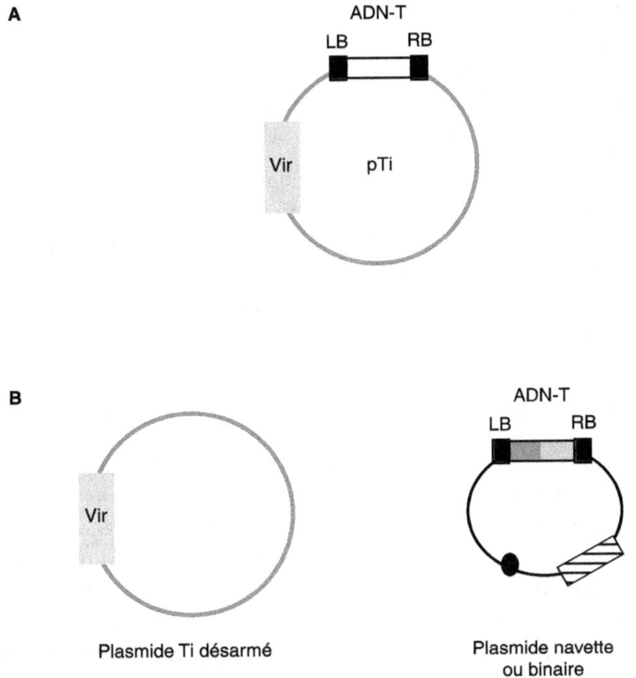

Figure 5.11. Principe du système binaire.

(A) Lors de la transformation naturelle, un seul plasmide Ti est nécessaire. (B) Le système binaire est quant à lui constitué de deux plasmides au lieu d'un seul. Le premier est un vecteur de type Ti portant la région de virulence (Vir) mais dépourvu d'ADN-T : il est dit désarmé. Le second est un plasmide navette (également appelé plasmide binaire). Il porte un ADN-T défini par la présence des bordures gauche (LB) et droite (RB) de 25 pb (régions noires), un gène permettant une sélection dans les cellules végétales (par exemple le gène *nptII*, conférant la résistance à la kanamycine, placé sous le contrôle de séquences régulatrices ; région en gris clair) et le transgène d'intérêt (région en gris sombre). Il porte en dehors de l'ADN-T un gène de résistance à un antibiotique, permettant la sélection des bactéries portant ce plasmide (région en hachures noires). De plus, il possède une origine de réplication à large spectre d'hôte (point noir).

sélection n'est réalisée. Des gènes rapporteurs peuvent être utilisés pour suivre cette transformation.

Sélection et analyses des transformants

La présence d'un marqueur de sélection (le plus utilisé étant une résistance à un antibiotique) permet des analyses génétiques en descendance.

La sélection peut également se faire sur d'autres caractères phénotypiques, comme la restauration de phénotype sauvage en cas de complémentation, ou par des tests enzymatiques. Le gène *uidA* est ainsi souvent utilisé pour suivre la transformation. L'introduction d'un intron dans le gène bactérien *uidA* permet de s'assurer que l'expression observée n'est pas due à une expression dans l'agrobactérie, mais qu'elle résulte bien de l'intégration du transgène dans le génome végétal, de sa transcription et de l'épissage correct de son transcrit dans la cellule végétale.

Des analyses moléculaires sont réalisées afin :
– de vérifier la présence, dans l'ADN nucléaire végétal, du gène d'intérêt ;
– de vérifier sa structure (intégrité du fragment transféré) ;
– de caractériser le type d'insertion (simple ou multicopies) ;
– de déterminer le nombre de copies intégrées.

Ces analyses font appel à des hybridations moléculaires de type Southern avec des sondes spécifiques de fragments internes de l'ADN-T ou de fragments bordures. La technique de PCR (*Polymerase Chain Reaction* ; cf. Chapitre 7) permet de tester rapidement la présence d'un transgène. Elle permet également de rechercher les séquences flanquant l'ADN-T à son site d'intégration, encore appelées FST (*Flanking Sequence Tagged*).

Transformation par transfert direct

Le transfert direct s'oppose à la méthode de transformation *via Agrobacterium* qui nécessite un « médiateur », la bactérie. L'ADN est introduit directement par des méthodes physiques ou chimiques, dérivées de celles utilisées pour la transformation des bactéries, des levures ou des cellules animales. Le transfert direct est utilisé pour la transformation d'espèces récalcitrantes à l'infection par *Agrobacterium* ou pour la transformation de protoplastes (cellules végétales dont la paroi pecto-cellulosique a été digérée). En général, l'ADN d'intérêt transféré est associé à un marqueur de sélection.

Pour introduire l'ADN au sein des cellules, plusieurs techniques sont utilisées. L'électroporation permet, grâce à de brèves impulsions électriques, de déstabiliser transitoirement les membranes plasmiques et de faire pénétrer l'ADN. Divers composés chimiques comme le polyéthylène glycol (PEG, un polymère polaire), la polyéthylamine (polymère cationique) ou différents lipides cationiques qui s'associent à l'ADN déstabilisent également la membrane et permettent aussi de faire pénétrer l'ADN. Ces deux techniques (électroporation, transformation par voie chimique) sont principalement utilisées pour transformer des protoplastes.

La technique de biolistique est une alternative. Elle consiste à bombarder, à l'aide d'un canon à particules, des microbilles d'or ou de tungstène enrobées d'ADN sur certaines parties de la plante, un organe ou des cellules. Le canon transfère aux particules une énergie suffisante pour leur permettre de traverser les parois végétales et les membranes, et d'atteindre les noyaux des cellules. Les explants bombardés sont ensuite soit analysés après quelques heures ou quelques jours d'expression, soit mis en culture *in vitro* avec un agent sélectif pour régénérer des plantes transformées.

Transformation de l'ADN chloroplastique

Chez la majorité des espèces, les chloroplastes sont hérités maternellement. En introduisant un transgène dans l'ADN chloroplastique, la dispersion par le pollen est ainsi évitée. Le chloroplaste possède un nombre élevé de copies du génome chloroplastique : 1 000 à 10 000 génomes d'ADN chloroplastique (ADNcp) par cellule de mésophylle, chacune ayant 10 à 100 chloroplastes et chacun contenant de

---

Encadré 5.3. Transformation du chloroplaste avec un gène de résistance à un herbicide

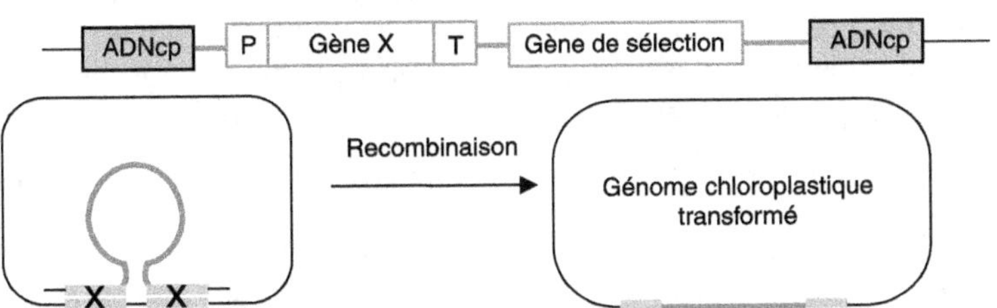

La plupart des herbicides ont pour cible le chloroplaste. La cible du glyphosate (N-phos-phonométhyle, principe actif du Roundup®) est la 5-enolpyruvylshikimate-3-phosphate synthase (EPSPS) codée par le gène *aroA* (gène X). Cette enzyme participe à la voie de biosynthèse des acides aminés aromatiques (tryptophane, phénylalanine et tyrosine) et est essentielle chez les plantes et les micro-organismes. En effet, le tryptophane est un précur-seur pour les auxines, la tyrosine intervient dans la biosynthèse des lignines et la phényla-lanine dans celle des anthocyanes (cf. Planche 4). Les animaux sont dépourvus de cette enzyme. Le glyphosate est un analogue structural du phosphoenolpyruvate (PEP) et inhibe l'action de l'enzyme EPSPS en se fixant au site de fixation pour le PEP. Chez les bactéries, on observe certaines résistances au glyphosate, dues à des mutations dans le gène *aroA*. Ce gène réintroduit chez les plantes par transgenèse peut ainsi conférer une résistance à l'herbicide. La résistance au glyphosate peut également être obtenue par expression d'une enzyme qui métabolise le glyphosate.

La transformation des chloroplastes fait appel à une recombinaison homologue entre des séquences portées par le vecteur de transformation et des séquences chloroplastiques. Après bombardement et régénération, les plantes résistantes à la spectinomycine (gène de sélection) sont sélectionnées. Une réaction de PCR de contrôle est effectuée pour vérifier que les plantes transformées portent bien les transgènes insérés dans l'ADN chloroplastique. Après plusieurs cycles de sélection, tous les chloroplastes sont iden-tiques et transformés, on dit qu'il y a homoplasmie. Les plantes transmettent de façon maternelle les deux résistances à l'herbicide et à la spectinomycine. Des plantes ont ainsi été bombardées avec un plasmide portant le gène *aroA* inséré entre les séquences des gènes chloroplastiques (ADNcp) codant l'ARNt Alanine (*trnA*) et l'ARNt Isoleucine (*trnI*). Le gène *aroA* est placé sous le contrôle du promoteur (P) de l'ARN ribosomique chloroplastique 16S et du terminateur (T) du gène chloroplastique *psbA* qui code un composant du centre réactionnel du photosystème II. Le gène *aadA* codant une amino-glycoside adényl transférase est utilisé comme gène de sélection de la transformation et confère une résistance à la spectinomycine.

---

l'ordre de 100 copies d'ADNcp. Comme la machinerie de transcription et de traduc-tion dans les chloroplastes est de nature procaryotique, on peut espérer une forte expression de plusieurs gènes groupés en opéron.

L'insertion d'un transgène dans l'ADN chloroplastique est obtenue par recombi-naison homologue dans une région choisie, évitant ainsi l'effet de position que l'on peut observer lors de l'intégration aléatoire de l'ADN-T dans l'ADN nucléaire par la méthode de transfert avec *Agrobacterium* (Encadré 5.3).

La technique de transformation des chloroplastes développée chez l'algue *Chlamy-domonas* est utilisable chez certaines espèces de solanacées (tabac, tomate, pomme de terre) ainsi que chez *Arabidopsis* avec des efficacités variables selon les espèces. La construction d'intérêt est introduite soit par biolistique, soit par transformation par le PEG, intégrée au génome chloroplastique par recombinaison (présence de séquences homologues cibles) ; le génome chloroplastique sauvage est graduellement éliminé au cours des divisions par maintien d'une pression de sélection.

L'introduction d'un transgène dans le génome chloroplastique a plusieurs avantages :
– production de grandes quantités de protéine recombinante ;
– expression de plusieurs protéines à partir d'un ARN polycistronique ;
– réduction de la dissémination du transgène *via* le pollen (transmission chloroplastique essentiellement maternelle) ;
– absence de mécanisme d'inactivation génique (cf. Chapitre 4) et d'effet de position des transgènes.

La production de plantes « transplastomiques » peut avoir des intérêts en agronomie (amélioration des qualités photosynthétiques), en biotechnologie ou ingénierie protéique (production de protéines à usage thérapeutique, vaccins, etc.).

L'usage de cette application est cependant limité du fait de la rétention des protéines produites dans le chloroplaste et de certaines difficultés techniques.

La surproduction de la toxine de *Bacillus thuringiensis* (Bt) dans les chloroplastes a été obtenue chez le tabac. La protéine ainsi exprimée représente 2 à 3 % des protéines solubles, soit de 20 à 30 fois plus que la quantité obtenue chez des plantes transgéniques qui expriment la toxine à partir d'une construction entraînant une intégration dans le génome nucléaire. Ces plantes transplastomiques sont résistantes à des lépidoptères sensibles à la toxine Bt. L'encadré 5.3 décrit une démarche utilisée pour rendre les plantes résistantes à un herbicide.

Sur le plan fondamental, les techniques de transformation des plastes permettent d'élaborer des approches de génétique inverse pour mieux étudier la biogenèse du chloroplaste.

Variabilité des niveaux d'expression entre plantes transgéniques

Variations qualitatives

Si l'espèce dont est issu un transgène et si l'espèce transformée avec ce transgène ne sont pas trop éloignées d'un point de vue taxonomique, la régulation de l'expression du transgène dans l'espèce receveuse sera assez semblable à celle observée dans la plante d'origine. Cependant, ceci n'est pas toujours le cas, comme l'illustrent les exemples suivants.

Ainsi les gènes photosynthétiques tels que les gènes qui codent la petite sous-unité de la ribulose biphosphate carboxylase ou la protéine qui fixe la chlorophylle a/b, transférés dans une autre espèce, demeurent inductibles par la lumière et ne s'expriment que dans les tissus verts de la plante. Ceci est observé, que les gènes soient issus de monocotylédones ou dicotylédones. De même, les gènes codant des protéines de stress (choc thermique, blessure ou défense) et placés dans un environnement hétérologue restent inductibles par le stress.

Encadré 5.4. Exemple de variabilité de l'expression d'un transgène

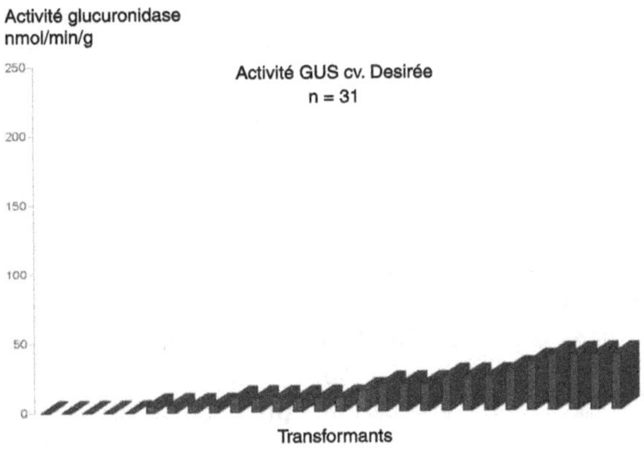

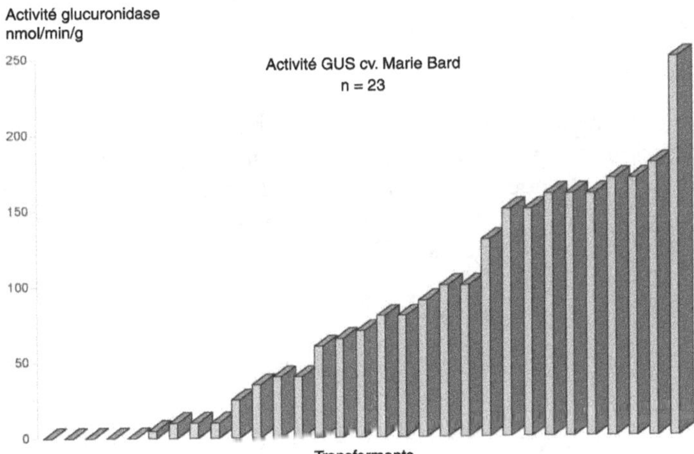

Les gènes codant la patatine constituent une famille multigénique (50 gènes) codant des glycoprotéines exprimées dans les tubercules de pomme de terre. Les promoteurs de deux gènes (PS3 et PS20), possédant 95 % de similitude, ont été fusionnés au gène rapporteur *uidA* codant la ß-glucuronidase (GUS). Ces constructions ont été introduites dans deux cultivars (cv.) de pomme de terre : Maris Bard et Désirée. L'expression du gène *uidA* sous le contrôle de ces promoteurs présente la même spécificité tissulaire que les gènes *S3* et *S20* d'origine. Toutefois, on observe une très grande variabilité d'expression du gène rapporteur selon les transformants issus d'un même cultivar et, pour une même construction, entre les deux cultivars utilisés. L'amplitude des variations de l'activité ß-glucuronidase (mesurée en nmol.min^{-1}.g^{-1}) est très grande et indépendante du nombre de copies du transgène. Les histogrammes illustrent cette variabilité de l'expression entre transformants.

La recherche de l'origine de la variabilité de l'expression quantitative d'un transgène a fait l'objet de nombreuses études. Il a pu être montré que les séquences voisines de l'insertion contribuent pour une part à cette variabilité mais ne jouent pas un rôle majeur. Cette étonnante fluctuation de l'expression quantitative des transgènes a progressivement orienté les

...

> — … —
>
> chercheurs vers la mise en évidence de nouveaux processus régulateurs. La baisse de
> l'expression correspondrait à une inactivation spécifique du transgène ou mécanisme de
> *gene silencing* (cf. Chapitre 4). Histogrammes d'après les données de Blundy *et al.* (1991).

Des résultats variables ont été observés avec les gènes codant les protéines de
réserve. Ces gènes qui s'expriment dans les graines conservent en général, une fois
transférés dans une autre espèce, leur spécificité tissulaire. Ceci est vérifié notamm-
ment pour les gènes de protéines de réserve du blé ou du haricot qui sont transférés
dans le tabac. Mais le gène codant la zéine (protéine de réserve du maïs, plante
monocotylédone) ne s'exprime pas chez le pétunia, une dicotylédone de la famille
des solanacées. L'expression est en fait partielle : le gène est bien transcrit mais on
ne détecte pas la protéine. De plus, la spécificité tissulaire n'est plus respectée.
Ainsi, à part certains cas de transferts monocotylédones-dicotylédones, les aspects
qualitatifs de l'expression des transgènes sont dans la majorité des cas maintenus.
Tout comme pour les gènes endogènes, l'expression tissulaire des transgènes est
supposée être sous le contrôle de facteurs transcriptionnels pouvant être communs
à des espèces phylogénétiquement proches.

Aspects quantitatifs

Quantitativement, l'expression des transgènes est très variable. Selon les plantes, le
niveau d'expression peut varier d'un facteur de 1 à 100 (Encadré 5.4). Ces études
ont ouvert la voie aux études sur la PTGS (*Post-Transcriptional Gene Silencing*) et
sur la TGS (*Transcriptional Gene Silencing*) et à la découverte de la régulation de
l'expression des gènes par les petits ARN (cf. Chapitre 4).

Chapitre 6

Mutagenèse

Les généticiens ont compris la nécessité de ne pas se limiter à la diversité génétique naturelle des individus. Perturber pour comprendre ou mutagéniser pour pouvoir ensuite décrire le fonctionnement d'une plante a été un de leurs objectifs. Ils ont ainsi cherché à générer de nouvelles mutations, à obtenir de nouveaux organismes mutants par des techniques de mutagenèse induite expérimentalement. La mutagenèse des gènes orphelins, c'est-à-dire des gènes dont on ne connaît pas la fonction et qui ont été identifiés après séquençages des génomes, peut ainsi donner des indications sur leurs fonctions.

▸▸ Mutations et mutants

Quelques rappels

Une mutation naturelle ou spontanée correspond à toute modification de la séquence nucléotidique d'un gène, qu'elle touche les exons, les introns, les séquences transcrites non traduites ou les séquences portant les signaux de contrôle de l'expression. Ces modifications héréditaires du patrimoine génétique ont plusieurs origines possibles. Elles peuvent provenir (i) d'erreurs de réplication de l'ADN, (ii) d'instabilités chimiques des bases nucléiques ou de la liaison N-glycosidique entre la base et le désoxyribose, ou (iii) d'agressions par des facteurs de l'environnement (physiques ou chimiques) provoquant des lésions au niveau de la séquence de l'ADN. Lorsque les lésions ne sont pas correctement réparées, la (les) mutation(s) est (sont) transmise(s) à la descendance. La fréquence des apparitions spontanées de ces mutations est faible (10^{-5} à 10^{-8} par génération et par gène). Une petite fraction des mutations se traduit par la synthèse d'une protéine modifiée, pouvant conduire à l'apparition d'un caractère phénotypique différent de celui de l'organisme sauvage.

La mutagenèse expérimentale cherche ainsi à augmenter la fréquence naturelle pour obtenir des collections de mutants. Elle consiste à soumettre le matériel biologique (organismes, organes ou cellules) à l'action d'agents mutagènes, physiques ou chimiques. Ces agents mutagènes ont une action génotoxique et créent des lésions aléatoires sur l'ADN. L'ADN-T d'*Agrobacterium tumefaciens* ou les éléments transposables peuvent générer, en s'insérant dans les génomes, des mutations. Ils sont considérés comme des agents mutagènes d'origine biologique et sont utilisés dans les techniques de mutagenèse dite « insertionnelle ». L'insertion de fragments d'ADN à l'intérieur d'un gène entraîne à la fois une mutation du gène et l'introduction d'une « étiquette » permettant de retrouver le gène affecté. Plus récemment, la technique d'inactivation par interférence par l'ARN s'est révélée être un outil précieux en génétique végétale pour inactiver des gènes de façon ciblée.

L'intensité du traitement mutagène doit être ajustée pour ne pas être létale et générer suffisamment de lésions pour pouvoir obtenir une mutation dans un gène particulier. Bien qu'augmentée par les divers traitements, la fréquence des mutations induites dans un gène défini reste faible et l'isolement des mutants nécessite le criblage d'une large population d'individus mutagénéisés (collections de mutants).

Les collections de mutants sont utilisées pour deux types d'approches. Les approches dites de *génétique directe* consistent à rechercher des mutants ayant un phénotype particulier (morphologique, biochimique, moléculaire, etc.) afin d'identifier puis d'isoler les gènes impliqués dans l'établissement et le contrôle de ce caractère phénotypique. Les approches de *génétique inverse* consistent à rechercher un individu portant une mutation dans un gène de fonction généralement inconnue, mais dont la séquence nucléique est établie.

Bien que la genèse de nouveaux mutants reste une méthode de choix pour l'identification des gènes et l'étude de leurs fonctions, la relation entre gène et phénotype est rarement simple. Un caractère héréditaire peut être le fruit de l'expression coopérative de nombreux gènes interdépendants et, inversement, un même gène peut intervenir dans différents processus phénotypiques (pléiotropie). De plus, les gènes appartiennent souvent à des familles multigéniques : un autre gène de la famille peut alors pallier la fonction défaillante du gène muté. On parle dans ce cas de redondance fonctionnelle. Ces diverses situations compliquent le criblage et l'analyse des mutants. Enfin, la relation entre mutation et effet sur l'expression d'un gène est complexe : la mutation peut entraîner l'extinction totale du gène (mutation nulle), une extinction partielle ou n'avoir aucun effet sur l'expression du gène. Bien que peu intéressantes pour l'étude de la fonction des gènes, les mutations sans effet phénotypique (mutations silencieuses ou neutres) peuvent être utilisées comme sources de marqueurs génétiques et sont utilisées en cartographie moléculaire des génomes (cf. Chapitre 7).

Différents types de mutations

Qu'elles soient naturelles ou induites, il existe plusieurs types de mutations selon les types de cellules mutées, ou selon l'incidence sur l'expression et la structure du gène. Les *mutations somatiques* se produisent dans les cellules somatiques. Elles sont transmises aux cellules-filles suite à la division cellulaire mais ne sont pas transmises à la descendance. Ces mutations sont le plus fréquemment observées lors d'une mutagenèse et conduisent à des organismes chimériques. Les *mutations germinales* touchent le génome des gamètes, des gamétophytes ou des cellules à l'origine des gamètes. Elles sont alors transmises à la descendance et conduisent à des plantes mutantes dont toutes les cellules portent des modifications données et stables de l'ADN.

Les mutations peuvent affecter l'un ou les deux allèles d'un même gène chez un organisme diploïde. L'individu est dit « homozygote » pour la mutation lorsque cette même mutation affecte les deux allèles. Lorsque le phénotype mutant n'est détectable que lorsque les deux allèles sont mutés (chez l'individu homozygote mutant), la mutation est dite *récessive*. Si le phénotype mutant est détectable chez les individus hétérozygotes, l'expression de l'allèle « sauvage » présent n'est pas suffisante pour assurer le fonctionnement normal de la cellule, de l'organisme. La mutation est dite *dominante*. Les mutations dominantes sont plus rares que les mutations récessives.

Certaines mutations sont dites ponctuelles lorsqu'elles affectent une ou quelques paires de bases. La modification de la séquence du gène peut consister en une substitution de base qui peut être une transition (changement de base de même catégorie, purique [A/G] ou pyrimidique [C/T]), ou une transversion (changement d'une base purique en base pyrimidique ou l'inverse). La mutation peut aussi être une délétion ou une insertion pouvant conduire à un décalage de la phase de lecture ou *frameshift*. Les effets sur la séquence de la protéine d'une substitution de base peuvent être nuls en raison de la dégénérescence du code génétique : cette modification de la séquence du gène ne perturbe alors pas la séquence polypeptidique. Des effets drastiques peuvent également être observés (apparition de codon « stop », changement d'acide aminé dans des motifs importants pour la structure ou la fonction de la protéine). Des mutations au niveau des régions régulatrices peuvent engendrer un blocage ou une anomalie d'une étape de l'expression. Les mutations peuvent également affecter des régions chromosomiques très vastes et conduirent à des réarrangements chromosomiques.

Les informations transmises de cellule-mère à cellules-filles (mitose) ou de génération en génération (méiose et fécondation) sont soit d'ordre génétique (séquence nucléotidique), soit d'ordre épigénétique (Annexe 2). L'information épigénétique est portée par la chromatine et correspond à des méthylations de l'ADN ou à des modifications post-traductionnelles des histones (cf. Chapitre 4). L'état épigénétique d'une séquence est très contrôlé, peut varier au cours du temps et est dépendant de facteurs multiples. Lors de la réplication de l'ADN, les empreintes épigénétiques sont transmises sur le brin néosynthétisé par des mécanismes encore mal connus. Parfois, des modifications de l'état épigénétique normal d'une séquence peuvent survenir et ainsi modifier le profil d'expression des gènes touchés. Elles peuvent avoir des conséquences phénotypiques sans toutefois toucher le génotype, contrairement aux mutations classiques. Elles peuvent toutefois être transmises à la descendance. On parle d'*épimutation*. La première épimutation a été observée chez la linaire et affecte la symétrie de la fleur (cf. Planche 11 ; Chapitre 4). Un mutant de tomate affecté pour la maturation et la couleur du fruit résulte également d'une épimutation du promoteur d'un gène codant un facteur de transcription à boîte SBP (*Squamosa promoter Binding Protein-like*), le gène *Cnr* (*Colorless non-ripening*) (Manning *et al.*, 2006). Un épiallèle naturel, neutre au niveau phénotypique, a été décrit chez *Arabidopsis*. Il affecte un rétrotransposon (Rangwala *et al.*, 2006). L'analyse des épigénomes révèlera sans doute un plus grand nombre d'épiallèles[1].

Caractérisation d'un mutant

Lorsque de nouveaux mutants pour un phénotype donné sont obtenus, plusieurs analyses sont nécessaires pour s'assurer du caractère stable, original et nucléaire de la mutation. Ces analyses sont les suivantes :

– obtention de lignées mutantes ne portant qu'une seule mutation responsable du phénotype recherché. En effet, les traitements mutagènes génèrent souvent plusieurs mutations indépendantes, à des positions différentes dans le génome ; il s'agit alors de les séparer en effectuant des rétrocroisements avec le parent sauvage et en sélectionnant, à chaque étape, les plantes ayant le phénotype recherché ;

– contrôle de la stabilité du phénotype mutant au cours des générations, notamment dans le cas de mutation par insertion ;

– détermination de la nature nucléaire ou cytoplasmique de la mutation par croisements réciproques. Une mutation cytoplasmique est transmissible par le parent femelle dans la majorité des cas ; ainsi le croisement entre une plante mutante utilisée comme parent mâle et la plante sauvage utilisée comme parent femelle ne donnera à la deuxième génération aucun mutant ; dans le cas contraire, la mutation est nucléaire ;

– étude du caractère dominant ou récessif de la mutation. Si la génération F1 résultant du croisement entre le mutant et le parent sauvage ont un phénotype mutant, alors la mutation est dite dominante ;

– classement des mutants en groupe de complémentation : il s'agit de déterminer si les mutations affectent le même gène. Les mutants sont croisés deux à deux ; si la génération F1 a un phénotype mutant, alors les mutations sont alléliques, elles appartiennent au même groupe de complémentation ; si la génération F1 a un phénotype « sauvage », alors deux gènes différents sont mutés, il y a complémentation (l'opération correspond à un test d'allélisme).

Une fois la lignée mutante bien caractérisée, la nature et la localisation de la mutation peuvent être étudiées grâce à l'utilisation de marqueurs génétiques, couplée à une marche sur le chromosome (cf. Chapitre 7), ou par des approches de biologie moléculaire basées sur la réaction de PCR.

▸▸ Mutagenèse et génétique classique

Mutagenèse chimique

Les produits chimiques mutagènes sont très nombreux et ont différentes spécificités. La mutagenèse chimique par l'EMS (éthyl méthane sulfonate, $CH_3SO_2OCH_2CH_3$) a longtemps été utilisée en génétique. Cet agent alkylant

---

1. Un épiallèle est un allèle portant une modification épigénétique.

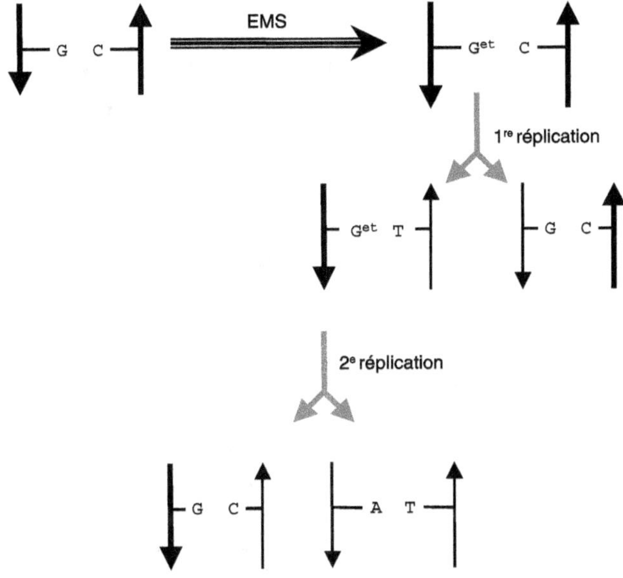

Figure 6.1. Mode d'action de l'EMS.
Suite à la mutagenèse par l'agent chimique EMS (éthyl méthane sulfonate), les guanosines (G) sont préférentiellement modifiées. À la première réplication, la guanosine substituée par le radical éthyl (G^{et}) permettra l'incorporation d'une thymidine (T) et, à la deuxième réplication, c'est l'adénosine (A) qui sera incorporée.

produit un dérivé fortement réactif, le carbocation éthyl carbonium ($CH_2CH_3^+$), réagissant avec les sites nucléophiles des bases, préférentiellement l'O_6 de la guanine. L'EMS conduit à la transition irréversible d'une paire GC en une paire AT (Figure 6.1). Récemment, elle a été utilisée dans une stratégie de génétique inverse, le Tilling, permettant de rechercher des mutants dans un gène défini (voir page 134).

Mutagenèse physique

Parmi les agents physiques mutagènes, on compte les radiations. On distingue les radiations non ionisantes comme les rayons ultraviolets (UV) et les radiations ionisantes telles que les rayons X, les rayons γ, ou les neutrons rapides. La mutagenèse par des radiations ionisantes provoque des cassures double-brin de l'ADN qui génèrent des réarrangements chromosomiques importants (translocations, inversions, délétions). En effet, ces rayonnements sont très énergétiques. Les radiations UV induisent la dimérisation des thymines pour donner des cyclobutane-pyrimidines. La mauvaise réparation de la lésion par les mécanismes de photoréactivation ou d'excision de nucléotides provoque diverses mutations. Les rayons UV, moins pénétrants que les rayons X, sont surtout utilisés sur le pollen.

La mutagenèse physique crée souvent des délétions importantes. Elle permet ainsi l'étude de régions d'ADN souvent inaccessibles par d'autres méthodes de mutagenèse. Elle peut également faciliter le clonage de gènes délétés grâce à la technique dite d'« hybridation soustractive ». Le gène absent chez le mutant, suite à la délétion, est recherché dans le génotype d'origine (Figure 6.2, Encadré 6.1).

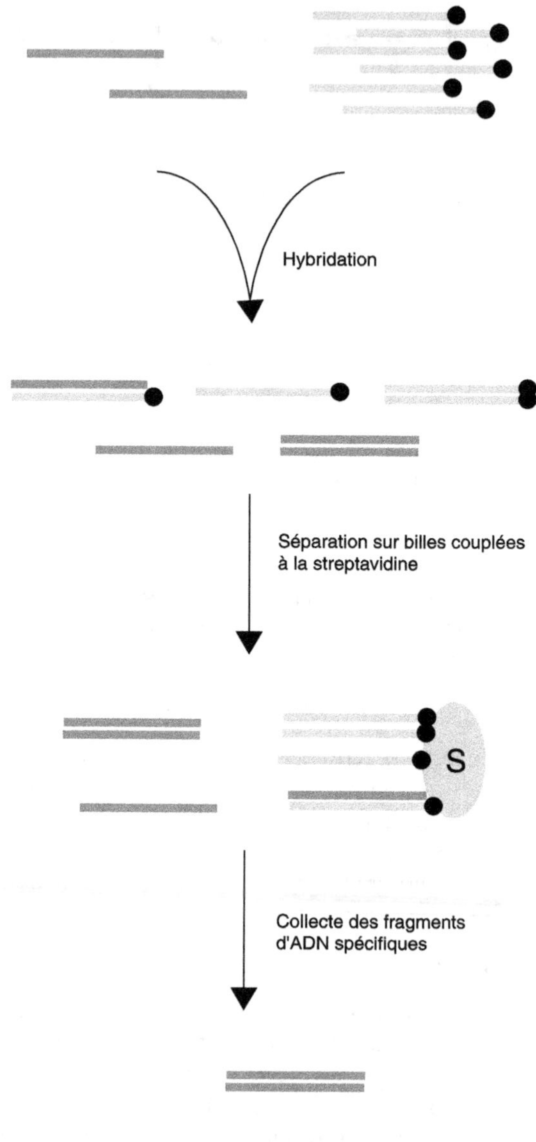

Figure 6.2. Principe de l'hybridation soustractive.
L'ADN de la plante « sauvage » qui contient la séquence recherchée est digéré par une enzyme de restriction (fragments gris foncé). L'ADN du mutant (gris clair) est fractionné par un traitement aux ultrasons puis biotinylé (marqué par couplage aléatoire d'un groupement biotine sur les bases) (rond noir à l'extrémité). Les deux types d'ADN sont mélangés, dénaturés puis renaturés, l'ADN du mutant étant en large excès dans le mélange. Ce mélange est chargé sur une colonne de billes recouvertes de streptavidine (S), protéine du blanc d'œuf ayant une très forte affinité pour la biotine. Les séquences présentes uniquement chez le sauvage et délétées chez le mutant ne sont pas retenues sur la colonne. Ces séquences sont ainsi récupérées, amplifiées grâce à la ligation d'adaptateurs et à une réaction de PCR. Les fragments PCR sont ensuite clonés, puis séquencés pour connaître l'identité de la région touchée.

Encadré 6.1. Exemple de clonage soustractif

Cette technique de clonage a été validée en clonant les gènes de biosynthèse des anthocyanes qui s'expriment, chez *A. thaliana,* dans l'enveloppe des graines. Une mutagenèse par neutrons rapides a été réalisée pour générer les mutants. Les graines sauvages sont de couleur marron. Après irradiation et deux générations d'autofécondation, on a pu observer des graines jaune-brillant (mutation *tt5*) ou incolores (mutation *tt3*). Le phénotype « graine jaune » est dû à un dysfonctionnement de la chalcone isomérase (CHI) : ni flavonols ni leucoanthocyanidines ne sont produits. Le phénotype « graine incolore » provient d'une anomalie de la dihydroflavonol réductase (DFR) : les flavonols sont produits mais il y a absence de leucoanthocyanidines (cf. Planche 4, Fil rouge). Des hybridations moléculaires de type Southern réalisées chez les mutants et le type sauvage, avec des sondes correspondant aux gènes *CHI* et *DFR*, ont permis de montrer que des réarrangements chromosomiques importants avaient eu lieu, conduisant à des délétions de ces gènes (Shirley *et al.*, 1992).

Mutagenèse insertionnelle

Ce type de mutagenèse met en jeu des agents mutagènes d'origine biologique, constitués par des fragments d'ADN qui, en s'insérant et en interrompant de fait la séquence génomique, peuvent inactiver certains gènes. Comme les mutagenèses précédentes, elle est aléatoire. L'insertion d'ADN entraîne une perte de fonction plus ou moins complète selon le site et la nature de l'insertion. Deux types d'éléments et leurs propriétés intrinsèques sont exploités à cette fin : (i) les transposons, capables de s'intégrer dans le génome sous l'action d'une transposase (cf. Chapitre 3) et (ii) l'ADN-T du plasmide Ti d'*Agrobacterium tumefaciens*. Les séquences de ces éléments étant connues, ils servent d'étiquettes (ou *tag*) pour identifier le gène dans lequel ils s'insèrent : le gène muté est dit étiqueté (ou *tagged*), ce qui permet de l'isoler par des approches moléculaires. Les fragments d'ADN utilisés pour ce type de mutagenèse peuvent comporter des gènes rapporteurs. Cela permet d'étudier en parallèle des patrons d'expression ou de rechercher des séquences régulatrices particulières (spécifiques de certains tissus, par exemple).

Mutagenèse insertionnelle par transposons

Principe général

La mutagenèse insertionnelle par transposon[2] (cf. Chapitre 3) a été rendue possible grâce au clonage et au séquençage d'un certain nombre de transposons actifs, en particulier le transposon *Ac* du maïs et le transposon *Tam3* du muflier (*Antirrhinum majus*). Le principe du clonage de *Tam3* est décrit dans l'encadré 6.2a. L'isolement et la caractérisation de ces transposons a permis de les utiliser non seulement comme séquences d'insertion mutagènes, mais aussi comme étiquettes pour le repérage des gènes mutés. Parmi les nombreux transposons végétaux, seuls les transposons actifs et dont la transposition est fréquente peuvent être utilisés.

---

2. Parmi les succès de la mutagenèse insertionnelle par transposon, signalons le clonage de gènes de tomate et de tabac conférant la résistance à des pathogènes (Jones *et al.*, 1994 ; Dinesh-Kumar *et al.*, 1995).

Les premières mutagenèses insertionnelles par transposons ont été réalisées chez les espèces qui possèdent des transposons actifs comme le maïs, le muflier et le pétunia, grâce aux transposons *Mu*, *Tam3* et *dTph*I, respectivement. Chez ces espèces, l'introduction du transposon actif dans la variété que l'on veut muter est obtenue par croisement intraspécifique : le système est dit « homologue ». Ainsi, le clonage du gène *PALLIDA* codant la dihydroflavonol réductase (DFR) chez *A. majus* a été réalisé par étiquetage avec le transposon *Tam3* (Encadré 6.2b, cf. Planche 4).

Encadré 6.2a. Clonage de *Tam3* par piégeage dans le gène *nivea*

L'élément transposable *Tam3* a été isolé et cloné suite à son insertion dans le gène de la chalcone synthétase (*CHS*) impliquée dans la voie de biosynthèse des anthocyanes (cf. Planche 4, Fil rouge). Les fleurs de plantes « sauvages » sont rouges. Il existe divers mutants dans le gène *CHS* : des mutants stables aux fleurs blanches, mutants *nivea* (neige) de génotype *niv/niv* et des mutants instables à fleurs blanches tachetées de rouge de génotype *niv**/*niv* (* instable). Dans les fleurs présentant cette variégation au niveau de la couleur, il a été montré que l'élément *Tam3* était inséré dans le gène *CHS* et était responsable de l'instabilité de la mutation par excision spontanée et restauration, dans certains secteurs de la fleur, de la couleur rouge. Le croisement d'une plante *niv/niv* avec une plante sauvage *niv*^+^/*niv*^+^ possédant le transposon *Tam3* dans son génome, conduit à des hybrides F1 *niv*^+^/*niv* à fleurs rouges ; des plantes aux fleurs blanches tachetées de rouge *niv**/*niv* chez lesquelles le gène *nivea* est instable par suite d'une transposition de *Tam3* sont obtenues en faible fréquence. L'ADN des régions rouges et des régions blanches a été extrait et analysé par la technique d'hybridation moléculaire de type Southern en utilisant une sonde hétérologue spécifique du gène *CHS*. La modification de la taille du fragment génomique portant le gène *CHS*, du fait de l'insertion de l'élément transposable, a pu être mise en évidence. À partir de l'ADN extrait de régions blanches, une banque génomique a été réalisée et criblée à l'aide de la sonde *CHS*. Les clones positifs, c'est-à-dire possédant tout ou partie du gène *CHS*, ont été isolés. Ces clones portaient également le transposon *Tam3* inséré dans le gène *CHS*. Leur séquençage a permis ainsi d'avoir accès à la séquence de l'élément *Tam3*.

Encadré 6.2b. Clonage du gène *PALLIDA* par étiquetage avec le transposon *Tam3*

Les fleurs de muflier sauvage sont rouges. Une variété de muflier mutante à fleurs ivoire a été utilisée pour identifier le gène *PALLIDA* (*PAL*). Le mutant ayant le génotype *pal/pal* a été croisé avec une lignée sauvage (*PAL* dominant) hébergeant l'élément mobile *Tam3*. Dans la descendance F1, il a été recherché une plante présentant des fleurs ivoire à taches rouges (génotype *pal/pal**), les taches ayant pour origine l'excision de *Tam3* du gène *PAL* et la restauration de sa fonction. Grâce à l'étiquette *Tam3*, le gène *PAL* a été ensuite cloné.

L'utilisation de cette technique a été étendue aux espèces ne possédant pas de transposons actifs caractérisés grâce à l'introduction par transgenèse d'un transposon actif provenant d'une autre espèce. Ce transposon fonctionne alors en système hétérologue. Une des limitations de la technique provient du mode de transposition qui se fait en général à proximité du site initial d'insertion, sur le même chromosome. Pour pouvoir muter des gènes répartis sur les différents chromosomes du génome, les plantes de départ doivent posséder un ensemble de copies du transposon bien dispersées dans le génome de départ.

Étiquetage de gènes en utilisant un système de transposon hétérologue

Le protocole privilégié pour ce type de mutagenèse met en jeu un système hétérologue à deux composants : l'un apporte la transposase et l'autre composant, un transposon défectif mobilisable par la transposase. Les éléments mobiles les plus couramment utilisés pour l'étiquetage de gène sont les transposons *Ac/Ds* et *En/Spm* du maïs. Les éléments *Ac* et *Ds,* associés à des gènes permettant la sélection et le criblage, sont introduits par transgenèse. Des plantes transgéniques portant l'un ou l'autre des deux composants sont générées et la réunion de ces deux éléments dans une même plante est obtenue par croisement. La mobilisation de l'élément *Ds* défectif est ainsi provoquée par l'action transitoire d'un élément *Ac* qui a été au préalable réduit à la transposase. Cela permet d'obtenir dans la descendance des mutants stables où l'élément *Ds* est inséré dans un gène. Un exemple est développé dans l'encadré 6.3.

Le gène codant la transposase de l'élément *Ac*, sous le contrôle du promoteur 35S du CaMV, est inséré entre les bordures droite et gauche d'un ADN-T avec un gène de sélection comme le gène *nptII*. L'élément *Ac* a été modifié (délétion d'une terminaison) pour permettre l'expression d'une transposase active sans être lui-même transposable. Le gène de la transposase peut être placé sous le contrôle d'un promoteur inductible.

Les plantes transformées possédant soit l'élément *Ds,* soit l'élément *Ac* sont croisées par pollinisation artificielle. Les plantes de la génération F1 sont le siège de la transposition. Les descendants par autofécondation (F2) sont cultivés sur milieu sélectif permettant l'isolement des mutants, liés à l'insertion aléatoire de l'élément *Ds*. Le protocole conduit à de très nombreux mutants insertionnels différents et stables qui peuvent être caractérisés soit par leur phénotype, soit par l'expression d'un gène marqueur (par exemple la ß-glucuronidase, GUS). Après obtention d'un grand nombre de plantes mutantes, le criblage moléculaire est entrepris pour repérer les mutants possédant une insertion de *Ds* dans un gène donné. Une technique couramment utilisée pour isoler dans un premier temps le gène interrompu est l'IPCR, ou PCR inverse (Figure 6.3). Le fragment amplifié permet ensuite de cribler une banque génomique pour obtenir le gène sauvage.

La mutagenèse par insertion de rétrotransposons a été également développée. Chez la légumineuse de référence *Medicago truncatula*, le rétrotransposon *Tnt1* isolé chez le tabac (cf. Chapitre 3) permet de générer des collections de mutants. En effet, *Tnt1* transpose à bonne fréquence (environ 15 insertions différentes par génome) et préférentiellement dans des gènes. Chez le riz, le rétroélément *Tos17* de 4,1 kpb a été utilisé comme agent mutagène. En effet, la transposition de *Tos17* est activée par les conditions de culture *in vitro* (Hirochika *et al.*, 1996). Un ensemble de lignées de riz mutagénéisées par insertion du rétroélément *Tos17* a pu être créé pour des études de génomique fonctionnelle (Miyao *et al.*, 2003).

Mutagenèse par insertion d'ADN-T

L'ADN-T, utilisé comme véhicule pour délivrer une information génétique lors de la transgenèse, peut aussi être utilisé comme agent mutagène. En effet, du fait de son insertion dans le génome, il peut générer des interruptions ou des inactivations de gènes, de séquences régulatrices et donc diverses mutations.

Encadré 6.3. Utilisation de la mutagenèse par insertion pour étudier des patrons d'expression

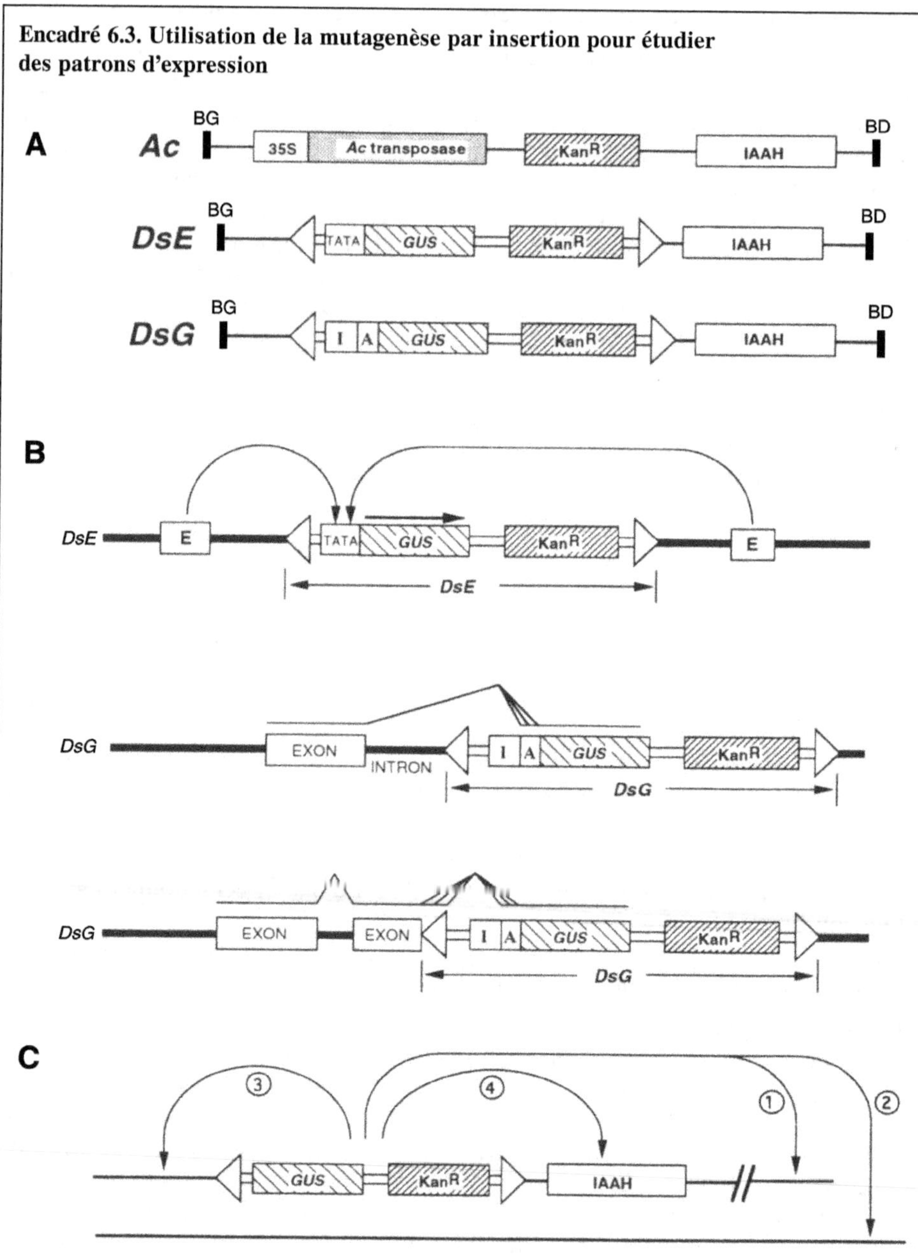

Les auteurs ont développé un système de mutagenèse par transposon à deux composants. Ce système permet d'identifier les gènes interrompus en étudiant leur patron d'expression grâce au gène rapporteur *uidA* (*GUS*) et indépendamment du phénotype du mutant. Le premier composant est une construction apportant un élément *Ds* défectif (constructions *DsE* ou *DsG*) et le second est une construction amenant la transposase d'un élément *Ac* (construction *Ac*). L'utilisation de la construction *DsE* permet de piéger des activateurs transcriptionnels. L'utilisation de la construction *DsG* permet d'étudier l'activité

...

transcriptionnelle du gène interrompu. Les deux types de lignées (*DsE/G* et *Ac*) sont construites. Les graines de la génération F1 provenant du croisement entre plantes *DsE/G* et la plante *Ac* sont le lieu de la transposition de l'élément *Ds*. Cependant, la sélection des mutants s'opère à la génération F2.

Les auteurs ont introduit un autre raffinement à leurs constructions. En effet, ils ont cherché à contre-sélectionner des insertions de l'élément *Ds* proches de la construction initiale grâce au gène *iaaH* du plasmide Ti d'*Agrobacterium tumefaciens*. Lorsqu'elles sont placées en présence de naphtalène acétamide (NAM), les plantes transgéniques qui contiennent ce gène produisent une auxine, l'acide naphtalène acétique (NAA) et ne sont plus capables de pousser normalement (cf. Chapitre 5). Les plantes, résistantes à la kanamycine et qui pourront pousser en présence de NAM, signent la ségrégation du transgène et de l'élément *Ds* transposé.

(A) Différentes constructions

Construction *DsE* portant entre les bordures gauche (BG) et droite (BD) de l'ADN-T l'élément *Ds* délimité par les séquences répétées inversées (flèches) et comportant : le marqueur de sélection *nptII* (résistance à la kanamycine, Kan^R) et le gène *uidA* (glucuronidase, GUS) sous le contrôle d'un promoteur minimal comportant la boîte TATA du promoteur 35S du CaMV ; le gène *iaaH*, utilisé pour une sélection positive des insertions du transposon. Construction *DsG* contenant également le gène *nptII* dans l'élément *Ds*.

Dans cette construction, le gène *uidA* est placé en aval d'un site accepteur d'épissage (**A**) et d'un intron (**I**). Le gène *iaaH* du plasmide Ti est également présent. Contruction *Ac* apportant la transposase, exprimée sous le contrôle du promoteur 35S du CaMV. Le marqueur de sélection est également le gène *nptII*.

(B) Différents types d'étiquetage

Si l'insertion de l'élément *DsE* a lieu en amont ou en aval d'un activateur transcriptionnel (E), le gène *uidA* est alors sous le contrôle de cet activateur. Si l'élement *DsG* s'insère dans un intron, le site accepteur Acc permettra de mettre en phase l'exon avec le gène *uidA*. Si le transposon *DsG* s'insère dans un exon, l'extrémité du transposon fournit le site donneur ; la présence de l'intron I et du site accepteur ACC permet un épissage correct.

(C) Schéma des différents types de transposition

Lorsque la transposition conduit à l'insertion de l'élément défectif sur le même chromosome que celui où l'ADN-T s'est inséré, éloignée du site d'insertion de l'ADN-T (type 1), sur un autre chromosome (type 2) ou à proximité de l'ADN-T mais en dehors du gène *IAAH* (type 3), le gène *IAAH* est fonctionnel et la plante, en présence de NAM, ne pourra pas pousser (contre-sélection). Seules pourront croître et être sélectionnées en présence de NAM, les plantes ayant une insertion du transposon dans le gène *IAAH* (type 4). (D'après Sundaresan *et al.*, 1995).

L'ADN-T présente l'avantage de s'insérer de manière stable et, en général, en un petit nombre de copies, voire une seule copie. Le site (ou le gène) touché par l'insertion de l'ADN-T est ainsi « étiqueté ». La séquence de l'ADN-T étant connue, il est possible de retrouver le locus dans lequel elle s'est insérée, grâce à des techniques de biologie moléculaire. Bien que la fréquence de transformation par insertion de l'ADN-T soit assez faible, le développement de techniques simples et efficaces de transformation d'*A. thaliana* a permis de générer de grandes collections de mutants, permettant d'y rechercher toute mutation dans un gène donné par génétique inverse (Figure 6.3). Initialement, la transformation était pratiquée par

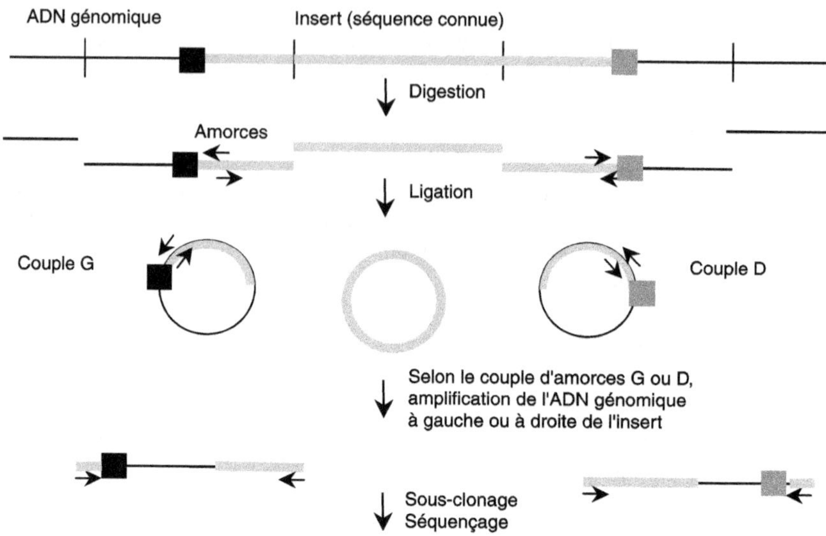

Figure 6.3. Principe de la PCR inverse (IPCR).

L'IPCR permet ici de connaître le lieu d'insertion d'un fragment d'ADN de séquence connue (délimité par les boîtes noire et grise) dans une région d'ADN génomique inconnue. L'ADN est digéré par une enzyme de restriction (barre), puis les fragments sont religués et soumis à une réaction de PCR avec des couples d'amorces situées dans la région de séquence connue. Le fragment PCR obtenu est ensuite cloné et séquencé, permettant de connaître les séquences des régions flanquant l'insert sur sa droite (D) et sa gauche (G).

coculture d'explants avec la souche d'*Agrobacterium* portant le vecteur, navette ou binaire, ou par inoculation d'organes (cotylédons, feuilles, racines, méristèmes floraux) avec une suspension d'*Agrobacterium*. Cette technique nécessitait une phase de régénération des transformants et faisait appel à des techniques de culture *in vitro* contraignantes. La mutagenese est aujourd'hui réalisée en plongeant directement les jeunes hampes florales de plantes, cultivées en serre, dans une suspension d'agrobactéries pendant quelques minutes, en présence d'un agent permettant leur pénétration dans les tissus. Cela permet de traiter de très grands effectifs. Les cellules des gamétophytes femelles sont transformées par les agrobactéries, permettant l'obtention directe de graines transformées. Les graines de la descendance de ces plantes incubées avec les agrobactéries donnent des plantes hémizygotes pour l'insertion (1 allèle muté sur les 2). Après autofécondation de ces plantes, les plantes homozygotes mutantes sont recherchées à l'aide de divers cribles. En effet, l'ADN-T utilisé porte généralement une, voire deux résistances (à un herbicide, à un antibiotique).

Plusieurs ADN-T peuvent s'intégrer dans le génome au même endroit et/ou à des endroits différents. L'insertion de l'ADN-T responsable du phénotype mutant doit donc être recherchée grâce à des analyses génétiques. Les plantes mutantes homozygotes sont ainsi croisées avec une plante de génotype sauvage (rétrocroisement) pour ségréger les différentes copies et identifier les plantes résistantes à l'herbicide ou à l'antibiotique et présentant le phénotype mutant. L'identification du gène muté fait appel à la technique d'IPCR à l'aide d'oligonucléotides correspondant aux extrémités de l'ADN-T (Figure 6.4). Enfin, lorsque le gène a été cloné, son rôle dans l'expression du phénotype muté est confirmé par réintroduction du gène

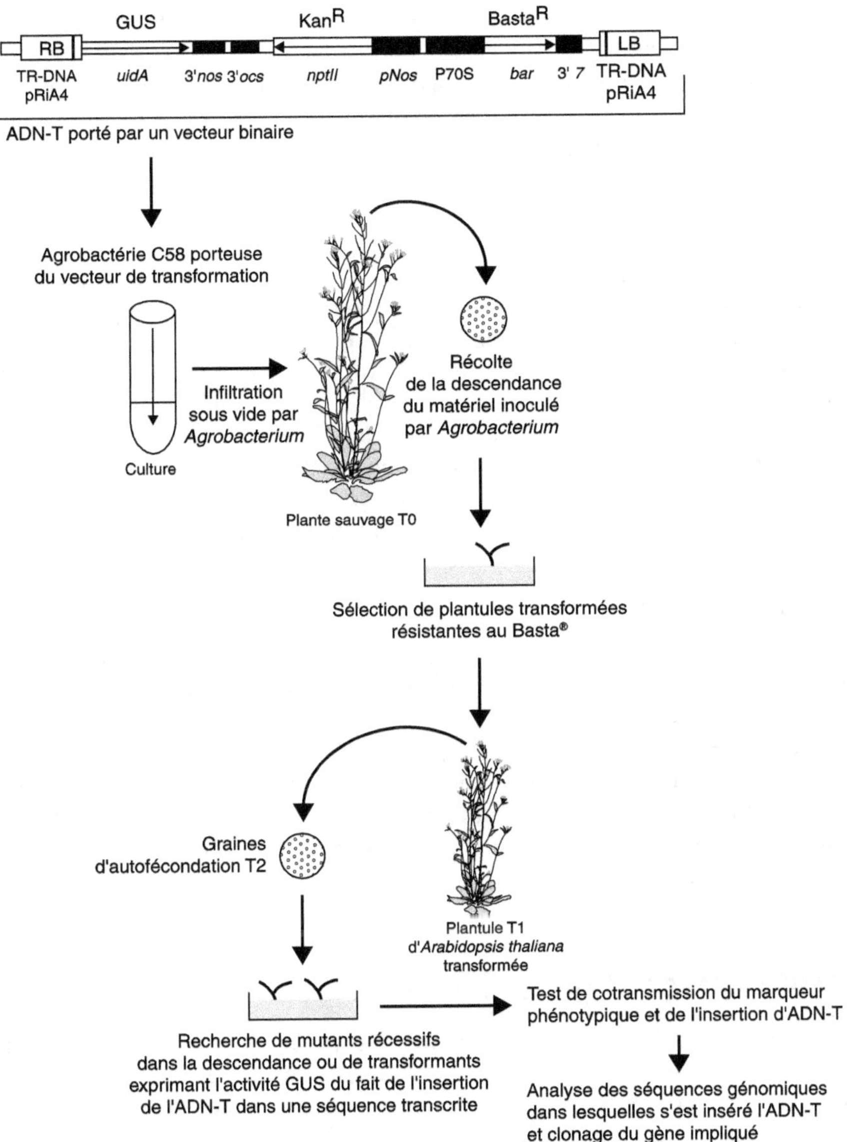

Figure 6.4. Mutagenèse par insertion d'ADN-T.

L'ADN-T, délimité par les bordures gauche (LB) et droite (RB), comporte : le gène *uidA* (GUS) placé sous le contrôle du promoteur 35S du CaMV (*Cauliflower Mosaïque Virus*), limité à la région portant la *TATA box*, et d'un terminateur végétal (3' nos, terminateur du gène *nos* de la nopaline synthase) ; le gène *nptII* sous le contrôle d'un promoteur végétal (p*Nos*) et du terminateur (3'*ocs*, octopine synthase) et conférant la résistance à la kanamycine (Kan^R) ; le gène *bar* également sous le contrôle de séquences régulatrices (P70S, 3' du gène *7*) apportant la résistance au Basta® (herbicide), permettant une sélection directe des transformants sur semis. Cette construction permet de piéger des séquences régulatrices activatrices (*enhancer*) et d'étudier les patrons d'expression des gènes interrompus. Ce vecteur est introduit dans une souche d'*Agrobacterium* utilisée pour transformer *Arabidopsis* selon les étapes décrites. Figure de N. Bechtold et G. Pelletier (Inra, Versailles) d'après Bechtold *et al.,* 1993.

sauvage dans la lignée mutante : si le phénotype sauvage est restauré, le gène est bien impliqué dans la mutation observée[3].

De nombreux mutants résultant d'insertions d'ADN-T peuvent ne pas manifester de modification sensible de leur phénotype, du fait notamment de la redondance d'un certain nombre de gènes.

Collections de mutants d'insertion

La technique de mutagenèse par étiquetage décrite précédemment permet de générer de nombreuses collections dans lesquelles on peut avoir la quasi-certitude de trouver un mutant dans un gène donné. L'étiquetage permet la localisation de l'étiquette dans le génome et l'identification du gène muté. De façon systématique, la localisation de ces étiquettes a été entreprise et les données ont été répertoriées dans de larges banques de données. Il est ainsi devenu possible, à partir d'une séquence génomique donnée, de rechercher les étiquettes disponibles, insérées à cet endroit et donc d'identifier les mutants correspondants. Ainsi, par génétique inverse, on peut identifier une ou plusieurs mutations dans un gène (Figure 6.5).

Méthode du Tilling

La méthodologie du Tilling (*Targeting induced local lesions in genomes*) comprend une mutagenèse aléatoire *in vivo* suivie d'un criblage spécifique pour la mutation recherchée. Cette méthode permet de rechercher des mutants dans un gène connu ou dans un gène candidat. La mutagenèse par insertion produisant des mutations avec une faible fréquence, la mutagenèse à l'EMS lui est généralement préférée. La séquence cible mutée est repérée par une technique de fractionnement chromatographique ou par électrophorèse capillaire (Figure 6.6). Une application de cette technique chez la tomate est présentée dans l'encadré 6.4.

▸▸ Mutagenèse et génétique inverse

Après le séquençage complet du génome d'*Arabidopsis* et avec la détermination d'un nombre croissant de séquences d'autres espèces, il est devenu possible d'émettre des hypothèses sur la fonction de nombreux gènes prédits. L'objectif est de réaliser une étude de génomique fonctionnelle par génétique inverse, c'est-à-dire chercher la signification biologique des séquences. La recombinaison homologue est la méthode de choix pour obtenir l'inactivation ciblée de gènes et en déduire leur fonction. Cette technique est malheureusement peu efficace chez les végétaux, à l'exception de la mousse *Physcomitrella patens*. La méthode adoptée

---

3. Les expériences de complémentation fonctionnelle sont toujours nécessaires dans le cas de mutagenèse par ADN-T pour confirmer que le gène étiqueté est bien responsable du phénotype. Lors de mutagenèse par transposon, la confirmation est obtenue en induisant l'excision de l'élément introduit et en restaurant ainsi le phénotype sauvage. Une complémentation fonctionnelle par transgenèse n'est pas nécessaire dans ce cas.

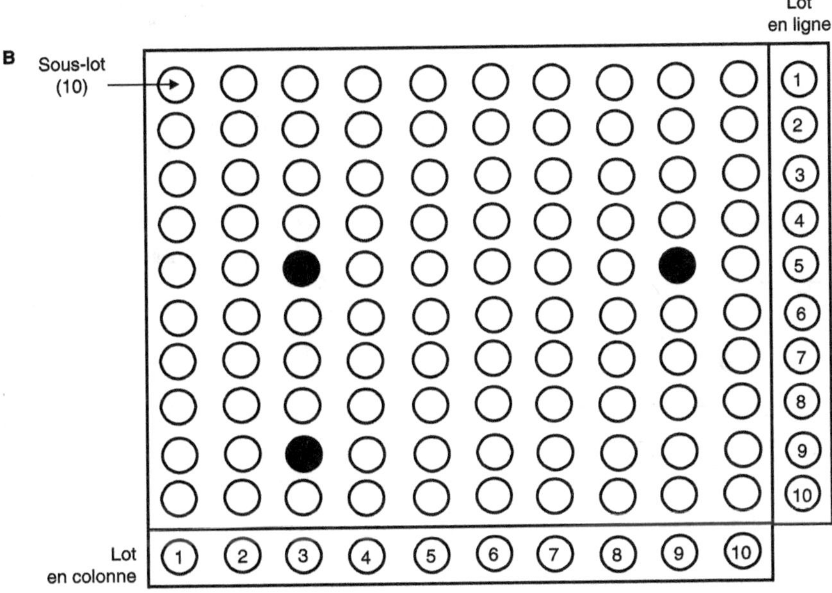

Figure 6.5. Recherche de mutations dans un gène en utilisant
une collection de mutants étiquetés.

La recherche d'un mutant portant une insertion dans un gène est basée sur la constitution de « lots »
d'ADN des mutants d'une collection et d'un criblage systématique de ces lots par PCR. Le nombre de
réactions PCR nécessaires pour identifier la plante portant une mutation dans une séquence définie
dépend de l'étendue de la collection et de l'organisation en « lots » des ADN de chacun des mutants.
(A) Collection de mutants d'insertion d'ADN-T d'*Arabidopsis* de Versailles. Chaque lot de plante correspond à la descendance T3 (photographie J. Weber©, photothèque Inra).
(B) Exemple d'une organisation de lots d'ADN. Les sous-lots sont constitués d'un mélange d'ADN
provenant de 10 plantes. Dix sous-lots sont ensuite constitués en lots selon l'arrangement de la grille en
ligne et en colonne. Lorsqu'une réaction PCR est positive dans un lot de ligne et un lot de colonne (rond
noir), on accède ainsi à l'identité du sous-lot. L'ADN de chacune des 10 lignées ayant constituées le sous-
lot est alors testé. Une telle plaque permet de tester 1 000 plantes en une première série de 20 réactions
de PCR, puis une seconde série de 10 réactions de PCR. **(C)** Voir p. 136.

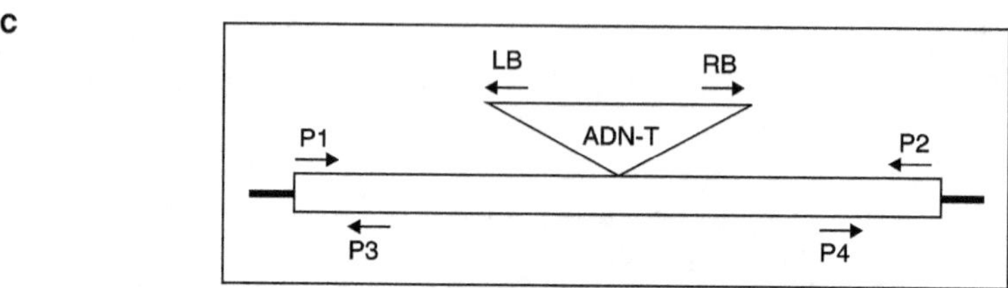

Figure 6.5. Suite

(C) Positions des amorces PCR utilisées pour rechercher une insertion dans une région d'intérêt. Le couple d'amorces P1-P2 permet d'identifier l'allèle sauvage ; les couples P1/LB ou RB/P2 permettent de détecter une insertion dans la région d'intérêt.

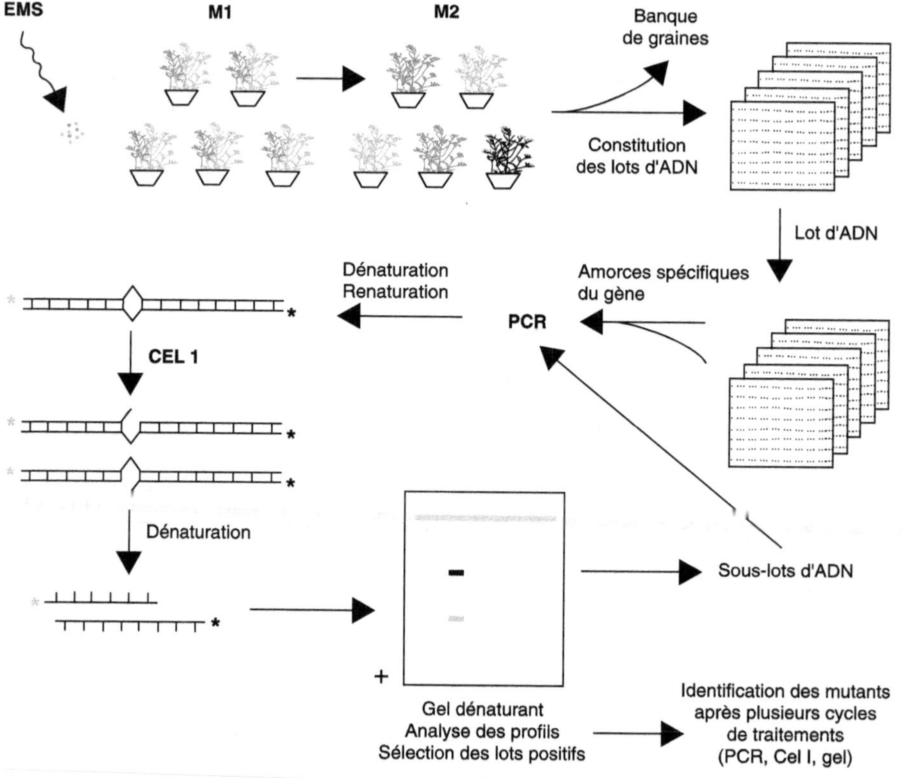

Figure 6.6. Méthode du Tilling.

Des graines sont mutagénéisées par l'EMS (éthyl méthane sulfonate), les ADN sont extraits à partir de lots de plantes issues de la génération M2 et les graines issues de ces plantes sont conservées. Ces lots d'ADN sont organisés en plaques de microtitration, afin de réaliser le criblage par PCR. La séquence cible est amplifiée dans les différents lots avec des amorces spécifiques marquées en 5' (on connaît le gène, on cherche des mutants). Les ADN amplifiés sont dénaturés. Après renaturation, les fragments contenant un brin muté et un brin non muté forment des hétéroduplex avec un mésappariement. La nucléase CEL I reconnaît spécifiquement le mésappariement et coupe un des deux brins de l'hétéroduplex, générant un fragment de plus petite taille. Les produits obtenus sont séparés par électrophorèse capillaire en conditions dénaturantes permettant d'identifier la taille des fragments obtenus. Les lots contenant les mutants sont identifiés puis, par un processus récurrent, le mutant individuel. Schéma extrait de Till *et al.* (2004).

Encadré 6.4. Identification de nouveaux allèles mutants *det1* par Tilling chez la tomate

Le mutant *det1* chez la tomate accumule plus de flavonoïdes et de caroténoïdes au niveau du fruit que les variétés sauvages cultivées. Ce caractère est particulièrement recherché pour améliorer la qualité de l'alimentation. Le gène *DET1* a été cloné : il code une protéine nucléaire régulatrice. De nouveaux allèles du gène *DET1* ont été recherchés dans une banque de mutants de tomate par la méthode Tilling. L'ADN de chaque plantule mutagénéisée est extrait et des lots d'ADN correspondant aux ADN de 8 plantules sont constitués. Un fragment de 927 pb qui correspond aux exons 2 et 3 du gène *DET1* est amplifié dans les différents lots, dénaturé, renaturé, et enfin traité avec l'enzyme p134 CEL 1 qui coupe au niveau d'un mésappariement entre ADN de plante mutante et ADN de plante sauvage. Cette identification se fait par PCR grâce à l'utilisation d'amorces fluorescentes et une séparation par électrophorèse capillaire des produits. Un lot contenant un gène portant une mutation a été ainsi identifié, puis les 8 plantes de ce lot ont été analysées et une plante mutante a été isolée parmi elles. Ce mutant contient une transition de C en T qui change une thréonine en isoleucine dans le gène *DET1*. La plante mutée, *e3096 M1*, ainsi identifiée présente des fruits ayant un phénotype proche de celui observé chez le mutant *det1* (Mustilli *et al.*, 1999).

---

consiste en une mutagenèse suivie d'un criblage moléculaire de collections de mutants obtenus par mutagenèse insertionnelle (voir page 134) ou mutagenèse chimique. Une méthode d'inactivation ciblée de l'expression d'un gène donné fait appel à l'interférence par l'ARN.

▸▸ Inactivation génique ciblée

Dans certains cas (mutation létale, mutation sans phénotype, transgenèse inapplicable), l'obtention de mutants peut s'avérer difficile. L'inactivation génique par l'interférence par l'ARN et l'inactivation induite par virus sont des techniques alternatives permettant de modifier l'expression d'un gène et d'observer éventuellement de nouveaux phénotypes. Ces techniques ne constituent pas *stricto sensu* des methodes de mutagenèse car elles ne modifient pas l'intégrité du gène endogène, mais elles peuvent avoir les mêmes effets.

Inactivation par l'interférence par l'ARN

La compréhension du mécanisme de l'interférence par l'ARN (ARNi) ou inactivation génique post-transcriptionnelle (cf. Chapitre 4) a permis de promouvoir une technique d'inactivation génique expérimentale. L'intérêt de cette méthode est de permettre une inactivation spécifique et ciblée d'un gène en agissant non sur l'ADN, mais sur la stabilité de l'ARNm du gène correspondant.

Cette technique d'inactivation génique est basée sur la production d'ARNdb présentant des homologies avec le gène à inactiver. Cet ARNdb induit ensuite la dégradation ciblée des ARNm du gène choisi. Pour générer l'ARNdb spécifique, on utilise une construction portant une répétition en tandem tête-bêche du même fragment d'ADNc. Les deux séquences sont séparées par un intron et placées sous le contrôle d'un promoteur et d'un terminateur de gènes de plantes. La transcription de ce transgène particulier conduit à la production d'un ARNm auto-complémentaire s'hybridant en épingle à cheveux (hpRNA, *hairpin RNA*). La construction est introduite dans les plantes par transgenèse.

Un très grand nombre de gènes végétaux ont ainsi été inactivés par ARNi chez différentes espèces (*Arabidopsis*, tabac, coton, maïs, riz, etc.). Ainsi, l'utilisation d'une construction avec une partie du gène *iaaM* conduit à des plantes résistantes à la galle du collet, induite par l'infection par *A. tumefaciens*. L'inactivation par ARNi d'un gène régulateur de la photomorphogenèse, le gène *DET1*, augmente le contenu en pigments chez la tomate.

Le projet AgriKola (*Arabidopsis genomic RNAi Knock-out line analysis*) réunissant six laboratoires européens a réalisé l'inactivation génique par ARNi de l'ensemble des gènes d'*Arabidopsis thaliana*. Environ 30 000 séquences spécifiques de gènes (GST, *Gene-Specific Tag*)[4] ont été utilisées pour éteindre chacun des gènes prédits et aider à en déduire leur fonction (Figure 6.7).

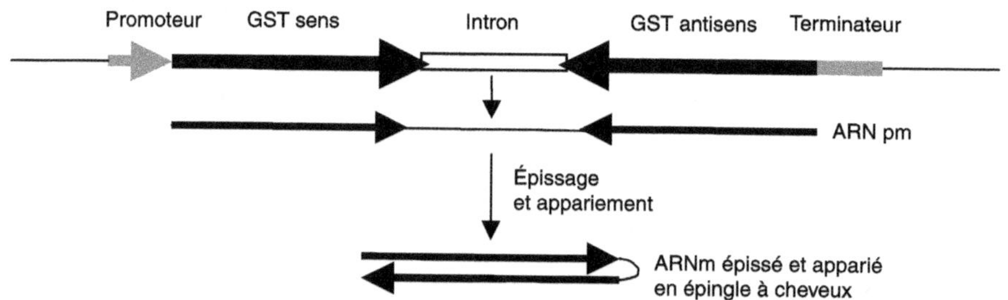

Figure 6.7. Inactivation génique ciblée par l'interférence par l'ARN.
Une séquence GST (*Gene-Specific Tag*) correspondant à un gène que l'on souhaite inactiver est introduite en orientation sens et en orientation antisens, sous le contrôle du promoteur 35S et d'un terminateur, dans un vecteur Ti d'*Agrobacterium tumefaciens*. Après épissage de l'ARN pré-messager (ARNpm), le transcrit permet d'obtenir un ARN double-brin. L'obtention de plantes transgéniques exprimant cette construction permet donc d'obtenir des mutants par inactivation avec l'ARNi du gène ciblé.

Inactivation par l'intermédiaire de virus

L'étude de la résistance à l'infection virale médiée par les mécanismes de l'ARNi a suggéré l'utilisation de virus recombinants pour induire une inactivation génique spécifique d'un gène donné. Cette inactivation génique par l'intermédiaire de virus ou VIGS (*Virus-Induced Gene Silencing*) est liée à la synthèse d'un ARNdb viral recombinant. Dans cette technique, le génome du virus est utilisé comme vecteur pour une séquence du gène à inactiver. L'avantage du VIGS est l'efficacité du mécanisme d'inactivation grâce à l'équipement enzymatique viral. La plupart des virus de plantes sont des virus à ARN. Une fois libéré des protéines capsidiales, l'ARN est répliqué par une ARN polymérase ARN-dépendante virale (RdRP),

---

4. Une GST est une étiquette spécifique d'un gène. Elle correspond à un fragment génomique de 150 à 600 pb d'un gène donné, obtenu par PCR avec des amorces spécifiques. Chez *Arabidopsis*, une collection de GST, représentative de l'ensemble du génome, a été générée pour étudier l'expression des gènes et plus particulièrement les différents membres d'une famille multigénique en utilisant des *microarrays* ou puces à ADN.

Encadré 6.5. Cycle de réplication du virus de la mosaïque du tabac

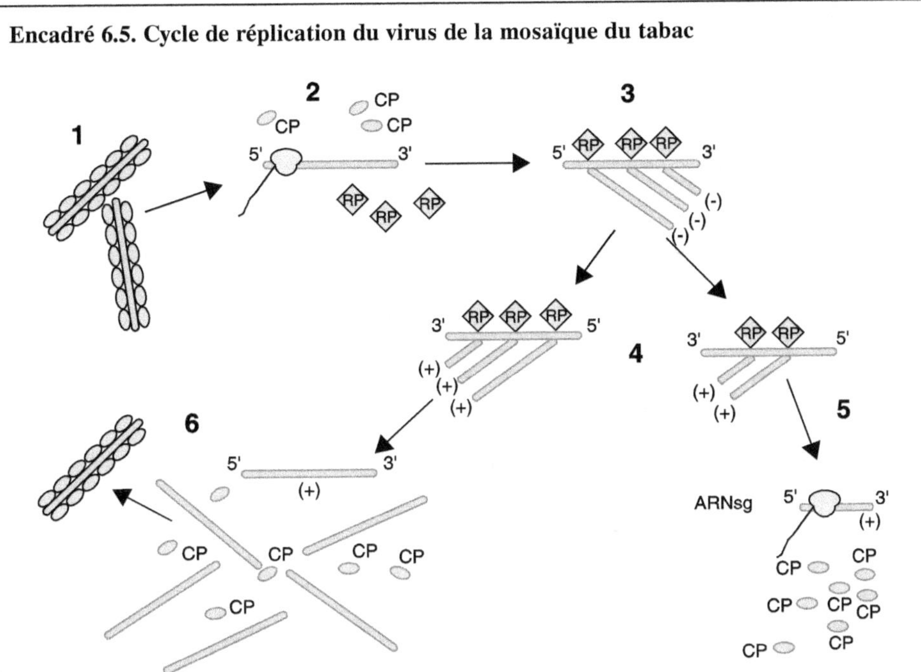

Suite à une blessure de la plante, le virus TMV (*Tobacco Mosaic Virus*) pénètre dans une cellule (étape 1). La particule virale est dissociée (étape 2). L'ARN viral est traduit en protéines, l'enzyme de réplication ARN polymérase ARN-dépendante (RP) est ainsi produite (étape 2). L'ARN viral est ainsi répliqué en ARN complémentaire (brin de polarité négative) (étape 3). Il est lui-même répliqué en ARN viral de polarité positive ou en ARN sous-génomique (ARNsg) de taille plus petite que le génome (étape 4). Les ARNsg produisent en particulier la protéine de capside (CP) (étape 5) qui reformera de nouvelles particules virales (étape 6).

---

conduisant à la présence dans la cellule de molécules d'ARN sens et antisens hybridés en ARNdb, pouvant activer le mécanisme de l'inactivation génique par PTGS (Encadré 6.5). L'application d'ARN viral nu peut suffire pour provoquer l'infection et induire le mécanisme de PTGS, responsable de la résistance à une infection secondaire, mais il est plus efficace de provoquer la synthèse de l'ARNdb par transfert de l'ADNc complet du virus à l'aide d'*A. tumefaciens*, l'ADN viral et le gène cible étant inclus dans l'ADN-T d'un vecteur navette (vecteur binaire).

Différents vecteurs pouvant induire le processus du VIGS ont été construits à partir de génomes viraux. Un vecteur efficace doit, contrairement à la plupart des virus, pouvoir pénétrer dans les cellules méristématiques.

Les premières démonstrations de l'efficacité du processus d'inactivation par VIGS ont été faites en utilisant un virus recombinant de la mosaïque du tabac (TMV) portant un gène de la voie de biosynthèse des caroténoïdes (gène *PDS* de la phytoène désaturase). L'inactivation du gène entraîne l'arrêt de la synthèse des caroténoïdes et se traduit par la décoloration des plantes transformées.

Chapitre 7

Cartographie moléculaire

Avec le développement des marqueurs moléculaires, la cartographie moléculaire s'est imposée en complément de la cartographie génétique classique comme un outil essentiel pour l'amélioration des plantes et l'analyse de leur génome. En effet, elle est relativement aisée et informative. La cartographie moléculaire s'appuie sur une cartographie physique qui constitue un préalable nécessaire au clonage et au séquençage des gènes.

La notion de carte génétique[1] a été introduite par Thomas Morgan et ses collaborateurs en 1913, bien avant la découverte de la structure de l'ADN et son identification comme support de l'hérédité. Avec les premières analyses génétiques développées sur les plantes par J.G. Mendel, les gènes étaient conçus comme des unités abstraites essentiellement indépendantes. Il a été montré par la suite, chez le pois et la drosophile, que deux gènes pouvaient se transmettre de façon non indépendante et qu'une liaison physique entre les gènes pouvait exister, déterminant leur cotransmission. L'analyse génétique des caractères héréditaires permettait ainsi de reconnaître les gènes liés et de déterminer leur localisation relative par mesure des distances génétiques les séparant. Lorsque les lois de Mendel ont été redécouvertes au début du XXe siècle, certains des résultats obtenus remettaient en cause la validité de la loi de ségrégation indépendante de Mendel et suggéraient également une liaison entre les gènes. Ce sont les recherches génétiques chez la drosophile qui ont conduit à établir le principe fondamental de la détermination des distances génétiques et des cartes génétiques basées sur le phénomène de recombinaison méiotique (cf. Annexe 3). L'étude de la transmission des caractères phénotypiques chez la drosophile (couleur de l'œil, aspect des ailes, etc.), ainsi que des études cytologiques plus anciennes ont montré que les gènes sont subdivisés en 4 sous-ensembles de gènes liés, correspondant aux 4 chromosomes. Chaque gène est positionné en un point défini d'un chromosome ou locus. Les gènes portés par un chromosome forment un groupe de liaison ; une carte génétique est une carte de liaison. La méthodologie utilisée chez la drosophile a ensuite été transposée à tout

---

1. Une carte génétique est une représentation graphique de l'arrangement linéaire des gènes le long des chromosomes. Sur cette carte, les distances entre les gènes ou les marqueurs génétiques sont exprimées dans une unité conventionnelle basée sur la fréquence de recombinaison (cf. Annexe 3).

organisme chez lequel des phénomènes de recombinaison existent (y compris les organismes procaryotes haploïdes n'ayant qu'un seul chromosome circulaire). Les cartes génétiques des génomes végétaux sont apparues grâce à l'exploitation du polymorphisme (mutants, variétés, etc.) et à l'impulsion d'expérimentateurs intéressés par l'amélioration variétale des plantes de grande culture (maïs, blé, tomate, pomme de terre, pois, etc.). Elles ne comportaient alors que la position des gènes contrôlant un caractère phénotypique ou qualitatif aisément identifiable (résistance à une maladie, nanisme, albinisme, forme des graines, coloration des pétales, etc.).

Le polyallélisme des gènes[2] (cf. Annexe 3) est une condition de leur utilisation pour la cartographie. À partir des années 1980, grâce aux progrès des techniques de biologie moléculaire et des connaissances, la possibilité de travailler avec des marqueurs génétiques reposant sur des variations moléculaires spécifiques des génomes est apparue. Ces nouveaux marqueurs, les marqueurs génétiques moléculaires, sont des séquences nucléotidiques polyalléliques transmises à la descendance (tout comme les gènes), éventuellement associées à un phénotype. Beaucoup plus polymorphes et plus nombreux que les gènes associés à un caractère phénotypique, ils peuvent être observés facilement et ont permis un développement considérable des cartes génétiques. La cartographie physique donne du génome une image réelle avec des marqueurs dont les positions sur la molécule d'ADN sont exprimées en paires de bases. Le développement des cartes physiques ne dépend plus de techniques génétiques mais de techniques de biologie moléculaire. La création de banques de fragments génomiques et le séquençage de l'ADN y jouent un rôle majeur. Les marqueurs génétiques moléculaires, pouvant être positionnés à la fois sur les cartes génétique et physique, permettent la mise en relation de ces deux types de cartes.

Dans ce chapitre, on se propose de présenter quelques marqueurs moléculaires et leurs applications[3].

▸▸ Marqueurs génétiques moléculaires

Les marqueurs moléculaires correspondent à des différences nucléotidiques existant au niveau de la molécule d'ADN (d'où le terme moléculaire). Des techniques de biologie moléculaire permettent de révéler ce polymorphisme de séquences. Ces différences entre allèles peuvent correspondre à des mutations ponctuelles (substitutions, insertions, délétions), des réarrangements chromosomiques, ou des mutations silencieuses (sans effet sur l'expression du locus). Elles peuvent se trouver dans des régions codantes ou non codantes. Les possibles variations tissulaires, temporelles ou environnementales de l'expression des séquences sont sans effet sur leur détectabilité. Elles sont en majorité sans effet phénotypique. Les marqueurs génétiques moléculaires se comportent comme des loci transmis à la descendance

---

2. Les gènes peuvent exister sous plusieurs formes ou allèles qui peuvent servir pour identifier un individu ou une variété d'une espèce donnée.

3. Pour plus de détails sur la cartographie et ses techniques, le lecteur pourra consulter l'ouvrage de De Vienne (1997).

Encadré 7.1. Marqueurs génétiques isoenzymatiques

Génotype	Adh1-4/1-4	Adh1-6/1-6	Adh1-4/1-6
Gel d'amidon				Dépôts
Phénotype	◉◉	○○	◉◉ ◉○ ○○

Le polymorphisme des protéines peut être responsable d'une modification significative du phénotype des variétés végétales. Cependant, dans certains cas, des modifications de structure des protéines peuvent ne pas affecter leurs propriétés enzymatiques, mais sont suffisamment importantes pour être détectées par des techniques de biochimie. Les isoenzymes sont des enzymes ayant une même fonction catalytique mais avec des points isoélectriques et une structure différents. Elles sont codées par un ensemble d'allèles codominants.

La séparation électrophorétique des protéines présentes dans un extrait végétal en conditions non dénaturantes (gel de polyacrylamide ou gel d'amidon), suivie d'une révélation *in situ* de leurs activités enzymatiques conduisent à l'obtention de zymogrammes. Les systèmes enzymatiques étudiés chez le maïs sont la malate déhydrogénase, l'isocitrate déshydrogénase, la 6-phosphogluconate déshydrogénase, la phosphoglucoisomérase, la ß-glucosidase, la glutamate-oxaloacétate transaminase et l'alcool déshydrogénase (ADH). L'analyse des zymogrammes permet l'identification des allèles présents dans la plante et le génotypage des lignées (homozygotie ou hétérozygotie).

L'exemple présenté consiste en l'analyse de l'activité de l'isoenzyme dimérique ADH chez le maïs. Il existe deux loci codant l'alcool déshydrogénase, *Adh*1 et *Adh*2. Ces deux gènes sont régulés différemment. La recherche des protéines est pratiquée au stade coléoptile âgé de 5 jours. À ce stade, seuls les allèles du locus *Adh*1 (*Adh*1-4 et *Adh*1-6) s'expriment. Chez les lignées homozygotes (*Adh*1-4/*Adh*1-4 ou *Adh*1-6/*Adh*1-6), un seul signal correspondant à une enzyme homodimérique est détectable, alors que chez les lignées hétérozygotes, 3 signaux sont détectés correspondant aux deux enzymes homodimériques et à l'enzyme hétérodimérique (*Adh*1-4/*Adh*1-6).

suivant les lois de Mendel. Ils se caractérisent par un nombre quasi illimité, une large distribution sur l'ensemble du génome et un polymorphisme très important.

Avant l'utilisation des marqueurs moléculaires, des marqueurs génétiques protéiques ou biochimiques ont été utilisés pour le typage des variétés végétales et l'établissement de cartes génétiques. Ces marqueurs reposaient sur la détection d'activités enzymatiques et ont été nommés marqueurs isoenzymatiques (Encadré 7.1). Cependant, leur nombre est relativement réduit, leur polymorphisme est faible (seules les mutations entraînant une modification de charge significative des protéines sont détectables) et la spécificité tissulaire ou développementale de l'expression pouvait poser problème pour leur détection. Les marqueurs moléculaires, plus faciles d'utilisation et plus polymorphes, les ont supplantés.

Catégories de marqueurs génétiques moléculaires

Deux catégories de marqueurs moléculaires peuvent être distinguées : les marqueurs spécifiques de loci et les marqueurs multilocus. De plus, on distingue des marqueurs codominants et des marqueurs dominants. Un marqueur est dit codominant lorsque l'hétérozygote présente simultanément les caractères des deux parents et qu'il diffère des homozygotes. Dans le cas contraire, le marqueur est dit dominant. L'hétérozygote ne peut être distingué de l'homozygote hébergeant le caractère dominant. La détection du polymorphisme moléculaire de l'ADN fait appel à deux techniques fondamentales en biologie moléculaire : (i) la technique de Southern[4], basée sur le fractionnement de l'ADN, la séparation de ces fragments selon leur taille et une hybridation avec une sonde marquée et (ii) la technique de PCR permettant l'amplification *in vitro* de séquences d'ADN à l'aide d'amorces nucléotidiques.

Les marqueurs sont souvent nommés soit par le nom (ou l'acronyme) de la technique permettant leur détection, soit par la nature du site polymorphe utilisé (Tableau 7.1). Un même polymorphisme peut être révélé par différentes techniques. La diversité des techniques de détection du polymorphisme et des marqueurs moléculaires est très large et en constante évolution. Des techniques de génotypage à haut-débit de marqueurs SNP (*Single Nucleotide Polymorphism*) sont développées chez les plantes.

Différents sigles peuvent désigner le même type de marqueur : SSLP, SSR, STMS et STRP sont synonymes de microsatellites ; STS, SSAP et SCAR sont tous des marqueurs spécifiques de loci détectables par réaction PCR (cf. Tableau 7.1 pour les définitions).

Marqueurs RFLP, détectables par la technique de Southern

Les marqueurs RFLP (*Restriction Fragment Length Polymorphism* ou polymorphisme de longueur des fragments de restriction, cf. Tableau 7.1) sont les premiers marqueurs génétiques moléculaires utilisés pour la cartographie des gènes des plantes, dès 1985. Ils sont détectables par la technique de Southern et sont souvent spécifiques d'un locus.

---

4. La technique d'hybridation moléculaire de type Southern permet de visualiser un locus particulier grâce à l'hybridation moléculaire avec une sonde spécifique correspondant à ce locus. L'ADN génomique d'un individu est digéré par une enzyme de restriction générant un grand nombre de fragments d'ADN de longueur variable. Après séparation sur gel d'agarose, les fragments d'ADN sont dénaturés et transférés sur membrane de nitrocellulose ou de nylon. Les sondes utilisées pour l'hybridation sont généralement des fragments d'ADNc ou d'ADN génomique marqués par incorporation de nucléotides radioactifs. L'existence d'homologies entre les espèces permet d'utiliser des sondes d'une espèce donnée pour analyser l'ADN d'une autre. Malgré ses inconvénients (longue, onéreuse, non automatisable, nécessitant une grande quantité d'ADN et la synthèse de sondes spécifiques), la technique de Southern est une méthode toujours utilisée pour la recherche de polymorphismes en cartographie.

Tableau 7.1. Liste des techniques de détection du polymorphisme et leurs acronymes.

Acronyme	Nom
AFLP	*Amplified Fragment Length Polymorphism*
AP-PCR	*Arbitrarily Primed PCR*
CAPS	*Cleaved Amplified Polymorphic Sequence*
DGGE	*Denaturation Gradient Gel Electrophoresis*
EST	*Expressed Sequenced Tag*
ISSR	*Inter Simple Sequence Repeat*
RAPD	*Random Amplified Polymorphic DNA*
RAMP	*Random Amplified Microsatellite Polymorphic*
RFLP	*Restriction Fragment Length Polymorphism*
RSP	*Restriction Site Polymorphism*
SCAR	*Sequence Characterized Amplified Region*
SNP	*Single Nucleotide Polymorphism*
SSAP	*Sequence-Specific Amplification Polymorphism*
SSCP	*Single Strand Conformation Polymorphism*
SSR	*Simple Sequence Repeat*
SSLP	*Simple Sequence Length Polymorphism*
STMS	*Sequence-Tagged Microsatellite Site*
STRP	*Short Tandem Repeat Polymorphism*
STS	*Sequence Tagged Site*
TGGE	*Temperature Gradient Gel Electrophoresis*
VNTR	*Variable Number of Tandem Repeats*

Les marqueurs RFLP correspondent à la sonde utilisée pour révéler, par la technique de Southern, le fragment de restriction obtenu avec une enzyme donnée (Figure 7.1). Toute insertion, délétion, substitution entraînant la perte ou le gain d'un site de restriction en modifiant la taille des fragments de restriction sera

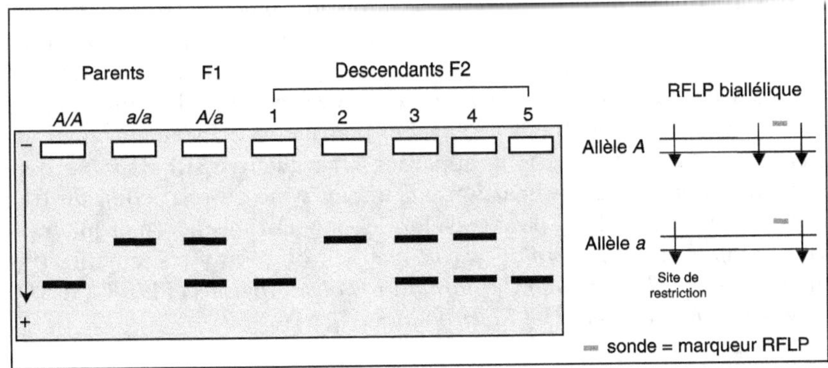

Figure 7.1. Marqueurs RFLP.

L'ADN de différents individus (parents, F1 et descendants F2) est extrait, digéré et hybridé avec la sonde RFLP. L'autoradiogramme permet de visualiser des signaux (bandes) de tailles différentes en fonction des individus. La perte d'un site de restriction dans l'allèle *a* permet de visualiser un fragment d'ADN de plus haut poids moléculaire. Chez l'individu hétérozygote *A/a*, les deux bandes sont présentes : les marqueurs RFLP sont ici codominants. On en déduit que l'individu 1 est de génotype *A/A*, l'individu 2 de génotype *a/a*, et le 3 de génotype *A/a*. L'analyse génétique d'une population F2 montre 3 classes.

décelée par la technique. La perte d'un site de restriction peut provenir d'une simple mutation ponctuelle. Les marqueurs RFLP sont généralement codominants mais des délétions importantes peuvent conduire à des marqueurs dominants.

Marqueurs monolocus détectables par PCR

Technique de PCR

La technique de PCR ou APC (amplification par polymérisation en chaîne) consiste en une synthèse spécifique d'ADN de façon répétitive et exponentielle *in vitro* (Saiki *et al.*, 1985)[5]. C'est une méthode beaucoup plus rapide et simple que la technique de Southern. Connaissant une séquence génomique, il est possible d'obtenir son amplification *in vitro* à l'aide de deux oligonucléotides l'encadrant et servant d'amorces pour la polymérisation. Le fragment amplifié est habituellement détecté par électrophorèse en gel d'agarose en présence de bromure d'éthidium. L'utilisation de séquenceurs capillaires et d'amorces portant des fluorochromes permet l'analyse des profils des produits d'amplification.

Types de marqueurs révélés par PCR

Les sites monolocus détectables par PCR correspondent à des modifications locales des séquences nucléotidiques. Toute séquence connue, unique peut être à l'origine d'un marqueur si elle inclut un site polymorphe ou si elle existe dans la population sous différentes formes alléliques et que l'on dispose d'amorces permettant son amplification. Si le site polymorphe est situé au niveau de la séquence reconnue par l'amorce, l'amorce ne peut se fixer et l'amplification ne peut avoir lieu : le marqueur est dominant. S'il se trouve à l'intérieur du fragment, la détection des différentes formes alléliques reste possible, le marqueur est codominant.

Un marqueur PCR spécifique est spécifié par les deux amorces bordant la séquence. Les possibilités de détection du polymorphisme sont très vastes. En effet, ce polymorphisme peut dépendre d'une modification de séquence au niveau des amorces ou de la présence d'une délétion entre les deux amorces, d'une insertion, d'un site de restriction (RSP [*Restriction Site Polymorphism*]), d'un microsatellite ou d'une simple mutation ponctuelle (SNP). Les marqueurs peuvent entraîner un polymorphisme de taille directement apparent (marqueur SSLP [*Simple Sequence Length Polymorphism*]). Une digestion par une enzyme de restriction du fragment PCR est parfois nécessaire pour révéler le polymorphisme (marqueurs CAPS [*Cleaved Amplified Polymorphic Sequence*]), voire un traitement physique (marqueurs SSCP [*Single Strand Conformation Polymorphism*] et D/TGGE [*Denaturation/Temperature Gradient Gel Electrophoresis*]).

Marqueurs CAPS

Après l'étape de PCR, le produit d'amplification (amplicon) est isolé, puis digéré par une enzyme de restriction, et une seconde électrophorèse permet de révéler la présence ou l'absence du site de restriction (Figure 7.2).

---

5. Kary Mullis, prix Nobel de Chimie en 1993, pour la découverte de la technique de PCR.

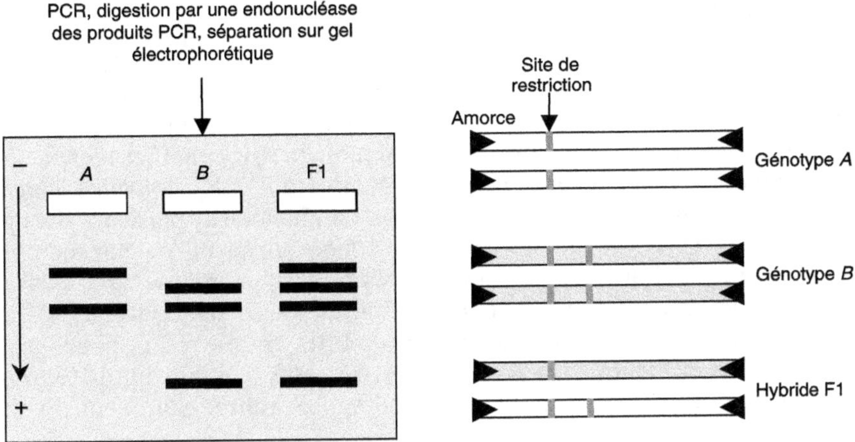

Figure 7.2. Marqueurs CAPS, principe et technique.
Une réaction PCR est réalisée avec des amorces spécifiques (triangles noirs) sur les génotypes parentaux *A*, *B* et les hybrides F1. Les produits d'amplification sont de même taille chez les deux variétés parentales comme chez les hybrides de première génération. En effet, le polymorphisme est situé, dans ce cas, dans la séquence amplifiée, au niveau de sites de restriction d'une endonucléase particulière. Pour révéler ce polymorphisme, les amplicons (ou produits d'amplification) sont soumis à une digestion enzymatique et les produits de digestion sont séparés par électrophorèse. Le profil obtenu permet de révéler les marqueurs CAPS associés aux différentes tailles des fragments de restriction. Les 3 génotypes, parentaux homozygotes (*A*, *B*) et hybride hétérozygote (F1), pouvant ainsi être identifiés, les marqueurs CAPS sont dits codominants.

Les marqueurs CAPS sont définis par les amorces flanquant le fragment à amplifier et par l'enzyme de restriction utilisée pour la digestion. Par exemple, avec 18 couples d'amorces et un panel restreint d'endonucléases de restriction, il a été possible de définir une centaine de marqueurs CAPS répartis sur les 5 chromosomes d'*Arabidopsis*.

Marqueurs SSCP, DGGE et TGGE

Le polymorphisme des produits d'amplification peut être limité à une base, en dehors d'un site de restriction. Il peut être détecté par une technique d'électrophorèse particulière :
– SSCP : le fragment isolé est dénaturé et séparé par électrophorèse en gel de polyacrylamide ; la migration de chacun des brins est fonction de la structure secondaire qu'il adopte dans les conditions expérimentales choisies et qui dépend de sa séquence ;
– DGGE : le fragment isolé est séparé par électrophorèse en gradient de dénaturation chimique en présence d'urée et de formamide. Selon le nucléotide présent au site SNP, l'ADN se dénaturera plus ou moins rapidement et on pourra différencier les molécules partiellement dénaturées des molécules double-brin ;
– TGGE : le fragment isolé est séparé par électrophorèse en gradient de dénaturation thermique.

Marqueurs multilocus détectables par PCR

L'utilisation des marqueurs moléculaires spécifiques de locus nécessite de connaître la séquence du site polymorphe recherché, ce qui n'est pas toujours possible. Cet inconvénient a conduit à l'élaboration de techniques n'exigeant pas la synthèse d'amorces spécifiques. Ces techniques, en particulier les techniques de RAPD (*Random Amplified Polymorphic DNA*) et d'AFLP (*Amplified Fragment Length Polymorphism*), permettent d'analyser simultanément plusieurs sites polymorphes. À un génotype donné correspond alors un profil ou une empreinte génétique caractéristique. Le principe de ces techniques repose sur l'utilisation d'amorces arbitraires, ou partiellement arbitraires, mais néanmoins bien définies. Ces méthodes techniquement plus simples à mettre en œuvre ont pour inconvénient de révéler des marqueurs dominants et récessifs. Un individu hétérozygote ne pourra être distingué d'un individu homozygote ayant le marqueur dominant par ces techniques.

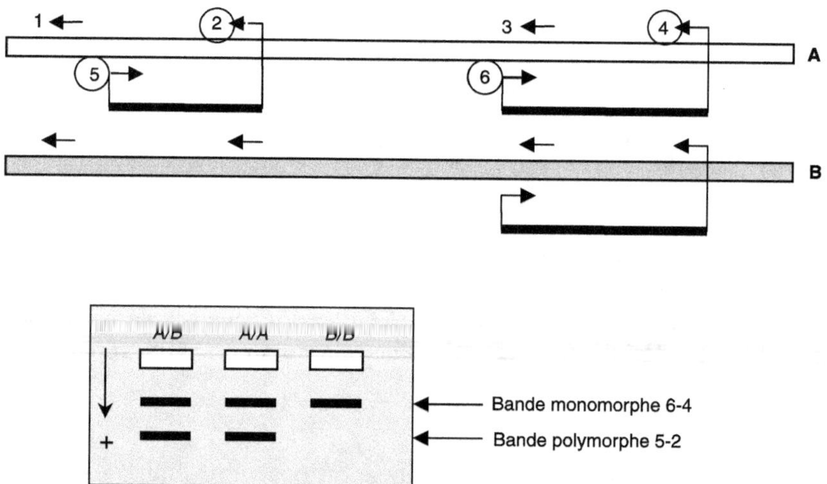

Figure 7.3. Marqueurs RAPD.
Les marqueurs RAPD exploitent un polymorphisme de séquence. Une seule amorce (flèche) ayant une séquence arbitraire (10 nucléotides de longueur) est choisie pour réaliser une PCR. Elle s'hybride au niveau de séquences qui lui sont complémentaires dans les génomes (ou comportant un faible nombre de mésappariements). Dans l'exemple choisi, l'amorce s'hybride au niveau de 6 sites (1 à 6) dans le génome A et de 5 sites dans le génome B, selon des orientations sens ou antisens. En théorie, 5 fragments (5-2, 5-3, 5-4, 6-3 et 6-4) peuvent être générés dans le génome A. Seuls deux fragments PCR, les fragments 5-2 et 6-4, sont effectivement observés du fait des caractéristiques de l'amorce (taille) et des conditions de PCR (stringence). À partir du génome B, le fragment 5-2 ne peut être obtenu. Les profils obtenus ne permettent pas de distinguer les individus hétérozygotes (*A/B*) et homozygotes (*A/A*) ; les marqueurs sont dominants. Les fragments constamment présents sont dits monomorphes ; s'ils sont présents seulement chez certains individus, ils sont dits marqueurs polymorphes. L'absence d'une bande, donc d'un marqueur RAPD, chez les individus homozygotes (*B/B*) ne renseigne pas sur le type de mutation à l'origine de la disparition d'un site d'hybridation de l'amorce (substitution ponctuelle, insertion ou délétion, etc.).

Marqueurs RAPD

La technique RAPD met en jeu des amorces arbitraires courtes, d'une longueur d'environ 10 nucléotides (Figure 7.3). Ces amorces arbitraires s'hybrident, dans des conditions de faible stringence[6], en plusieurs sites des génomes et permettent une amplification efficace dans la mesure où leurs hybridations se font à distance convenable (0,2 à 2 kpb) et dans des orientations opposées. Une réaction de PCR avec amorces arbitraires permet de révéler plusieurs loci. L'ensemble des fragments obtenus est caractéristique de la variété testée. L'absence d'un site d'hybridation supprime une possibilité d'amplification. Les allèles n'entraînant pas d'amplification sont récessifs (repérables sous forme homozygote seulement), les allèles permettant une amplification sont dominants (on ne peut distinguer les homozygotes dominants des hétérozygotes).

Le nombre de fragments amplifiés possible peut être évalué en considérant une répartition aléatoire des nucléotides. Ce nombre dépend de la taille du génome, de la longueur de l'amorce et de la longueur maximale des amplicons détectables. En utilisant la formule de calcul théorique ci-dessous, le nombre de fragments chez *Arabidopsis thaliana* serait de l'ordre de 0,4 avec une amorce de 10 nucléotides et de 7 avec une amorce de 9. Les valeurs correspondantes seraient de 9 (avec une amorce de 10 nucléotides) et de 146 (avec une amorce de 9 nucléotides) pour le blé dont la taille du génome est de $2,5.10^9$ pb. En pratique, le nombre moyen de bandes N est de l'ordre de la dizaine.

La formule est la suivante :

$$N = 2p^2TG$$

avec T, la taille en nucléotides du fragment maximal des amplicons qui dépend de la nature de l'ADN polymérase utilisée ; G, la taille du génome en nucléotides ; p, la probabilité d'hybridation d'une séquence amorce sur 1 brin d'ADN portée à la puissance 2 pour les 2 brins, soit $(1/4 \times 1/4)^n$; n, la longueur de l'amorce en nucléotides

Par exemple, pour *Arabidopsis thaliana* :

$$N = 2 \times (1/16)^9 \times 2.10^3 \times 1,25.10^8 = 7,3$$

pour une amorce de 9 nucléotides et un fragment de 2 000 pb au maximum.

Marqueurs AFLP

Les marqueurs AFLP sont une sorte de combinaison entre marqueurs RFLP et marqueurs RAPD. Aux premiers, ils empruntent la digestion enzymatique et la détection par autoradiographie et aux seconds, l'amplification *in vitro* à partir d'amorces aléatoires. En effet, la détection des marqueurs AFLP débute par une digestion de l'ADN, mettant en jeu deux enzymes de restriction. Les fragments de restriction générés sont amplifiés sélectivement en deux temps, de manière à

---

6. En conditions de forte stringence (c'est-à-dire avec une faible concentration en sels, une température de 20 °C de moins que la température de fusion de l'hybride), on favorise l'hybridation des appariements identiques. Pour favoriser des hybridations hétérologues, on augmente la quantité de sels et on diminue la température d'hybridation (faible stringence).

réduire le nombre des fragments qui seront amplifiés au final et qui révèleront le polymorphisme (Figure 7.4).

Un marqueur AFLP est caractérisé par un ensemble spécifique de fragments de restriction amplifiés et il est défini par la combinaison des deux enzymes de restriction et des amorces arbitraires utilisées. La technique AFLP se prête à l'identification de variétés, accessions, biotypes ou cultivars, mais aussi à l'établissement de cartes génétiques.

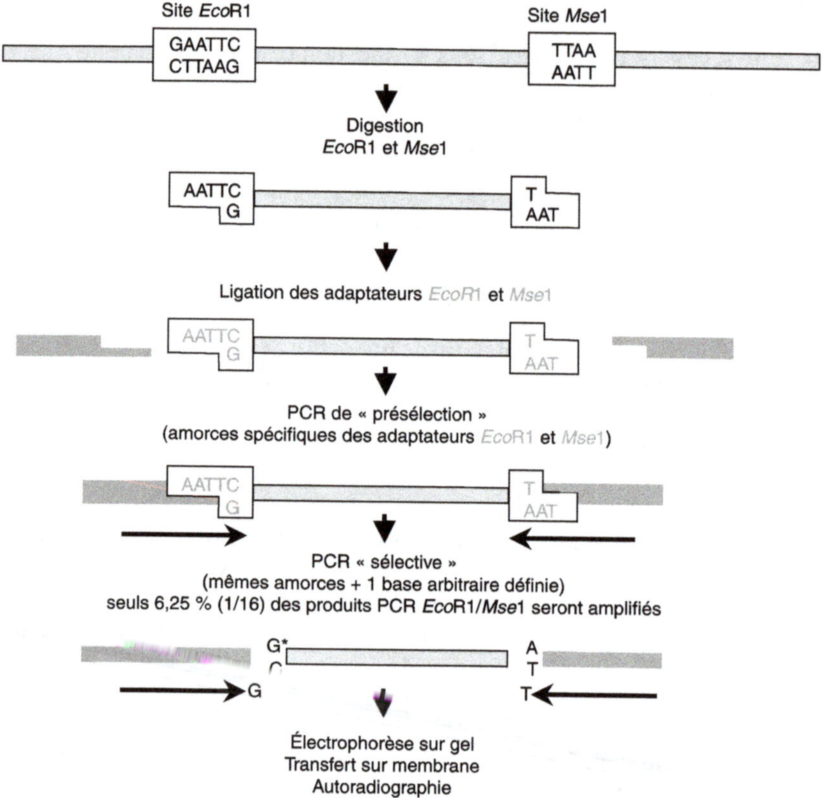

Figure 7.4. Principe de détection de marqueurs AFLP.

Les enzymes de restriction *Eco*RI et *Mse*I sont souvent utilisées car elles coupent fréquemment dans les génomes (environ toutes les 4 000 pb pour *Eco*RI et toutes les 300 pb pour *Mse*I). Les fragments de restriction générés par la double digestion sont ligaturés à des adaptateurs spécifiques à chacune des 2 extrémités. La première réaction de PCR dite de « présélection » est réalisée avec des amorces spécifiques des adaptateurs. La seconde réaction de PCR ou « PCR sélective » utilise des amorces spécifiques des adaptateurs mais allongées en 3' de 1 à 3 bases arbitraires, ce qui réduit les possibilités d'hybridation et les possibilités d'amplification dans la proportion de $(1/4)^2 = 1/16$ pour l'addition d'une base ou de $(1/4)^{3 \times 2} = 1/4096$ pour l'addition de trois bases. L'utilisation, lors de la seconde PCR, d'amorces marquées par un isotope radioactif permet une révélation par autoradiographie. On peut également visualiser les profils par coloration de l'ADN dans le gel. Les réactions de PCR sont réalisées dans des conditions de stringence élevée qui garantissent une bonne reproductibilité. La technique conduit à l'amplification de plusieurs fragments de 50 à 500 paires de bases révélant ainsi, en une étape, un grand nombre de marqueurs moléculaires. D'après De Vienne (1997).

La caractérisation des variétés végétales par leurs marqueurs moléculaires apporte de nouveaux critères d'identification très précieux pour leur typage. La comparaison des plantes sur la base de leurs marqueurs ouvre la possibilité pour des études phylogénétiques. La comparaison des profils de marqueurs moléculaires permet de préciser les relations entre les variétés et les espèces voisines, en particulier lorsque les provenances géographiques diffèrent. Cette technique a ainsi permis de déterminer le lieu d'origine de la domestication du blé (Encadré 7.2).

Marqueurs microsatellites

Les marqueurs microsatellites SSR (*Simple Sequence Repeat*) sont spécifiques d'un locus et liés à la présence de répétitions en tandem, formées de motifs de 1 à 6 nucléotides et dispersées dans l'ensemble du génome. Ils sont très nombreux (1 SSR en moyenne pour 21 kpb chez les dicotylédones, 1 pour 65 kpb chez les monocotylédones) et fortement polymorphes en raison d'une variation du nombre de répétitions. Les microsatellites dinucléotides les plus fréquents chez les plantes sont $(AT)_n$ avec n compris entre 5 et 30. Bien que distribués en de très nombreux loci, les microsatellites peuvent être détectés à des loci spécifiques, des sites STS, en utilisant comme amorces pour les réactions de PCR des oligonucléotides spécifiques des séquences flanquantes du microsatellite. Le choix des amorces nécessite la connaissance des séquences génomiques des espèces analysées. Le repérage de microsatellites peut être effectué par simple interrogation des bases de données à l'aide de programmes d'analyse de séquences disponibles ; l'interrogation est suivie d'une vérification de la réalité du polymorphisme par des réactions de PCR sur différentes plantes.Les tailles des fragments amplifiés étant relativement petites et les différences de taille étant faibles, la détection du polymorphisme lié aux microsatellites est réalisée en électrophorèse en gel de polyacrylamide. L'utilisation d'amorces radiomarquées ou fluorescentes augmente la sensibilité de la détection (Figure 7.5).

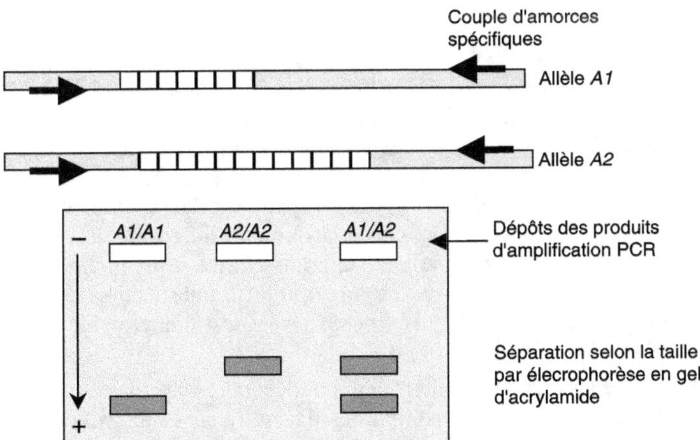

Figure 7.5. Génotypage en utilisant des marqueurs microsatellites (SSR).
Les deux allèles codominants permettent d'identifier les 3 génotypes *A1/A1*, *A2/A2* et *A1/A2*. Les flèches correspondent à un couple d'amorces spécifiques choisies en dehors de la région portant les microsatellites.

Encadré 7.2. Utilisation des marqueurs moléculaires pour des études de phylogéographie : identification du lieu de domestication du blé

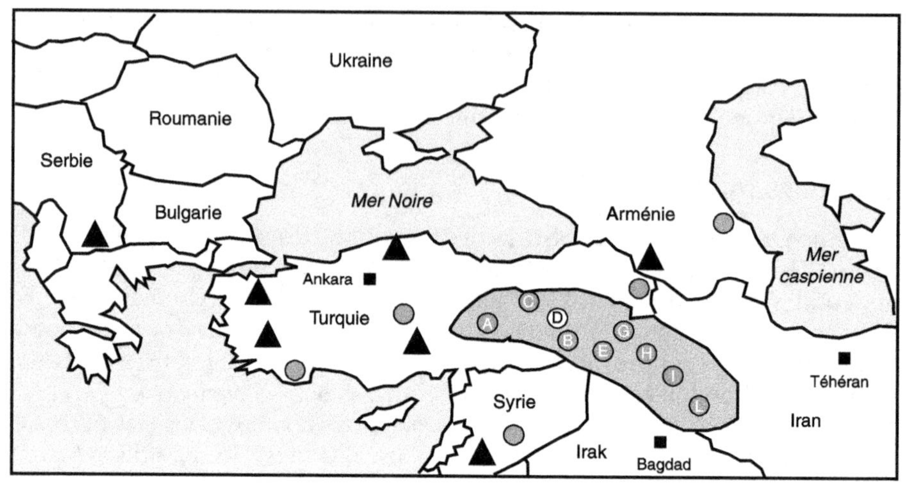

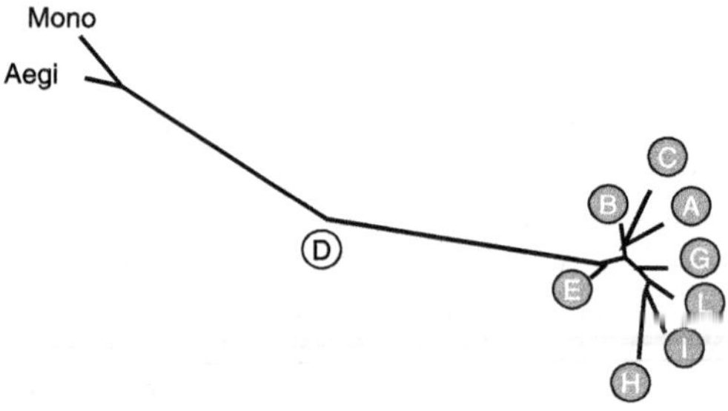

La forme sauvage et ancestrale du blé est une espèce diploïde appelée engrain, originaire de la région du croissant fertile (grisé). Cette région est délimitée par l'Iran, l'Iraq, la Syrie et la Turquie. Un ensemble de populations d'engrains du Moyen-Orient a été analysé : des engrains sauvages (*Triticum monococcum boeoticum*) (rond) ou des engrains cultivés (*Triticum monococcum monococcum*) (triangle). L'arbre phylogénétique (non raciné) des populations sauvages de *T. m. boeoticum* des 9 régions du croissant fertile (A à I) montre que la population D du Karacadag est relativement différente des autres engrains sauvages et qu'elle est plus proche de l'engrain cultivé *T. m. monococcum* (Mono). L'analyse de marqueurs moléculaires montre que la domestication de l'engrain a été initiée dans la région du Karacadag. L'*Aegilops* (Aegi) est une graminée d'un genre très proche des *Triticum*.

Cet exemple illustre le pouvoir des marqueurs moléculaires pour les études sur la domestication des plantes. Des analyses comparées de marqueurs moléculaires des génomes nucléaires et cytoplasmiques de variétés actuelles, cultivées et de variétés sauvages ont également été menées sur l'olivier et ont permis de conclure que la domestication de l'olivier avait eu lieu entre − 5 000 et − 3 000 av. J.-C. Elle se serait produite simultanément dans différentes régions autour de la mer Méditerranée (Liban, Israël, Syrie, Espagne, France, Corse, etc.). Figure extraite de Heun *et al.* (1997).

Les avantages des marqueurs SSR sont la codominance, le polyallélisme, leur large répartition dans tout le génome, l'utilisation de la PCR et la reproductibilité de la détection (utilisations d'amorces prédéterminées). Ils sont ainsi à l'origine de nombreuses cartes génétiques et notamment de cartes pour les espèces autogames qui ont un polymorphisme élevé (blé). Pour développer une carte de marqueurs SSR, il faut repérer les sites microsatellites, identifier les amorces efficaces par analyse bioinformatique, caractériser expérimentalement le polymorphisme sur différentes plantes et étudier la ségrégation des différents marqueurs SSR dans une population type par analyse génétique (un ensemble de lignées recombinantes, par exemple).

L'expression VNTR (*Variable Number Tandem Repetition*) recouvre des sites polymorphes liés à des répétitions dispersées en tandem, correspondant à des minisatellites et des microsatellites.

▸▸ Cartes génétiques

Principe de l'analyse génétique chez les plantes

Le positionnement relatif des marqueurs génétiques classiques ou moléculaires dans le génome d'une espèce dépend de la possibilité d'effectuer une analyse génétique (cf. Annexe 3). L'analyse génétique des organismes supérieurs met en œuvre leur reproduction sexuée. Ainsi, ayant isolé un nouveau phénotype (mutant ou variant naturel), il est utile de savoir s'il dépend d'un nouvel allèle d'un gène connu ou nouveau, ou de la coopération entre plusieurs gènes. Pour cela, l'expérimentateur doit chercher à disposer d'une population en ségrégation, c'est-à-dire une population dont les individus sont issus d'événements méiotiques. Lors de la méiose, la ségrégation aléatoire et indépendante des chromosomes homologues et les possibilités de recombinaison génétique entre les chromosomes homologues génèrent une grande diversité parmi les descendants. L'analyse génétique réside dans l'analyse statistique des résultats de croisements permettant d'évaluer les fréquences de recombinaison et, de ce fait, les distances entre les gènes.

Pour être utilisé en cartographie, tout marqueur génétique doit être impérativement polymorphe (cf. Annexe 3). En effet, la détection d'une recombinaison génétique entre loci n'est possible que s'il existe plusieurs allèles différenciables. L'ensemble des allèles d'un gène existant au sein d'une population forme une série allélique. Plus la série est grande, plus la diversité génétique de l'espèce est grande. Le polyallélisme peut engendrer au sein de l'espèce un polymorphisme phénotypique comme une variation de la morphologie des organes (feuilles, fleurs, graines, etc.) ou une variation de la physiologie de la plante (résistance à des agents pathogènes, synthèse de métabolite secondaire, etc.), voire des variations de réactions à l'environnement. La diversité génétique révélée par les marqueurs moléculaires est très large.

La diversité génétique des espèces végétales dépend de leur mode de reproduction, autogame ou allogame (cf. Annexe 1). Elle est plus forte chez les plantes allogames. Ainsi chez le maïs, plante allogame, le polymorphisme génétique intraspécifique important se traduit par l'existence de nombreuses lignées pouvant servir de parents pour initier une analyse génétique. Les plantes autogames sont souvent moins polymorphes. En effet, chez les espèces allogames, le brassage génétique est la règle tandis que l'autogamie, qui correspond à une autofécondation, aboutit à la stabilité des caractères en quelques générations. On peut alors faire appel, pour accroître l'étendue du polymorphisme génétique, à des espèces voisines sauvages du même genre. Par exemple, la tomate cultivée *Lycopersicum esculentum* peut être croisée avec *Lycopersicum peruvianum*. Chez *Arabidopsis thaliana*, des cartes génétiques de référence ont été construites avec des accessions différentes.

Les conditions pratiques de l'analyse génétique et donc de l'établissement des cartes génétiques sont réunies chez la plupart des plantes angiospermes. On peut en effet facilement :
– réaliser un croisement (ou hybridation) contrôlé(e) en pratiquant une fécondation contrôlée (dépôt de pollen provenant d'une plante mâle donneuse sur le pistil de la plante femelle receveuse chez laquelle l'autofécondation est empêchée par castration mécanique) ;
– obtenir des lignées homozygotes ou lignées « pures » par autofécondations répétées, lignées pouvant servir de parents pour un croisement ;
– manipuler une descendance de grand effectif, indispensable pour l'analyse statistique des résultats à la base des calculs des distances génétiques pour l'établissement d'une carte.

Types de populations

Une carte génétique est une carte des fréquences de recombinaisons méiotiques. La recombinaison méiotique est une recombinaison homologue ayant lieu entre deux chromatides non-sœurs de deux chromosomes homologues pendant les stades zygotène et pachytène de la prophase de la méiose (cf. Annexe 2). Ce processus d'échange génétique associé à la formation de *crossing-over* (ou recombinaisons génétiques, cf. Annexe 2) est plus ou moins aléatoire. Une analyse des produits issus des méioses serait théoriquement idéale pour déterminer le pourcentage des gamètes recombinants. Pour certaines espèces, il est possible d'obtenir les haploïdes par culture *in vitro* de gamétophytes. Le plus souvent, l'analyse est faite sur les descendants, après fécondation.

Les populations habituelles pour l'analyse de la ségrégation des allèles de marqueurs génétiques sont :
– les individus d'une génération F2 ;
– les individus d'un rétrocroisement (*backcross*) ;
– les lignées recombinantes autogames RIL (*Recombinant Inbred Line*) ;
– des plantes haploïdes doublées.

On peut également analyser directement des gamétophytes femelles constitués d'une grande cellule, comme c'est le cas chez les gymnospermes.

Population F2

La génération F2 est très hétérogène : les individus F2 peuvent être considérés comme tous uniques et différents. Chaque individu F2 hérite de ses parents d'un génome composite original. En effet, les cellules reproductrices mâles et femelles des individus F1 subissant toutes la méiose, les gamètes diffèrent par suite des possibilités de réassortiments aléatoires des chromosomes non homologues ($2^5 = 32$ combinaisons chez *A. thaliana* qui a 5 chromosomes) et des recombinaisons des allèles entre chromatides des chromosomes homologues. La proportion des individus F2 recombinants pour les allèles de 2 locus permet le calcul de la distance génétique entre eux. La population F2 est nécessairement éphémère, sauf possibilité de propagation végétative. La cartographie moléculaire implique l'isolement et la conservation de l'ADN des différents individus.

Population issue d'un rétrocroisement

Un rétrocroisement ou *backcross* est un croisement entre un individu de génération F1 et un individu de l'une des lignées parentales homozygotes à l'origine de la génération F1. Ce type de croisement est couramment utilisé en amélioration des plantes pour introduire de nouveaux caractères dans une variété cultivée qui possède une bonne valeur agronomique. On considère qu'il faut faire au moins 7 cycles de rétrocroisement pour avoir un génome qui provient à 97 % de la variété cultivée.

Considérons deux gènes *A* et *B* bi-alléliques (*A/a*, *B/b*), et des parents homozygotes de génotypes *A/A B/B* et *a/a b/b*. Les individus de la génération F1 possèdent le génotype hétérozygote *A/a B/b*. Les échanges génétiques ayant lieu lors de la méiose chez les parents ne conduisent à aucune recombinaison effective des allèles du fait de l'homozygotie ; les génotypes recombinants reflètent donc les recombinaisons méiotiques ayant lieu chez les individus F1. Le parent homozygote ne produit donc qu'un seul type de gamète (*AB*) ou (*ab*), tandis que le parent F1 produit 4 types de gamètes, 2 parentaux (*AB, ab*) et 2 recombinants (*Ab, aB*), dont les proportions déterminent celles des 4 classes d'individus résultant d'un retrocroisement. L'analyse des résultats d'un rétrocroisement est ainsi plus simple. Le rétrocroisement permet aussi de comparer les échanges au cours des méioses mâles et femelles. La descendance du rétrocroisement permet de « fixer » les événements de recombinaison ayant eu lieu à la génération F1. Le pourcentage des individus recombinants établit la distance entre les deux loci *A* et *B*.

Lignées recombinantes consanguines ou pures

Les lignées recombinantes consanguines ou pures (RIL, *Recombinant Inbred Line*) ont un génotype diploïde analogue à celui des gamètes de la population F2 (Figure 7.6). Chaque lignée est homozygote et caractérisée par un génotype spécifique ; toutes les lignées diffèrent donc entre elles. À la différence des populations F2, elles sont fixées du fait de leur homozygotie pour l'ensemble des loci. Les lignées peuvent ainsi être conservées aisément, ce qui leur confère un très grand avantage. Ces lignées recombinantes RIL sont obtenues par une série de six auto-fécondations en moyenne, à partir de la génération F2, ce qui correspond à la F8.

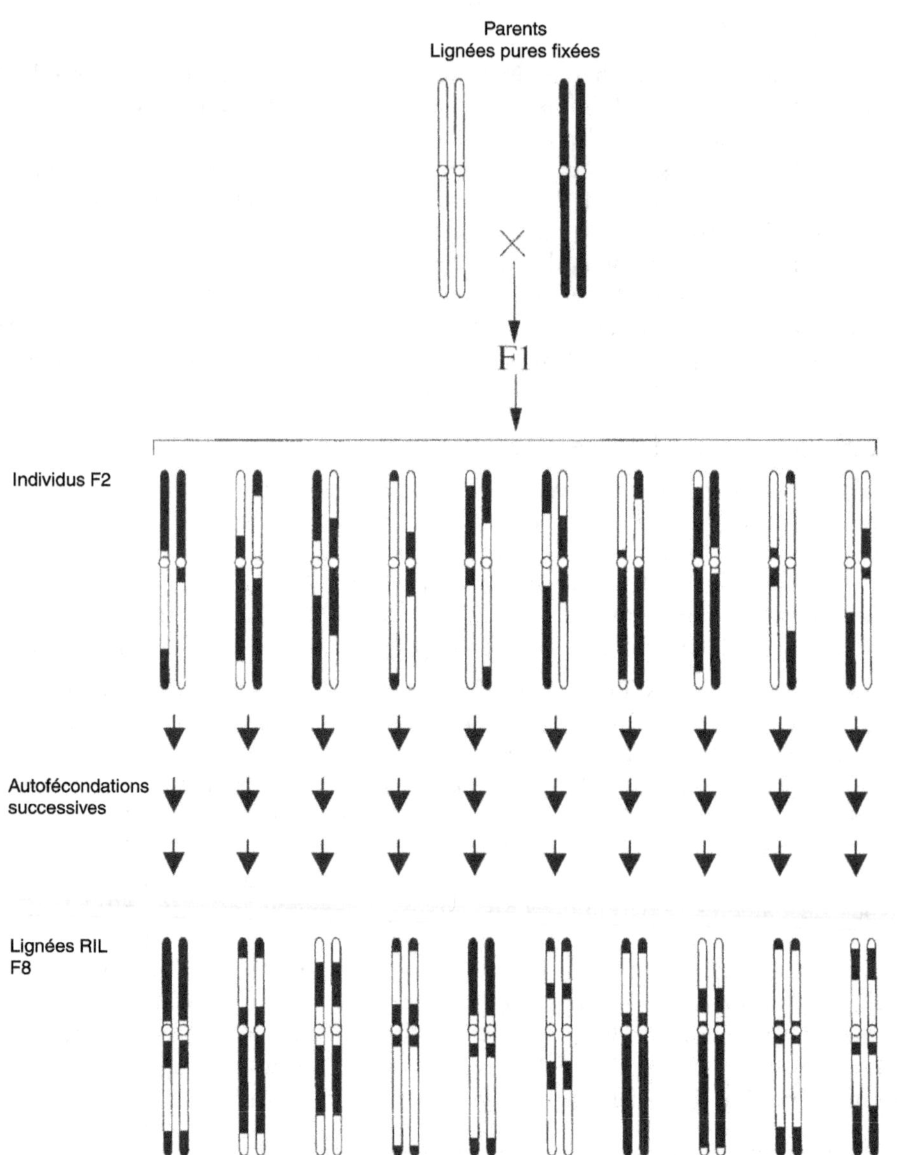

Figure 7.6. Obtention de lignées recombinantes (RIL).

Chaque génome est symbolisé par 1 paire de chromosomes. Deux lignées fixées sont choisies comme parents (par exemple deux accessions d'*Arabidopsis*, Ler et Col-0). Les individus F2 obtenus sont tous différents et uniques ; la population F2 est en ségrégation. Un nombre défini d'individus F2 sont choisis et subissent une succession d'autofécondations. À chaque génération, un seul individu est retenu pour générer la descendance suivante (processus de SSD, *Single Seed Descent*). À la génération F8, les lignées sont quasiment homozygotes. Chaque lignée RIL représente la fixation d'une combinaison unique et aléatoire des génomes parentaux. Schéma extrait de Burr et Burr (1991).

À partir de chaque graine d'une génération F2, on obtient une plante qui par autofécondation donnera une famille F3 ; on recommence en plantant une graine F3 de chaque famille, ainsi de suite jusqu'à la huitième génération. À cette génération, on plante alors l'ensemble des graines. En admettant que par le jeu des autofécondations l'hétérozygotie diminue de moitié à chaque génération, celle-ci ne sera plus que de : $2 \times 100 \times (1/2)^{n-1}$, soit $2 \times 100 \times (1/2)^7$ après 8 générations, soit 1,6 % d'hétérozygotie. À ce stade, on considère la lignée recombinante comme quasi-homozygote.

Plantes haploïdes doublées

Par culture *in vitro* d'anthères par exemple, il est possible d'obtenir des plantes haploïdes. En effet, dans des conditions *in vitro* appropriées, les cellules des gamétophytes mâles issues de la méiose peuvent régénérer des plantules entières haploïdes. Ces plantes ne sont pas fertiles. En présence de colchicine, le nombre de chromosomes peut être doublé, conduisant à des plantes haploïdes doublées (HD), donc homozygotes et fertiles. Si les anthères proviennent d'individus de génération F1, un ensemble de plantes haploïdes doublées de génotypes différents est obtenu en raison des ségrégations et recombinaisons ayant eu lieu à la méiose.

Cette technique peut s'avérer particulièrement intéressante pour les plantes allogames strictes chez lesquelles le passage par une reproduction autogame en vue de l'obtention des plantes homozygotes entraîne une forte dépression de consanguinité. Ces plantes HD peuvent servir de parents pour la production de semences hybrides. Ce matériel est très intéressant car obtenu rapidement. En effet, les lignées HD sont obtenues en une seule génération après la F1, alors qu'il faut en moyenne 8 générations d'autofécondation pour obtenir des lignées RIL. En revanche, les lignées HD accumulent moins de recombinaisons que les lignées RIL.

Gamétophytes des gymnospermes

La phase haploïde des plantes supérieures est très courte (cf. Annexe 1) et la petite taille des gamétophytes ne facilite pas, en général, une analyse moléculaire. Par contre, chez les gymnospermes, le gamétophyte femelle (GF) est plus volumineux. Chaque gamétophyte provient de divisions mitotiques d'une cellule haploïde issue de la méiose. Les gamétophytes possèdent une diversité génétique analogue à celle des gamètes. L'analyse de la ségrégation des allèles dans les gamétophytes femelles équivaut à une analyse des assortiments haploïdes d'une population F1. Des cartes de liaison de marqueurs moléculaires ont été établies pour certaines espèces en utilisant ce type de matériel. Elles sont d'une grande utilité pour la sélection et

Tableau 7.2. Propriétés des populations utilisées en cartographie.

Population	F2	BC	RIL	HD	GF
Simplicité	+	+	−	−	+
Pérennité	−	−	+	+	−
Homozygotie	−	−	+	+	

BC : *Backcross* ou rétrocroisement ; GF : gamétophyte femelle ; HD : haploïde doublé ; RIL : *Recombinant Inbred Line*. L'homozygotie ne peut être obtenue avec les lignées GF (en grisé).

l'amélioration des conifères en particulier, pour lesquels le temps de génération est long. À ce stade, seule une carte de marqueurs moléculaires est possible, la plupart des caractères phénotypiques n'étant accessibles qu'une fois le sporophyte pleinement développé. Le tableau 7.2 récapitule certaines propriétés des populations utilisées en cartographie végétale.

Principe de l'établissement des cartes génétiques avec des marqueurs moléculaires

L'établissement de cartes génétiques a été rendu possible grâce aux ségrégations simultanées de différents marqueurs moléculaires dans une population en ségrégation. Il est possible d'identifier ceux qui sont liés et d'en déduire une mesure de leur distance (cf. Annexe 3).

Plusieurs étapes sont nécessaires :
– création d'une population en ségrégation à partir de lignées multipolymorphes ;
– caractérisation des formes alléliques des marqueurs moléculaires des individus parentaux et des descendants ;
– recherche des liaisons génétiques entre les marqueurs et calcul des distances génétiques par analyse systématique des résultats, notamment à l'aide de logiciels adaptés ;
– arrangement linéaire des différents marqueurs moléculaires.

La validité de l'évaluation des distances génétiques par la mesure des fréquences de recombinaison s'appuie sur l'hypothèse que la recombinaison est un processus parfaitement aléatoire tout au long des chromosomes. Or ceci n'est pas le cas. La fréquence de recombinaison dépend, en plus de la distance physique entre les loci, d'autres facteurs comme le sexe (la carte génétique est en général plus courte quand la méiose déterminante pour l'établissement de la population en ségrégation est celle à l'origine des gamètes femelles) et la structure de la chromatine (cf. Chapitre 4). La carte génétique ne donne qu'un positionnement relatif des loci distribués en un ensemble de groupes de liaison. L'attribution d'un groupe de liaison à un chromosome particulier peut être déduite d'études génétiques ou cytogénétiques chez les espèces où existent des lignées monosomiques ou des lignées d'addition[7]. Chez les plantes, pour lesquelles on ne dispose pas de ces outils, on peut avoir recours pour l'assignation chromosomique des groupes de liaison à l'hybridation *in situ* (cf. Planches 8/9).

Caractéristiques des cartes génétiques

La qualité des cartes génétiques augmente avec le nombre des marqueurs positionnés. Les cartes génétiques se caractérisent par leur saturation, leur longueur, la densité et la répartition des marqueurs, ainsi que la grandeur moyenne de l'unité de distance exprimée en centiMorgan (cM) (cf. Annexe 3).

---

7. Prenons l'exemple du blé qui résulte de l'union de 3 génomes A, B et D, chacun constitué de 7 chromosomes. Considérons les chromosomes 7 : 7A, 7B et 7D. Une lignée nullisomique pour 7D ne possèdera que les chromosomes 7A et 7B par exemple. Lorqu'on introduit le chromosome 7 du seigle dans une lignée de blé nullisomique pour 7D, on obtient une lignée de substitution. Un blé hexaploïde avec un chromosome surnuméraire provenant du blé ou d'une autre graminée est une lignée d'addition.

Saturation

Les cartes génétiques sont d'autant plus intéressantes pour localiser un gène qu'elles tendent à être complètes ou saturées, c'est-à-dire qu'elles ont un nombre total de marqueurs localisés très important et une répartition homogène de ceux-ci. Une carte est saturée quand le nombre de groupes de liaison est égal à celui des chromosomes et que l'addition de nouveaux marqueurs n'augmente pas la longueur totale de la carte.

Densité

La densité se mesure par la distance moyenne entre deux marqueurs ou le nombre moyen de marqueurs par cM. Elle dépend de la saturation et de la longueur totale de la carte. L'intégration de plusieurs cartes de différents marqueurs permet d'obtenir des cartes à haute densité. La carte de référence d'*Arabidopsis* comprend plus de 1 000 marqueurs (672 en 1993, près de 1 000 en 1998) et a une densité de l'ordre de 1,6 marqueur par cM. Pour disposer d'une carte dont la densité moyenne en marqueurs soit de 1 marqueur par cM, il faudrait dans le cas d'une carte de 1 000 cM, au minimum 1 000 marqueurs.

Longueur

La longueur correspond à la somme des distances génétiques. Sa valeur reflète la taille du génome des espèces (400 cM environ chez *A. thaliana* ; 3 000 cM chez l'olivier *Olea europaea* L.). Elle ne peut être évaluée qu'à partir de cartes saturées.

Répartition

Une répartition homogène des marqueurs serait idéale, mais souvent, les différentes régions du génome ne sont pas balisées avec la même densité en marqueurs.

Relation cM/kb

La valeur d'un cM varie de manière importante en fonction des espèces. Elle varie de 150 à 13 000 kb environ. Pour les plantes ayant un grand génome, une résolution fine de la carte génétique est donc nécessaire. Une distance de 1 cM entre un gène et un marqueur signifie un éloignement de l'ordre de 200 kb chez *A. thaliana*, de 500 kb chez la tomate et de quelques 5 000 kb chez le blé (Tableau 7.3).

Tableau 7.3. Correspondance entre la distance génétique (en cM) et la distance physique (en kpb).

Espèce	Chromosomes (n)	Taille (Mb)	Longueur (cM)	Rapport kb/cM
Arabidopsis	5	125	630	198
Riz	12	430	1 575	273
Tomate	12	950	1 267	750
Soja	20	1 200	2 700	444
Colza	19	1 200	1 016	1 181
Maïs	10	2 500	1 860	1 344
Blé	21	17 000	3 500	4 571
Pin	12	24 000	1 800	13 333

Exemples de cartes génétiques

Les cartes génétiques sont des outils dynamiques évoluant en fonction des besoins de la recherche et de l'amélioration des plantes. Nous donnons ici deux exemples qui n'ont qu'une valeur conceptuelle et méthodologique.

Cartographie génétique de la tomate

Une cartographie génétique de la tomate *Lycopersicum esculentum* (solanacée, n = 12 chromosomes, taille du génome de 950 Mpb/1C)[8] a été entreprise dès les années 1950. En 1975, la carte comprenait 200 marqueurs morphologiques répartis en 12 groupes de liaison. Des marqueurs isoenzymatiques furent ensuite introduits (années 1980), avant que les marqueurs RFLP ne deviennent prédominants (après 1986). En 1994, la carte comprenait 1 000 marqueurs pour 1 276 cM, dont la majorité étaient des marqueurs RFLP. Parmi ces marqueurs, nombreux sont ceux présents également sur la carte de la pomme de terre (solanacée), montrant une forte synténie (c'est-à-dire conservation de l'ordre des marqueurs) entre les deux génomes. De plus, il est possible d'utiliser quelques 300 marqueurs de la pomme de terre pour les analyses chez la tomate, amenant le nombre total de marqueurs chez la tomate à 1 300 environ, avec une densité avoisinant 1 marqueur par cM.

Cartographie génétique d'*Arabidopsis thaliana*

Des cartes génétiques et physiques d'*Arabidopsis thaliana* (n = 5 chromosomes, taille du génome de 125 Mpb/1C) ont été établies. L'alignement des deux types de cartes (génétique et physique) a été réalisé grâce aux cartes de marqueurs moléculaires : marqueurs RFLP, puis marqueurs AFLP dans les années 1990 et marqueurs SSR plus récemment. En 1989, la carte RFLP d'environ 500 cM avait une résolution de l'ordre d'environ 2 cM. En 1998, une carte a été établie, portant 400 marqueurs AFLP générés par 32 combinaisons d'amorces (4 *Eco*R1 et 8 *Mse*1). Cette carte couvre 387 cM. Elle présente des régions très denses en marqueurs comme par exemple le chromosome 3 (ou 3e groupe de liaison) avec une région de 9 cM contenant 60 marqueurs et d'autres régions moins denses en marqueurs comme le bras long du chromosome 1. Cette carte intégrait, à côté des marqueurs AFLP, 56 marqueurs RFLP.

La carte complète du génome d'*Arabidopsis*, avec les différents marqueurs génétiques classiques, les marqueurs moléculaires et les données physiques, a été établie à partir des contigs[9] de vecteurs transférables par voie directe ou par infiltration d'agrobactéries : YAC (*Yeast Artificial Chromosome*), BAC (*Bacterial Artificial Chromosome*) et BIBAC (*Binary Bacterial Artificial Chromosome*). La carte intégrant les données génétiques et physiques est un outil non seulement pour le clonage positionnel des gènes, mais aussi pour leurs études fonctionnelles.

---

8. C symbolise la valeur de la taille d'un génome haploïde.
9. On appelle contig l'assemblage de clones génomiques (YAC ou BAC) se chevauchant afin de reconstituer un fragment génomique continu. Lorsque le nombre de contigs est égal au nombre de chromosomes, la carte est complète.

▶▶ Cartes physiques

Principe de l'élaboration des cartes physiques

Alors que les cartes génétiques décrivent les chromosomes par l'enchaînement de loci séparés par des distances génétiques exprimées dans une unité sans dimension (cM), les cartes physiques donnent du génome, ou d'une partie de celui-ci, une image réelle où les distances entre gènes sont exprimées en nombre de paires de bases. La localisation des marqueurs ne fait plus appel à leur polymorphisme, mais à la connaissance de caractéristiques moléculaires précises comme la taille et la séquence des fragments. Le principe de l'établissement d'une carte physique repose sur le rangement ordonné de fragments d'ADN clonés dans une *banque d'ADN génomique*. Ce rangement s'effectue par criblages répétés de la banque, mettant en évidence des recouvrements entre les fragments d'ADN. Différents types de banques génomiques peuvent être réalisés selon le type de vecteur utilisé pour les construire.

Banques génomiques

L'étape initiale pour la réalisation d'une carte physique consiste à créer une banque d'ADN permettant de couvrir l'ensemble du génome avec un minimum de clones. Le nombre de clones dépend de la taille moyenne des fragments pouvant être clonés dans le vecteur et de la taille du génome (Tableau 7.4).

Le clonage d'ADN génomique implique sa fragmentation préalable par digestion spécifique avec une enzyme de restriction, puis l'insertion d'un fragment dans le vecteur choisi et enfin, l'introduction du vecteur recombinant chez *E. coli* ou *S. cerevisiae*. Chaque clone assure le maintien et l'amplification *in vivo* d'un fragment d'ADN de la banque.

Plusieurs vecteurs de clonage sont utilisés (cf. Tableau 7.4) : les cosmides, les YAC, les BAC, les PAC (*Phage P1-derived Artificial Chromosome*) ou encore les BIBAC. Les vecteurs BIBAC peuvent être utilisés également pour transférer un fragment d'ADN vers la cellule végétale grâce à *A. tumefaciens*. Ces vecteurs diffèrent par la taille de l'insert et par l'hôte dans lequel ils sont propagés.

Les cosmides sont des plasmides possédant 1 site COS, permettant l'encapsidation *in vitro* de l'ADN dans des particules de phage lambda. La taille modeste des inserts facilite la manipulation et le séquençage des ADN clonés. Les BAC sont des

Tableau 7.4. Vecteurs de clonage pour la constitution de banques génomiques.

	Hôte	Taille des fragments clonés	Nb. de clones pour couvrir le génome		
			Arabidopsis (120 Mb)	Riz (450 Mb)	Maïs (2 500 Mb)
Cosmide	*E. coli*	~ *40 kpb*	3 000	11 250	62 500
BAC	*E. coli*	~ *100 kpb*	1 200	5 500	25 000
YAC	*E. coli/* levure	~ *1 000 kpb*	120	450	2 500

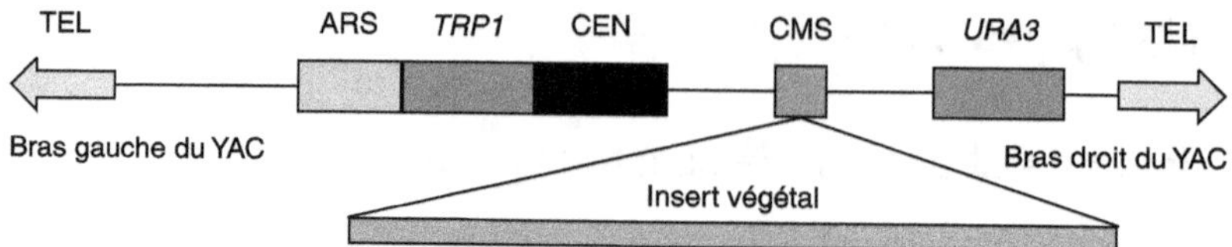

Figure 7.7. Structure d'un vecteur YAC.

Un vecteur YAC est un vecteur navette se répliquant à la fois chez *E. coli* sous forme circulaire et, chez la levure *S. cerevisiae,* sous forme linéaire. Il possède (i) une séquence contrôlant la réplication chez *E. coli* (ORI) et une séquence pour la réplication chez *S. cerevisiae* (ARS), (ii) des gènes permettant la sélection des organismes transformés (le gène de résistance à l'ampicilline [*Amp*^{R}] pour la sélection des bactéries et les gènes *TRP1, URA3, HIS3* codant pour des enzymes de biosynthèse d'acides aminés pour la sélection chez la levure), (iii) deux séquences télomériques (TEL), (iv) un site multiple de clonage (CMS) et (v) une séquence centromérique (CEN) permettant la ségrégation du YAC dupliqué lors de la mitose. Le vecteur peut être linéarisé par digestion enzymatique. La linéarisation par l'enzyme *Bam*H1 entraîne la perte du gène *HIS3*. Sous cette forme, le YAC présente deux bras de longueurs différentes.

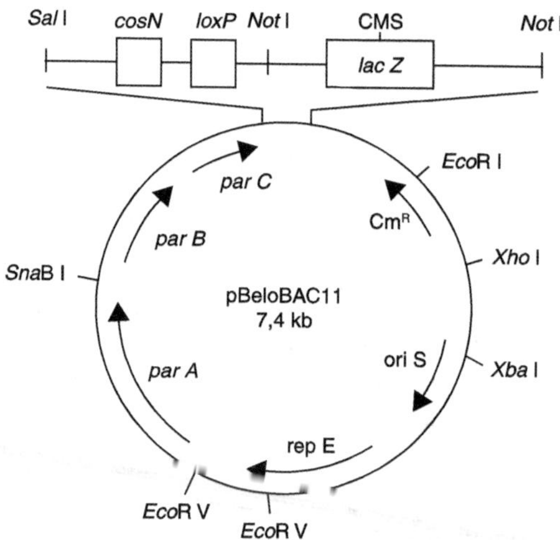

Figure 7.8. Structure d'un vecteur BAC.

Un vecteur BAC est un vecteur plasmidique maintenu dans *E. coli*. Ce type de vecteur a été développé pour la réalisation de banques d'ADN génomique et le clonage d'inserts de grande taille (130 à 200 kpb). Les vecteurs BAC ont l'avantage, par rapport aux vecteurs YAC, de présenter une fréquence plus faible de clones chimériques (intégration de plusieurs fragments dans un même vecteur et recombinaison entre fragments) et ont une plus grande stabilité. Les vecteurs BAC sont construits à partir d'éléments provenant du facteur F, le plasmide responsable de la conjugaison entre souche F$^+$ et F$^-$. Un vecteur BAC porte les régions oriS et repE contrôlant la réplication du facteur F qui restreignent le nombre de copies à 1 ou 2, ce qui supprime le risque de recombinaison entre 2 vecteurs recombinants. Les gènes *par A, par B* et *par C* assurent la distribution des BAC dans les cellules filles lors de la division. Comme dans tout vecteur de clonage, sont présents un gène pour la sélection des bactéries transformées (résistance au chloramphénicol, *Cm*^{R}) et un site multiple de clonage (CMS). Ce site est placé dans le gène *lacZ* inductible par l'IPTG (isopropylthio-β-D-galactoside), permettant une sélection des transformants grâce à la coloration des colonies en présence du substrat X-Gal (5-bromo-4-chloro-3-indolyl-β-D-galactoside). Si un insert est présent, le gène est interrompu et inactif : les colonies sont blanches ; si le vecteur ne contient aucun insert, le gène est fonctionnel suite à l'induction et permet la transformation du substrat X-Gal en un produit colorant les bactéries en bleu. La carte du vecteur pBeloBAC11 est présentée ici.

vecteurs de clonage bactériens dérivant du plasmide F, plasmide conjugatif responsable de la fertilité chez *E. coli*.

Les YAC permettent le clonage, chez la levure, d'inserts ayant une taille élevée, comprise entre 200 et 2 000 kbp. Les BAC permettent le clonage de fragments plus petits, de 100 à 200 kpb. La structure des vecteurs YAC et BAC est présentée (Figures 7.7 et 7.8).

Des banques en vecteurs YAC ou BAC ont pu être réalisées dès qu'il a été possible d'isoler de grands fragments d'ADN. Ces fragments sont obtenus en digérant l'ADN génomique par des enzymes de restriction reconnaissant des sites de coupures peu fréquents dans les génomes (8 bases) et en les séparant par la technique d'électrophorèse en champ pulsé (Encadré 7.3).

On a pu observer qu'un certain nombre de clones YAC pouvaient être chimériques. Un YAC chimère comporte un ADN provenant de l'insertion de 2 fragments normalement distants et est donc impropre à la cartographie physique. Les clones BAC ont été développés plus récemment pour pallier cet inconvénient. Ils ont ainsi l'avantage d'être plus stables que les clones YAC.

Encadré 7.3. Électrophorèse en champ pulsé

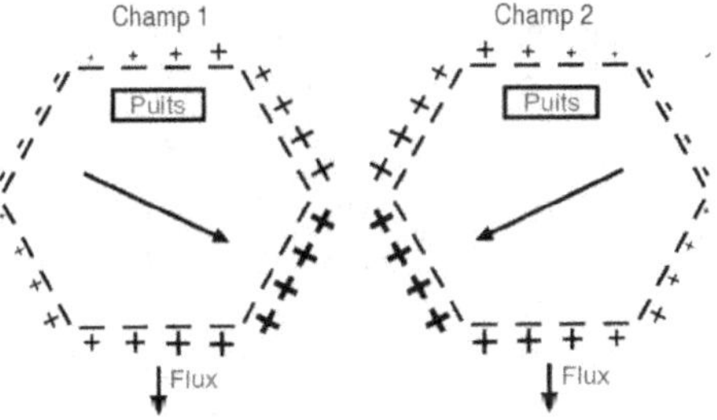

Cette technique permet la séparation de grands fragments d'ADN. La construction de banque de clones YAC et le développement des cartes physiques ont été rendus possibles grâce à cette technique. En effet, les gels en agarose permettent de séparer des fragments dont la taille maximum n'excède pas environ 25 kpb. La distance de migration électrophorétique (d) décroît avec la taille (PM) suivant la relation : $Log(PM) = K - kd$, avec la constante k qui dépend des propriétés du gel. Lorsque l'ADN est de très grande taille (> 25 kpb), il ne peut pénétrer dans les pores du gel.

Le système en champ pulsé est formé par 24 électrodes disposées selon un hexagone, chacune pouvant être connectée individuellement. Pour séparer les fragments d'ADN de grande taille, on applique un champ électrique dont l'angle varie à intervalle régulier (pulse), les deux champs électriques formant entre eux un angle supérieur à 90° (champ pulsé alterné). Cela permet à l'ADN de se déplier, de se réorienter et d'être séparé. À gauche, la répartition des charges est présentée lorsque le vecteur électrique (flèche nord-ouest/sud-est) fait un angle de + 60°, et à droite de − 60° ; les deux pulses génèrent un changement d'angle du champ électrique de 120°. Cette technique permet de séparer des fragments dont la taille va jusqu'à 1 mégabase (1 000 kpb). Plus une molécule est grande, plus elle mettra de temps à se réorienter. Lors de cette migration électrophorétique, la relation entre taille et distance de migration est linéaire selon la formule : $PM = K - kd$.

Pour qu'une banque soit réellement représentative d'un génome et utile pour l'établissement d'une carte physique fiable, elle doit contenir au minimum un nombre de clones tel que la somme des tailles des inserts de ces clones soit supérieure à un multiple de la taille du génome étudié. Si ce multiple est de trois, la probabilité de recouvrement est alors de 0,95 ; s'il est de cinq, la probabilité passe à 0,99. En effet, il est nécessaire que plusieurs clones chevauchent chaque région. Ainsi, pour couvrir le génome d'*Arabidopsis*, quelques 6 000 clones BAC de 100 kpb en moyenne (5 × 120 Mpb) sont nécessaires.

Criblage de banques et ordonnancement des clones

L'ordonnancement des fragments d'ADN présents dans l'ensemble des clones de la banque est un travail laborieux, comparable à l'assemblage d'un gigantesque puzzle. Le principe consiste à rechercher des recouvrements entre les fragments d'ADN des différents clones pour former une suite de clones ordonnée (ou contigs).

La méthode initiale, applicable à une banque de cosmides, repose sur le criblage répété de la banque par hybridation sur colonies à l'aide de différentes sondes spécifiques, générées et utilisées successivement suivant un principe « de marche sur le chromosome » (voir page 169). La première sonde choisie arbitrairement ou en fonction de critère génétique (liaison d'un marqueur et d'un gène) peut correspondre à un marqueur moléculaire particulier ; les suivantes sont élaborées à partir des extrémités séquencées des inserts des clones précédemment identifiés, en vue de l'identification des clones adjacents par l'existence de chevauchements entre les inserts.

Le criblage des banques peut également être réalisé par la technique de PCR. Cela consiste à repérer les clones possédant une séquence spécifique en commun (un marqueur STS, cf. Tableau 7.1). Pour réduire le nombre de réactions PCR nécessaires, les ADN des clones sont regroupés en lots et super-lots. La caractérisation par séquençage des seules extrémités des inserts d'un BAC suffit pour révéler les recouvrements permettant d'en déterminer l'ordre. La méthode de PCR inverse ou IPCR est particulièrement appropriée (cf. Chapitre 6).

L'établissement de cartes de restriction des fragments d'ADN clonés peut aussi permettre de repérer des zones de chevauchement entre les fragments.

Le développement des cartes physiques peut se faire indépendamment de celui des cartes génétiques, mais celles-ci peuvent servir de référence pour l'ordonnancement des contigs. Le séquençage d'un génome d'une espèce végétale (*Arabidopsis*, riz, luzerne, maïs, etc.) n'est généralement envisagé qu'à la condition de disposer d'une carte physique. Cependant, des démarches dites en *shot gun* ont été développées pour le séquençage de génomes entiers : elles consistent en un séquençage automatique systématique à haut débit et en des analyses bioinformatiques pour réaliser l'alignement des séquences. Le développement rapide des technologies de séquençage à haut débit encourage le séquençage du génome d'autres plantes.

Utilisation de la cytogénétique en cartographie

La localisation chromosomique des gènes par observation cytologique est possible avec le développement d'une cytogénétique moléculaire qui associe la biologie moléculaire à la microscopie (Fransz *et al.*, 2000). Le repérage d'une séquence spécifique est fait par hybridation *in situ* de sondes nucléiques marquées par des fluorochromes, ou détectées ultérieurement grâce à des anticorps couplés à des fluorochromes. Le marquage est observé en fluorescence (technique FISH, *Fluorescence In Situ Hybridation*) (cf. Annexe 2, Planches 8 et 9). Les chromosomes des cellules-mères de gamètes au stade pachytène de la première prophase de la méiose sont hybridés avec ces sondes. Au stade pachytène, en effet, les chromatides dupliquées (ou bivalents) sont encore en cours de condensation ; leur longueur est plus grande qu'à la métaphase et permet une meilleure résolution. Les anthères de boutons floraux contenant les cellules en méiose sont donc prélevées et les chromosomes sont préparés pour l'hybridation (fixation, traitements RNase, formamide). L'ADN est dénaturé et hybridé avec la sonde marquée ; après lavages, une réaction immunochimique est réalisée pour détecter le lieu d'hybridation sur le chromosome.

La possibilité d'utiliser plusieurs sondes avec des marquages différents permet, à l'aide d'un microscope fluorescent performant (microscope couplé à un système de traitement d'images), de visualiser la localisation de plusieurs marqueurs les uns par rapport aux autres. Ce type d'analyse permet de localiser des loci non polymorphes si l'on dispose de sondes spécifiques. L'analyse cytogénétique permet de confirmer la localisation de certains marqueurs génétiques sur les différents chromosomes, ou d'associer les différents groupes de liaison déduits de la cartographie génétique à un chromosome défini.

▸▸ Applications des cartes de marqueurs moléculaires

L'objectif de l'analyse cartographique d'une espèce est de disposer d'une carte intégrant les cartes génétique, physique et cytogénétique.

Les cartes de marqueurs moléculaires sont utilisées dans deux grands types d'approches : d'une part la caractérisation et la manipulation des génotypes végétaux et d'autre part, la caractérisation et l'isolement de gènes végétaux. Une application à l'analyse phylogénétique des végétaux ainsi qu'une application à la sélection variétale assistée par marqueurs illustreront les premiers types d'approches, tandis que le clonage positionnel et la localisation de QTL (*Quantitative Trait Loci,* voir page 172) illustreront les secondes.

Analyse phylogénétique et synténie

L'étude phylogénétique des espèces et des variétés à l'intérieur d'une espèce cherche à décrire les liens de descendance qui les lient. L'établissement de phylogénies sous la forme d'arbres généalogiques repose sur la recherche de parentés entre les espèces. Auparavant limitée à l'analyse comparée des caractères morphophysiologiques, l'étude phylogénétique intègre les données de la génétique moléculaire fondée sur l'analyse comparative des cartes génétiques et physiques des génomes, des espèces, ainsi que des séquences nucléiques ou protéiques.

L'étude comparée des cartes génétiques d'espèces végétales proches (même genre, même famille) permet d'observer des régions particulières où sont regroupés les mêmes marqueurs et dans le même ordre. On appelle synténie, ou colinéarité, cette conservation de l'organisation des loci présents sur un chromosome dans deux espèces différentes. La synténie est d'autant plus importante que les espèces sont proches du point de vue taxonomique et phylogénétique. Plus ancienne est l'époque à partir de laquelle les deux espèces divergent et plus faible est la synténie résiduelle. La synténie, mise en évidence par comparaison des cartes de marqueurs moléculaires, se vérifie aussi à l'échelle des séquences. On distingue ainsi la macrosynténie et la microsynténie. Les séquences des gènes qui sont conservées correspondent généralement aux exons, alors que les introns sont plus variables. Ceci illustre le rôle de la sélection sur l'établissement de la synténie. Quelques exemples de synténie sont décrits ci-dessous, ainsi que les possibilités qu'elles apportent à l'analyse du génome d'espèces peu connues, grâce à l'utilisation des informations acquises sur le génome d'une espèce voisine plus étudiée.

Cartographie comparée chez les graminées

C'est chez les graminées (famille des poacées) que l'étude a été la plus spectaculaire (Moore *et al.*, 1995). L'ordre des marqueurs est conservé entre le riz, l'orge, le blé et le seigle, bien que ces espèces se soient séparées il y a plus de 60 millions d'années. L'étude de la synténie et des réarrangements chromosomiques concomitants entre espèces est une nouvelle source de données pour l'analyse phylogénétique (Planche 13). Le maïs présente, outre une synténie avec le riz (plante de référence) et les autres graminées, des groupes de marqueurs dupliqués montrant que le maïs dérive aussi d'une duplication ou d'une amphidiploïdie (hybridation entre 2 espèces). Le riz, le maïs et le blé partagent de nombreuses régions génomiques colinéaires. La comparaison fine de ces génomes permet de reconstituer l'évolution de la famille des poacées et constitue un nouvel outil pour la recherche de gènes. L'analyse comparative des cartes génétiques de plusieurs céréales (riz, maïs, sorgho, blé, millet, sucre de canne) montre qu'il est possible de considérer les différents génomes comme constitués à partir d'un certain nombre (19) de segments homologues, regroupés de manière différente selon les espèces et dans certains cas (maïs) dupliqués. Les segments sont des régions colinéaires dans lesquelles l'ordre des marqueurs est identique.

Grâce aux données acquises sur la synténie entre le riz et les autres espèces, le clonage positionnel de gènes homologues chez les graminées à génome complexe comme le blé (hexaploïde, 17 000 Mpb, 80 % de séquences répétées) devrait être facilité en utilisant des sondes élaborées chez le riz. Le riz et le blé ne divergent que depuis 7 millions d'années. Les applications attendues de la génétique comparée des graminées les plus importantes sont d'ordre biotechnologique et agronomique.

La diversification implique des recombinaisons, duplications et translocations. Aujourd'hui, les données de séquençage de régions importantes chez les céréales permettent de compléter l'organisation linéaire des cartes génétiques et de détecter de microréarrangements (microsynténie).

Exemple de synténie interne chez *Arabidopsis*

Une forte synténie est également observée dans la famille des brassicacées (ou crucifères) et notamment entre le colza et *A. thaliana*. La synténie entre les deux espèces permet d'utiliser les connaissances acquises chez *A. thaliana* pour rechercher la localisation et cloner des gènes homologues intéressants chez le colza. L'existence de synténie avec des plantes plus distantes, comme les légumineuses, permet d'étendre les applications des connaissances accumulées sur *Arabidopsis*.

L'analyse de la carte et de la séquence génomique complète d'*Arabidopsis* a révélé l'existence de synténie interne : des ensembles de groupes de liaisons de marqueurs se retrouvent quasiment inchangés sur différents chromosomes. Ainsi, 14 % des marqueurs identifiés sur le chromosome 2 sont aussi présents sur le chromosome 4.

Plusieurs régions chromosomiques portent des séquences identiques. Les résultats de ces études d'alignement de séquences conduisent à penser que le génome d'*Arabidopsis* dérive d'un ancêtre diploïde ayant subi une duplication conduisant à une plante tétraploïde. Cet ancêtre aurait ensuite évolué par différents processus génétiques (recombinaisons, insertions, transpositions, inversions, mutations et surtout délétions) jusqu'à l'état actuel où 58 % du génome est dupliqué. Une étape de duplication des génomes est sans doute assez fréquente lors de la genèse de nouvelles espèces (cf. Planche 5).

Sélection assistée par marqueurs

Les marqueurs moléculaires permettent la description des espèces et variétés (accessions, biotypes)[10], au même titre que les caractères phénotypiques avec les avantages de reproductibilité, stabilité et précocité. En effet, il n'est pas nécessaire de disposer d'une plante à maturité pour en faire la caractérisation à l'aide de marqueurs moléculaires. Ces derniers peuvent simplifier et accélérer les étapes d'un programme d'amélioration des plantes. Après avoir identifié un caractère intéressant sur le plan agronomique dans une espèce sauvage (par exemple la résistance à un agent phytopathogène), l'objectif consiste à introduire, dans une espèce cultivée, un fragment du chromosome de l'espèce sauvage portant le gène responsable du caractère intéressant et repérable par des marqueurs. Cette introduction se fait par croisements successifs : c'est une introgression (Figure 7.9).

Par la méthode de sélection phénotypique classique, il faut réaliser plusieurs rétrocroisements successifs à partir des plantes F1 issues d'un croisement entre le parent sauvage donneur de gène de résistance à une maladie (PS) et le parent cultivé (PC) de la variété élite à améliorer. Le rétrocroisement entre le produit du croisement (F1 résistant) et le parent PC est répété 7 à 10 fois en sélectionnant à chaque génération les plantes possédant le caractère intéressant de résistance et ressemblant au parent cultivé, ce qui permet de contre-sélectionner les caractères du parent sauvage. Le résultat est atteint après plusieurs années en fonction de la durée des cycles de reproduction. Une fois établis les liens génétiques entre gènes et marqueurs, la sélection moléculaire supplante la sélection phénotypique par sa rapidité.

En effet, l'utilisation simultanée de marqueurs moléculaires non liés au caractère d'intérêt (afin de contre-selectionner le génome du parent non cultivé) et de

____

10. Les accessions correspondent à des populations d'individus provenant de différentes régions géographiques. Les biotypes correspondent à des populations d'individus homogènes possédant en commun un ensemble de caractères phénotypiques.

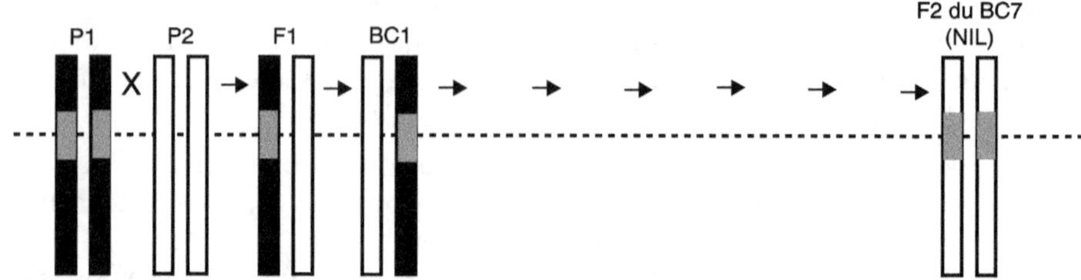

Figure 7.9. Construction de lignées quasi isogéniques.

Des lignées quasi isogéniques sont des lignées ne différant que par une région chromosomique spécifique. Ces lignées sont obtenues par l'introgression de la région chromosomique d'intérêt du parent donneur (P1) dans le parent receveur (P2), par croisements successifs. Le parent P1 est une espèce sauvage portant le caractère d'intérêt (résistance à un pathogène, région grisée), le parent P2 une espèce cultivée sensible. La F1 est rétrocroisée avec le parent P2. Le descendant BC1 de ce premier rétrocroisement est lui-même croisé avec P2 et ainsi de suite sur sept générations afin de réduire la taille du fragment introgressé. Afin d'obtenir l'homozygotie de la région d'intérêt, la lignée BC7 est autofécondée et la génération F2 obtenue. La lignée BC7 (F2) et le parent P2 sont des lignées quasi isogéniques. NIL : *Near Isogenic Line*.

marqueurs associés au caractère recherché permet de réduire considérablement le nombre de générations (3 rétrocroisements pour arriver au même niveau que 10, classiquement).

Un avantage important des marqueurs moléculaires est la possibilité de leur détection à un stade très précoce, alors que le phénotype recherché peut n'apparaître qu'à un stade tardif du développement. Les marqueurs moléculaires permettent aussi de contrôler que la taille du fragment « introgressé » est petite. Un fragment trop long risque d'apporter des caractères indésirables.

Clonage positionnel

Notion de clonage positionnel

Pour cloner un gène dont on ne connaît ni la séquence ni la fonction, mais dont la mutation est supposée à l'origine d'un caractère phénotypique, on peut utiliser chez les plantes les techniques d'étiquetage de gènes décrites au chapitre 6, ou la technique du clonage positionnel qui recherche la localisation chromosomique du gène concerné en s'appuyant des approches de génétique formelle. Une première localisation grossière, basée sur l'établissement d'une liaison génétique entre le gène recherché et un (ou plusieurs) marqueur(s) moléculaire(s), est suivie d'une cartographie fine permettant de réduire l'écart entre les marqueurs moléculaires et le gène. Il s'agira enfin de trouver la séquence codante sur un intervalle réduit. La démarche du clonage positionnel s'appuie sur l'utilisation de cartes génétiques et physiques (Encadré 7.4.).

La première étape nécessite une carte génétique pour localiser le gène par rapport à des marqueurs moléculaires. La localisation implique une étude de coségrégation du gène avec les marqueurs de la carte. À partir de deux marqueurs moléculaires encadrant le gène que l'on désire cloner, des expériences d'hybridation avec des sondes spécifiques de marqueurs permettront de cribler des banques YAC ou BAC pour réaliser une *marche sur le chromosome* vers le gène. La marche implique de savoir de quel côté du BAC il faut progresser : pour cela on utilise leurs extrémités pour les orienter.

Clonage de gènes par atterrissage sur le chromosome

Il n'est pas indispensable de disposer d'une banque génomique et de lancer une marche toujours longue et délicate sur le chromosome pour pouvoir cloner un gène. On peut, au lieu de marcher sur le chromosome, chercher à s'approcher du gène en ciblant une région d'un chromosome (*chromosome landing*), en utilisant des lignées quasi isogéniques (NIL, *Near Isogenic Line*) (cf. Figure 7.9) ou par analyse de ségrégation en masse (BSA, *Bulk Segregant Analysis*).

Exemple d'utilisation de lignées quasi isogéniques pour le clonage du gène *Tm-2²*

Les lignées quasi isogéniques sont obtenues par une série de rétrocroisements et sélections répétés sur la base de caractères et marqueurs définis. Le gène *Tm-2²* confère la résistance à un type de virus de la mosaïque du tabac (ToMV) qui induit des mosaïques sur tomate très dommageables. Ce gène présent chez *Lycopersicum peruvianum* originaire du Pérou a été introduit par sélection classique dès les années 1960 chez *L. esculentum*, la tomate cultivée. Une série de rétrocroisements entre la F1, issue du croisement entre la tomate cultivée et *L. peruvianum,* a permis d'obtenir des lignées introgressées résistantes au ToMV, c'est-à-dire des tomates ne différant du parent cultivé de départ que par la région chromosomique sélectionnée à chaque génération pour la résistance au TMV. La variété cultivée sensible au ToMV et la lignée résistante introgressée sont deux lignées quasi isogéniques. La recherche d'un polymorphisme entre ces lignées a révélé la présence de marqueurs moléculaires liés au gène *Tm-2²* (Tanksley *et al.*, 1992). La lignée avec le plus petit fragment introgressé a pu être utilisée pour cloner le gène *Tm-2²* en 2003 (Lanfermeijer *et al.*, 2003).

Utilisation de l'analyse en masse

L'analyse des descendants en masse ou en mélange (BSA) est une approche efficace pour la détection d'une liaison génétique entre un gène majeur et un marqueur moléculaire. On peut utiliser cette méthode en particulier si on ne dispose pas d'une carte très dense. L'approche consiste à analyser, dans une famille en ségrégation (F2), l'ADN mélangé de 2 groupes d'individus différant pour un caractère.

Dans l'exemple de la figure 7.10 (Michelmore *et al.*, 1991), on cherche à cloner un gène dominant conférant la résistance à un agent pathogène. Deux parents, l'un sensible et l'autre résistant à un agent pathogène et pour lesquels des marqueurs polymorphes AFLP ont été identifiés, sont croisés et la F2 analysée. On regroupe les individus en sensibles et en résistants. Les ADN des individus F2 sont extraits puis mélangés selon les groupes phénotypiques et on compare les marqueurs polymorphes entre ces deux groupes. Les marqueurs susceptibles d'être génétiquement liés au gène responsable de la résistance sont représentés par des allèles différents dans les 2 groupes. Au contraire, les marqueurs non liés ont leurs allèles répartis aléatoirement. Ainsi un marqueur, existant sous la même forme allélique chez tous les individus résistants et qui coségrège avec le gène de résistance, doit se trouver proche de lui. Ce marqueur permet d'initier plus précisément la marche chromosomique.

Encadré 7.4. Clonage positionnel du gène *GmNARK*

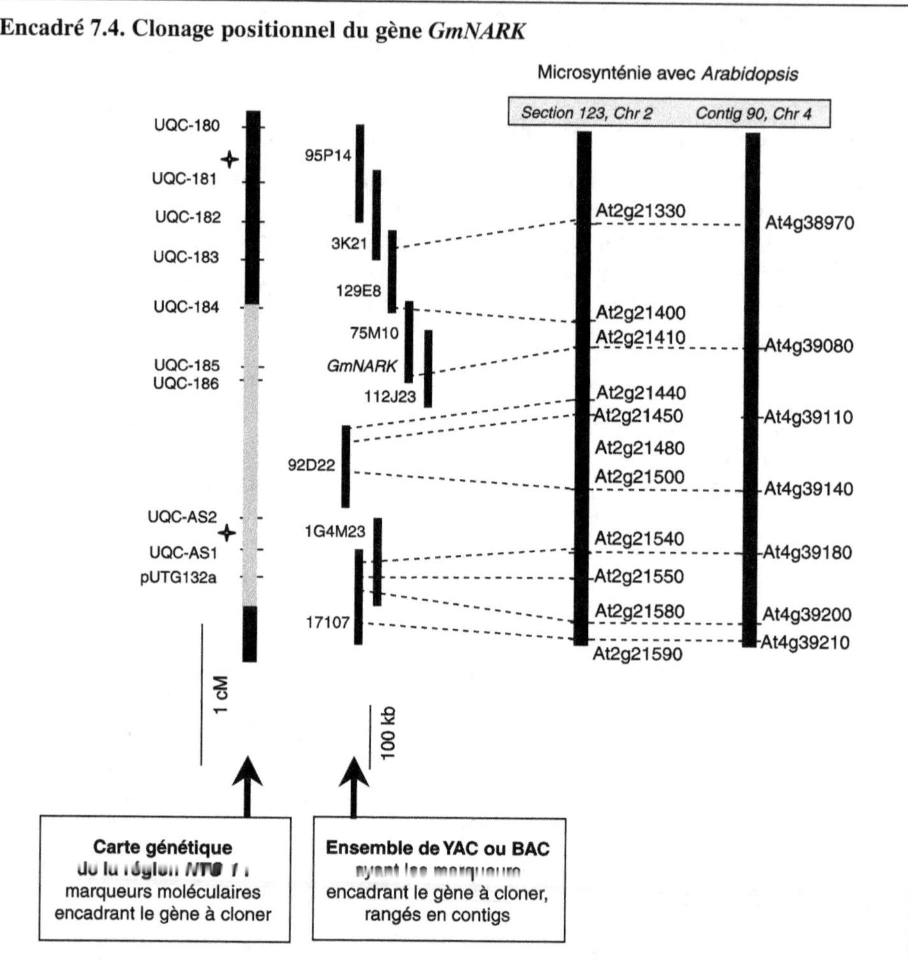

Le soja (*Glycine max*) est une plante légumineuse capable de fixer l'azote atmosphérique grâce à l'activité de bactéries symbiotiques du genre *Rhizobium* présentes au niveau de nodules racinaires. Le contrôle de la nodulation chez les légumineuses est d'importance agronomique et écologique. Divers mutants de supernodulation (mutants *nts*) ont été isolés (EMS, neutrons rapides) et sont affectés au locus *NTS-1*. L'identification du gène correspondant contrôlant la nodulation a été réalisée par clonage positionnel.

La carte génétique a été établie à partir de l'analyse d'une population F2 résultant du croisement entre 2 variétés de soja, *G. max* et *G. soja*, la variété *G. max* étant porteuse de la mutation *nts*. Le gène a été localisé sur la carte génétique à proximité de certains marqueurs, les marqueurs pUTG132a (RFLP) et UQC-IS1 (AFLP) (étoiles). À l'aide de ces marqueurs moléculaires de la région, les BAC correspondant à cette région ont pu être identifiés et organisés en contigs. La région en gris est délétée chez le mutant FN37 obtenu par mutagenèse aux neutrons rapides. Les régions de la section 123 du chromosome 2 et le contig 90 du chromosome 4 chez *A. thaliana* présentent une synténie avec la région NTS-1 : 7 gènes étaient synténiques entre les deux espèces. Le séquençage de l'ADN du BAC 75M10 incluant le marqueur UQC-IS5 a conduit à l'identification, au locus *NTS*, du gène appelé *GmCLV1B* en raison de son homologie avec le gène *CLAVATA*

…

---

d'*A. thaliana,* impliqué dans la régulation de la prolifération des cellules des méristèmes caulinaire et floral. Ce gène code un récepteur membranaire à activité protéine kinase. Alors que le gène d'*A. thaliana* n'est exprimé que dans les cellules du méristème caulinaire, le gène *GmCLV1B* s'exprime dans les racines avec nodules et dans les bourgeons. Le gène *GmCLV1B,* identifié grâce à la synténie entre le soja et *Arabidopsis,* correspond bien au gène impliqué dans la régulation de la nodulation car il apparaît muté ou délété chez différents mutants de nodulation (délétion dans le mutant FN37). Le gène a été rebaptisé *GmNARK* (*Glycine max Nodule Autoregulation Receptor-like protein Kinase*). Figure extraite de Searle *et al.* (2003).

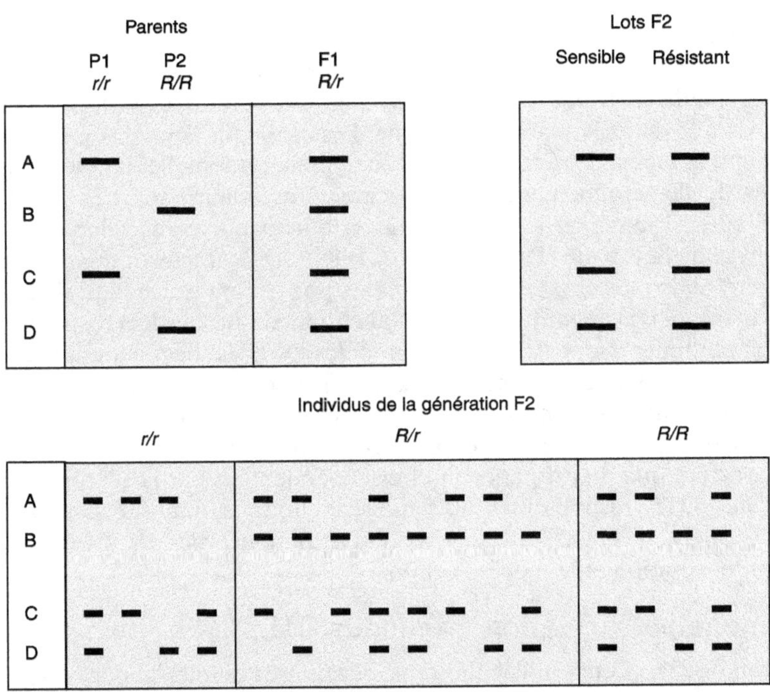

Figure 7.10. Principe de l'analyse en masse.

On dispose de 2 parents P1 (sensible) et P2 (résistant). On met en évidence quatre marqueurs RAPD (A-D) permettant de génotyper les parents P1 et P2, ainsi que les descendants des générations F1 et F2. Cette analyse est réalisée soit sur des individus, soit sur des lots de plantes. Elle permet ainsi d'associer sans ambiguïté le marqueur RAPD B à l'allèle *R* conférant la résistance. Les individus du lot « résistant » possèdent le marqueur B qui est absent chez les individus du lot « sensible ». Les 2 lots diffèrent pour ce marqueur B. Les autres marqueurs A, C et D sont présents dans les 2 lots.

Utilisation des données de synténie pour l'identification de gènes

La mise en évidence de similitude dans l'organisation des génomes de plantes appartenant à des espèces plus ou moins proches et le séquençage intégral des génomes de plantes de référence permettent de nouvelles approches pour le clonage positionnel des gènes. À partir de l'analyse comparative des cartes génétiques de l'espèce de référence et de l'espèce étudiée, pour un même ensemble de marqueurs génétiques, une hypothèse sur la localisation du gène peut être avancée. La recherche du gène dans des banques d'ADNc de l'espèce étudiée pourra se faire en utilisant les données du séquençage de la plante de référence (cf. Encadré 7.4).

Caractérisation de QTL

Notion de QTL

La génétique formelle étudie des caractères phénotypiques dont la variation est discrète (couleur des fleurs, des graines, résistance à un herbicide, etc.). Ces caractères sont généralement sous le contrôle d'un seul gène (caractères dits monogéniques). Cependant, de très nombreux caractères, notamment importants en agronomie, manifestent une variation continue. Ces caractères sont dits quantitatifs. Par exemple, chez le maïs, le rendement en grain, la hauteur de la plante, la taille de l'épi, la masse des grains, la précocité mâle ou femelle, la tolérance à des contraintes de l'environnement sont des caractères quantitatifs très étudiés. On peut aussi citer la masse et le pH du fruit, sa teneur en sucres solubles, analysés notamment chez la tomate (Paterson *et al.*, 1988). Les caractères quantitatifs sont sous le contrôle de plusieurs gènes, ils sont dits polygéniques. De plus, ils sont dans la grande majorité des cas influencés par l'environnement. Les loci responsables de la variation continue d'un caractère sont appelés QTL. La ségrégation d'un caractère quantitatif dans une descendance ne donnera pas uniquement des individus ressemblant aux parents, comme dans le cas des caractères monogéniques, mais des individus présentant une variation continue du caractère en question. La transmission du caractère quantitatif passe en effet généralement par la ségrégation indépendante des QTL responsables du caractère. Pour la majorité des caractères quantitatifs analysés, on ne dispose pas d'information précise sur le nombre de gènes, leur localisation et le mode d'action.

Liaison génétique, relation marqueur/QTL

L'utilisation de marqueurs moléculaires se révèle très précieuse pour localiser un QTL sur une carte génétique, dans un programme de sélection variétale (Encadré 7.5). En effet, si on peut montrer qu'un ou plusieurs marqueurs moléculaires sont associés à un QTL alors, au lieu de suivre le QTL, on suivra ce(s) marqueur(s) qui lui est/sont associé(s). Pour permettre cette localisation, il faut un effectif suffisant, un fort effet du QTL sur le caractère et une faible distance entre le QTL et le marqueur moléculaire, pour que la probabilité de recombinaisons soit faible également. La localisation des QTL suppose l'analyse de plusieurs marqueurs et la détermination des fréquences de leur coségrégation avec le caractère quantitatif étudié. La fiabilité de l'analyse est parallèlement accrue car au caractère phénotypique qui varie de façon continue, est substitué un marqueur génotypique qui varie de façon discontinue. L'utilisation d'un marqueur moléculaire lié à un QTL a de plus l'avantage de permettre des tests sur plantules de façon plus précoce, ce qui permet de gagner du temps lors de stratégie de sélection variétale.

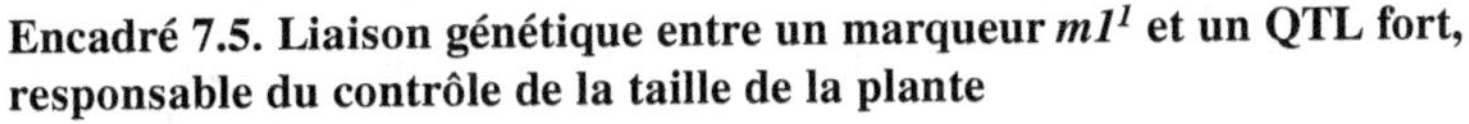

Encadré 7.5. Liaison génétique entre un marqueur *m1¹* et un QTL fort, responsable du contrôle de la taille de la plante

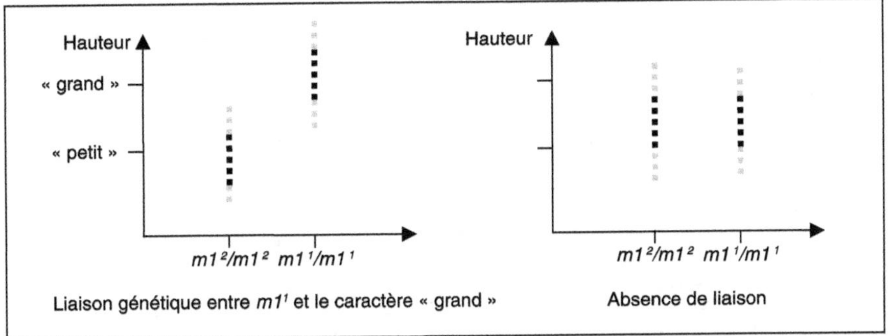

À partir de deux accessions homozygotes pour les marqueurs étudiés, présentant une différence significative d'un caractère quantitatif (par exemple la taille) et possédant des allèles différents de certains marqueurs moléculaires, on réalise un croisement entre 2 parents de tailles différentes (P1 et P2). Dans l'exemple présenté, un seul marqueur biallélique *m1¹* et *m1²* est suivi. Cependant, la localisation de QTL suppose l'analyse de plusieurs marqueurs. Le croisement P1 × P2 conduit à une population F1 puis une population F2 en ségrégation, à la fois pour les QTL contrôlant la taille et pour les marqueurs moléculaires considérés. La fréquence de la présence du marqueur *m1¹* chez les plantes de grande taille indique qu'un QTL, QTL1, associé au caractère « grand » est voisin du marqueur *m1¹* ; le QTL1 doit exister sous une forme allélique *G* chez les grandes plantes et *g* chez les plantes petites. Un rétrocroisement entre des individus de la F1 et le parent P2 permet d'évaluer la distance entre le marqueur *m1¹* et le QTL1. La localisation des QTL suppose l'analyse de plusieurs marqueurs et la détermination des fréquences de leur coségrégation avec le caractère quantitatif étudié. Deux types de distribution de la taille des plantes en relation avec le génotype peuvent être observés. Dans le graphe de gauche, la majorité des plantes grandes ou petites sont associées à un génotype caractéristique, et une liaison entre le caractère « grand » et le marqueur *m1¹* semble statistiquement fondée même si des plantes de génotype *m1¹/m1¹* peuvent n'être pas plus grandes que des plantes de génotype *m1²/m1²*. Le graphe de droite montre des distributions de caractères non liés au marqueur moléculaire. La représentation sous forme d'histogramme des distributions montre que le QTL1, s'il intervient, n'est pas le seul gène déterminant la grande taille ; celle-ci dépend de la coopération entre plusieurs QTL. Figure extraite de De Vienne (1997).

Cartographie d'intervalle d'un QTL

La localisation probable d'un QTL peut être déterminée en recherchant, pour chaque marqueur de la carte génétique, une liaison génétique statistique en étudiant la ségrégation de chaque marqueur avec le caractère. Une autre méthode de cartographie d'intervalle (*interval mapping*) permet d'estimer la position d'un QTL entre deux marqueurs encadrant le QTL et de déterminer la part de variabilité expliquée par le QTL. La méthode consiste à déterminer statistiquement la probabilité de présence d'un QTL pour chaque position du génome : le LOD score[11].

---

11. Le LOD score est le $\log_{10}$ du rapport de vraisemblance de la présence du QTL par rapport à son absence. Une valeur de LOD score supérieure à 3 (soit 10^3) est significative d'une liaison entre deux loci.

Le calcul de ce rapport de vraisemblance en utilisant les marqueurs flanquant pour estimer le génotype en tout point du génome permet de trouver la région où le LOD score passe par un maximum significatif et où devrait se trouver un QTL.

L'encadré 7.6 présente un exemple de cartographie de QTL utilisant des marqueurs moléculaires.

Encadré 7.6. QTL liés à la synthèse de maysine chez le maïs

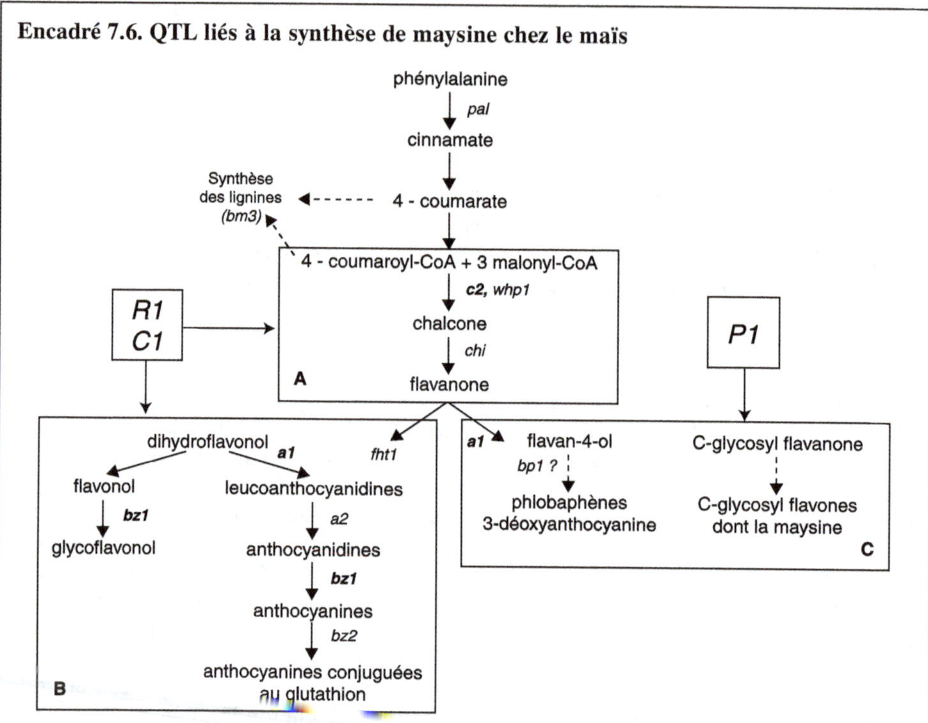

La maysine, flavone glycosylée produite par différents maïs, est une substance toxique pour *Helicoverpa zea*, un insecte parasite des soies du maïs. En effet, on observe une corrélation positive entre la quantité de maysine produite, la résistance du maïs et la mortalité du parasite. Une étude a permis de cartographier les QTL contrôlant la quantité de maysine dans la population F2 d'un croisement entre un parent riche en maysine et un parent pauvre en maysine. Les QTL liés à des marqueurs RFLP sont localisés à proximité des gènes *P1, a1, bz1, C1* et *R1* impliqués directement dans la synthèse de maysine (gènes codant pour les enzymes de la voie de biosynthèse) ou indirectement (gènes régulateurs) Le schéma résume la voie conduisant à la maysine et les principaux régulateurs. Les gènes *a1* et *bz1* sont régulés par le couple de facteurs de transcription R1 et C1 (voies A et B). Les gènes qui conduisent à la maysine sont régulés positivement par le facteur de transcription P1 (voie C) (cf. Planche 4). Chacun de ces gènes peut exister sous deux formes alléliques contrôlant la synthèse d'enzyme d'activité différente ; chacun des parents homozygotes possède l'une des formes. Byrne et ses collaborateurs ont montré que les gènes qui contrôlent la voie de biosynthèse de la maysine font partie des QTL responsables de sa production. Les gènes en gras correspondent à des gènes candidats pour la liaison au QTL majeur. Figure extraite de Byrne *et al.* (1996).

Conclusion

Les méthodes de la génétique moléculaire ont permis d'initier les premières étapes pour comprendre le fonctionnement du génome des plantes. Elles connaissent actuellement de nouveaux développements et servent de base pour des méthodes d'analyse des génomes à haut débit, permettant d'acquérir un ensemble de données sur la totalité d'un génome. Un changement d'échelle est ainsi survenu qui révolutionne l'analyse des génomes.

Ces méthodes à haut débit font appel à la miniaturisation et à la robotisation des techniques. L'utilisation de puces à ADN (*microarrays*) portant une partie ou la totalité d'un génome permet maintenant d'obtenir les profils d'expression de tout ou partie d'un génome (transcriptome). Lorsque cette technique est couplée à la technique d'immunoprécipitation de la chromatine, ces puces à ADN permettent d'établir les profils épigénomiques (distribution des modifications post-traductionnelles des histones, de la méthylation des cytosines) ou encore la distribution de la localisation de protéines chromatiniennes spécifiques. Les nouvelles technologies de séquençage (454, Solexa, par exemple) font appel aux techniques classiques de biologie moléculaire (PCR) et aux nanotechnologies (amplification d'ADN sur microbilles). Elles sont très puissantes et permettent des gains de temps fabuleux : le séquençage du génome entier d'une bactérie se compte maintenant en heures ! Ces approches à haut débit génèrent des quantités très importantes de données dont l'analyse dépasse maintenant les seules compétences d'un généticien ou d'un biologiste moléculaire. Elles font appel à la bioinformatique, aux analyses statistiques et reposent sur des approches pluridisciplinaires.

La technique de trangenèse végétale est quant à elle maintenant bien maîtrisée. Cependant, le mécanisme d'intégration de l'ADN-T dans le génome de la plante reste encore mal connu. On peut penser que son étude participera à une meilleure compréhension des mécanismes de recombinaison ou de réparation. La cartographie moléculaire a connu des développements très importants et s'est révélée être un outil très puissant. Elle permet l'identification de nouveaux gènes et contribue de façon significative à l'amélioration variétale. On peut citer l'exemple de la cartographie des gènes de maïs contrôlant la quantité de vitamine A (Harjes *et al.*, 2008), qui pourra avoir des retombées agronomiques intéressantes.

Les études des génomes ont apporté de nouveaux éclairages sur leur structure et leur fonctionnement. Elles ne se limitent plus à l'étude des gènes et se sont considérablement diversifiées avec l'étude des ARN régulateurs et des séquences répétées. Ces dernières ont longtemps été considérées comme la partie « sombre » du génome parfois dénommée ADN « poubelle » (*junk DNA*). Les études récentes montrent qu'ils pourraient jouer un rôle essentiel dans la régulation génique et l'évolution, comme l'avait déjà suggéré B. McClintock en les nommant éléments de contrôle (*controlling elements*). Enfin, le nombre de petits ARN et leur diversité sont en constante évolution et suggèrent que nous sommes encore loin d'avoir appréhendé la structure et le fonctionnement des génomes, bien que leurs séquences puissent maintenant être complètement établies.

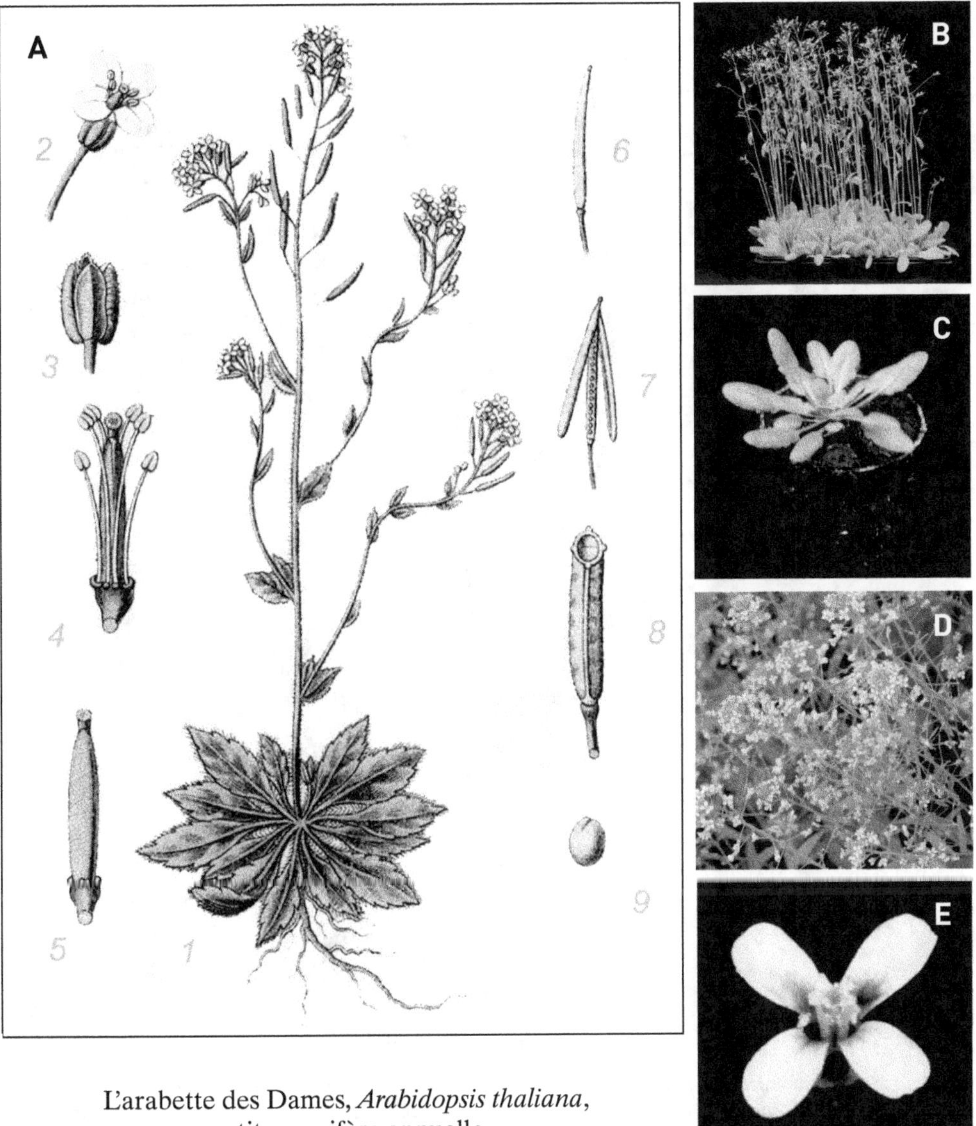

L'arabette des Dames, *Arabidopsis thaliana*,
petite crucifère annuelle

A. Planche tirée de « *Deutschlands Flora in Abbildungen* » de Johann Georg Sturm (1796) (légèrement simplifiée). **1.** Plante entière avec racine pivotante, feuilles en rosette, tiges secondaires avec feuilles caulinaires, fleurs formant des inflorescences en grappe et fruits. **2.** Fleur à 4 pétales, à symétrie bilatérale. **3.** Quatre sépales formant le calice. **4.** Organes reproducteurs comprenant le pistil entouré par 6 étamines. **5.** Pistil constitué par un ovaire allongé, formé de 2 carpelles, prolongé par un style et un stigmate. **6.** Fruit appelé silique, possédant 2 compartiments issus des 2 carpelles. **7.** Silique ouverte par déhiscence montrant la structure centrale placentaire portant les graines. **8.** Cavité de la silique contenant les graines de forme ronde (**9**).

B. Plantes adultes avec inflorescences (© C. Maitre/Inra).

C. Plante au stade végétatif (photographie V. Gaudin).

D. Inflorescence (photographie F. Samouelian).

E. Fleur agrandie (© D. Vezon/Inra).

Le blé, *Triticum æstivum*

1. Plante annuelle monocotylédone d'environ 1 m de hauteur présentée en 2 parties ; la tige creuse de la partie haute se termine par un épi correspondant à une inflorescence verdâtre ; la partie basse se termine par le système racinaire ; les feuilles monocotylédones sont allongées avec un limbe étroit et une gaine (avec ligule) entourant la tige ; l'épi est formé de 2 rangées d'épillets renfermant 3 fleurs à l'intérieur de 2 enveloppes protectrices ou glumes.

2. Épillets de l'extrémité de l'épi : un épillet renferme 3 à 5 fleurs, 2 stériles, 2 reproductrices à l'origine des grains de blé.

3. Étamine comprenant les anthères composées des sacs polliniques jaunes attachés par le connectif à l'extrémité du filet.

4. Carpelle comprenant l'ovaire portant 2 stigmates plumeux destinés à capter les grains de pollen.

5. Épi de blé.

6. Fruit de l'ovaire, le grain de blé est un caryopse car réduit à la seule graine enveloppée par des téguments protecteurs (glumes et glumelles).

7. Graine.

Planche tirée de « *Medicinal Plants* » de Koelcher (1887) (légèrement simplifiée).

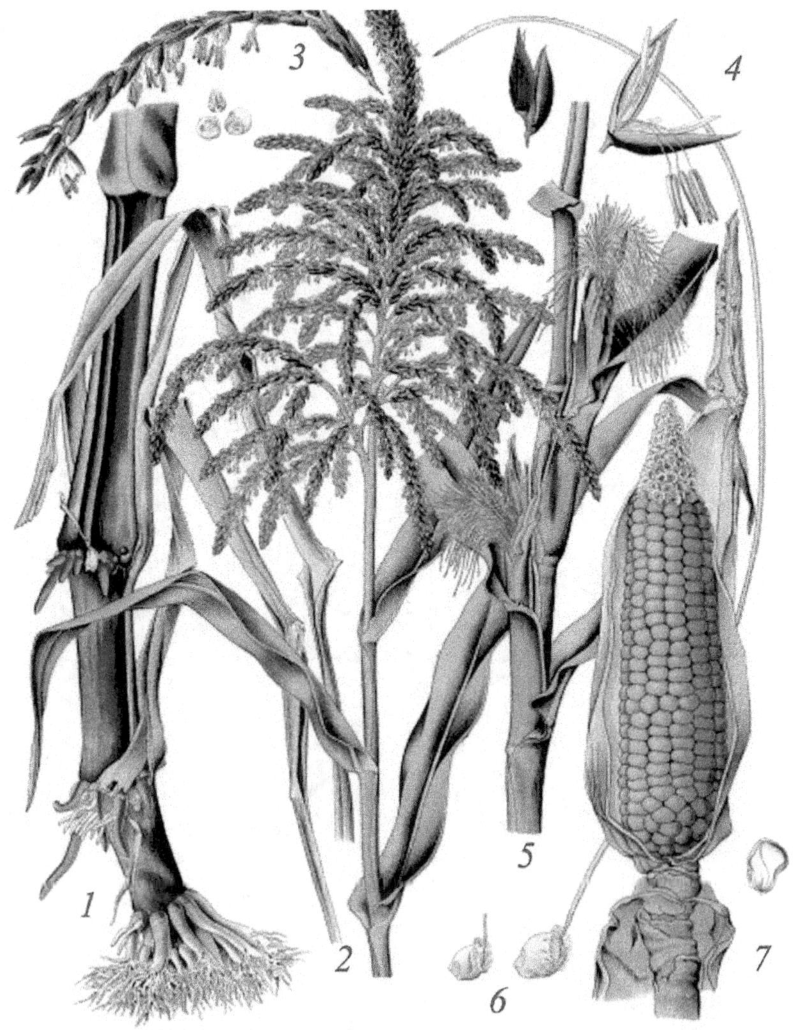

Le maïs, *Zea mays*

Plante monocotylédone annuelle monoïque pouvant atteindre 3 m de hauteur.

1. Partie inférieure avec, à la base de la tige, le système radiculaire impliquant de nombreuses racines adventives.

2. Partie haute de la tige avec l'inflorescence mâle en panache (panicule) et 3 feuilles à large limbe, liées en position alternée par la gaine.

3. Rameau de l'inflorescence mâle formé d'un axe portant les épillets.

4. Épillet constitué de 2 fleurs mâles ; les enveloppes (bractées) ouvertes montrent la présence de 3 étamines par fleur.

5. Région moyenne portant 2 inflorescences femelles en épi insérées à l'aisselle des feuilles et enveloppées d'une bractée protectrice.

6. Fleur femelle comprenant l'ovaire avec un carpelle et un style très long et soyeux qui émerge de la bractée.

7. Épi et grain ; chaque ovaire donne un fruit de type caryopse correspondant à un grain de maïs.

Planche tirée de « *Medicinal Plants* » de Koelcher (1887) (légèrement simplifiée).

4 ◆ Biosynthèse des anthocyanes

Voie de biosynthèse des anthocyanes.

Variétés de maïs avec différentes teneurs en anthocyanes. Photographie J. Chatin, © photothèque Inra.

Fleurs avec secteurs pigmentés et non pigmentés. Photographie F. Samouelian.

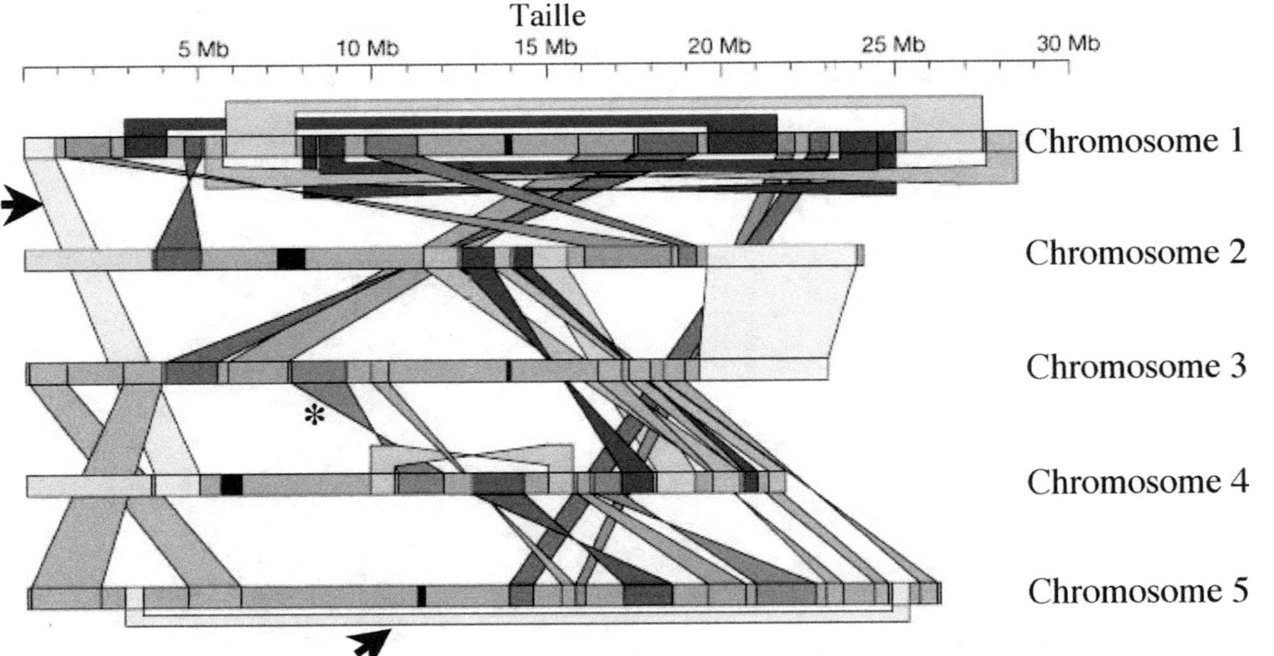

Le séquençage d'*Arabidopsis thaliana* (AGI, 2000) a révélé que 40 % du génome était dupliqué. Les cinq chromosomes sont représentés par des barres grises et les centromères par des boîtes noires. Les régions portant des segments dupliqués sont reliées par des bandes de couleur. Ces régions concernent des chromosomes différents ou un même chromosome (flèches). Si la duplication s'est accompagnée d'une inversion d'orientation, la bande est représentée avec une torsion (*). Une échelle de taille (en Mb) donne la mesure de ces réarrangements (d'après *the* Arabidopsis *genome initiative*, Nature, © 2000).

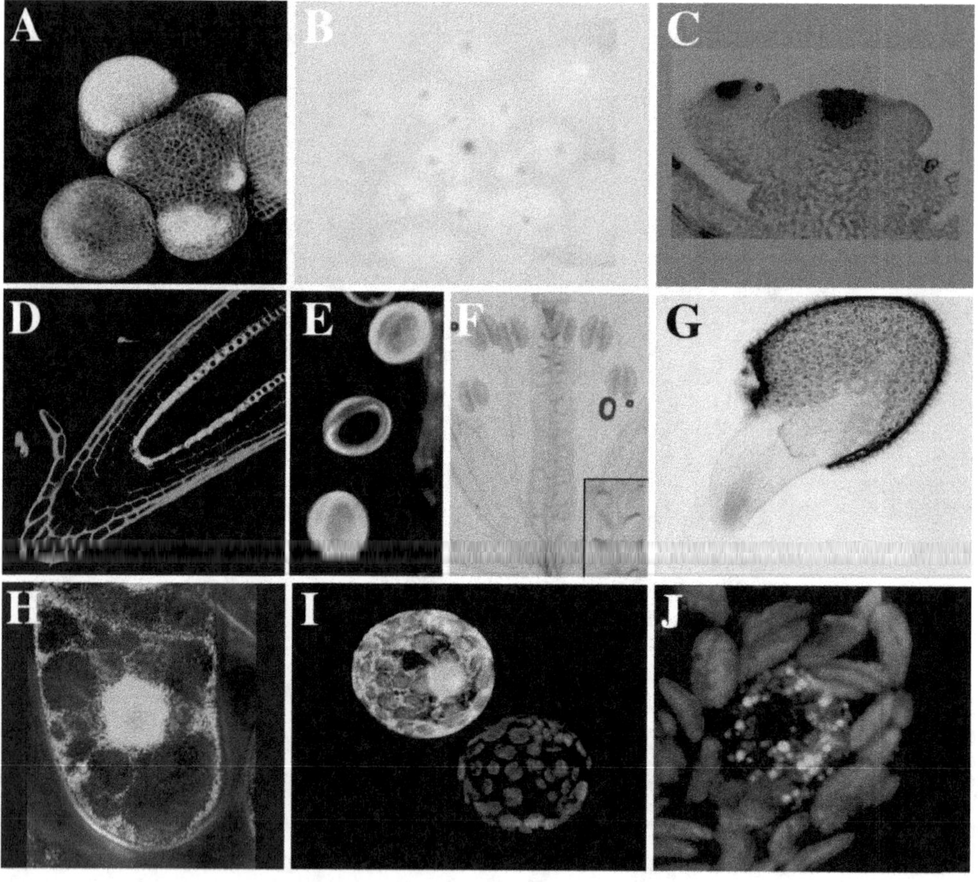

Les gènes rapporteurs les plus couramment utilisés codent une protéine fluorescente, la GFP, (« Green Fluorescent Protein ») ou une ß-glucuronidase (GUS, gène *uidA*). Suite à une excitation à une longueur d'onde de 488 nm, la protéine GFP émet une fluorescence dans le vert (à 507 nm) et peut être observée en microscopie. La présence de la protéine GUS est révélée par l'activité enzymatique qui lui est associée. Les organes, tissus, cellules…, dans lesquels l'expression est analysée, sont incubés en présence d'un substrat dont la transformation donne un produit bleu, laissant ainsi une coloration bleue au lieu d'expression du gène. Ces gènes rapporteurs permettent d'étudier notamment les profils d'expression de gènes particuliers : le gène rapporteur est alors placé sous le contrôle du promoteur du gène à étudier. Pour étudier la localisation d'une protéine, le gène rapporteur est fusionné à la séquence codante de la protéine à étudier, l'ensemble étant placé généralement sous le contrôle d'un promoteur constitutif ou sous le propre promoteur du gène d'intérêt.

A. Expression du gène rapporteur *GFP* sous le contrôle d'éléments régulateurs provenant du facteur de transcription ANTEGUMENTA. La distribution de la fluorescente (jaune-vert) permet de visualiser les zones d'expression du gène *ANTEGUMENTA* dans les primordia floraux (**Planches 14-15**). Les parois des cellules, colorées par l'iodure de propidium, sont marquées en rouge. L'observation a été réalisée en microscopie confocale. Photographie O. Grandjean/I. Traas, IJPB-Inra Versailles.

B-C. Profils d'expression du gène rapporteur *uidA* placé sous le contrôle du promoteur du gène *CLAVATA3*. On peut ainsi voir que ce gène s'exprime dans la région centrale du méristème apical et des méristèmes floraux chez *Arabidopsis*. Une coloration bleue est visible au centre des boutons floraux. Inflorescence (**B**) et coupe d'un méristème floral (**C**). Photographies P. Laufs/A. Peaucelle, IJPB-Inra Versailles.

D. Expression du gène rapporteur codant la protéine GFP, placé sous le contrôle d'un promoteur d'un gène s'exprimant dans le péricycle de la racine. Pointe racinaire d'*A. thaliana* en coupe longitudinale, en microscopie confocale. Les parois des cellules, colorées par l'iodure de propidium, sont marquées en rouge. On peut distinguer les différentes assises cellulaires racinaires (**Planche 16**). Photographie L. Gissot, IJPB-Inra Versailles.

E. Expression du gène *GFP* dans les grains de pollen d'*A. thaliana*. Deux grains de pollen fluorescent dans le vert et un autre, au centre, ne produit pas la protéine GFP.

F. Expression du gène *uidA* dans les funicules, tissus permettant d'attacher les ovules au placenta dans l'ovaire d'une fleur d'*A. thaliana*.

G. Expression du gène *uidA* dans la pointe racinaire d'une très jeune plantule en cours de germination.

E-G. Photographies B. Dubreucq, IJPB-INRA Versailles.

H. Cellule d'*A. thaliana* en culture produisant la protéine GFP fusionnée à une protéine interagissant avec des ARN. La localisation de la protéine fusion se situe dans le noyau de la cellule et dans son cytoplasme.

I. Protoplastes de tabac, *Nicotiana tabacum*. Le protoplaste de gauche produit la protéine GFP dans le cytoplasme et le noyau (coloration jaune). Le gène *GFP* seul est placé sous le contrôle du promoteur 35S du CaMV. Le second protoplaste n'a pas été transformé et n'exprime pas le gène rapporteur 35S::*GFP*. Les chloroplastes apparaissent en rouge du fait de l'autofluorescence de la chlorophylle.

J. Protoplaste de *Nicotiana tabacum* produisant une fusion entre la GFP et une protéine chromatinienne. Des accumulations ponctuelles de la protéine fusion ou foci sont observables dans le noyau et fluorescent dans le vert. La localisation de la protéine fusion est nucléaire.

H-J. Photographies V. Gaudin, IJPB-Inra Versailles.

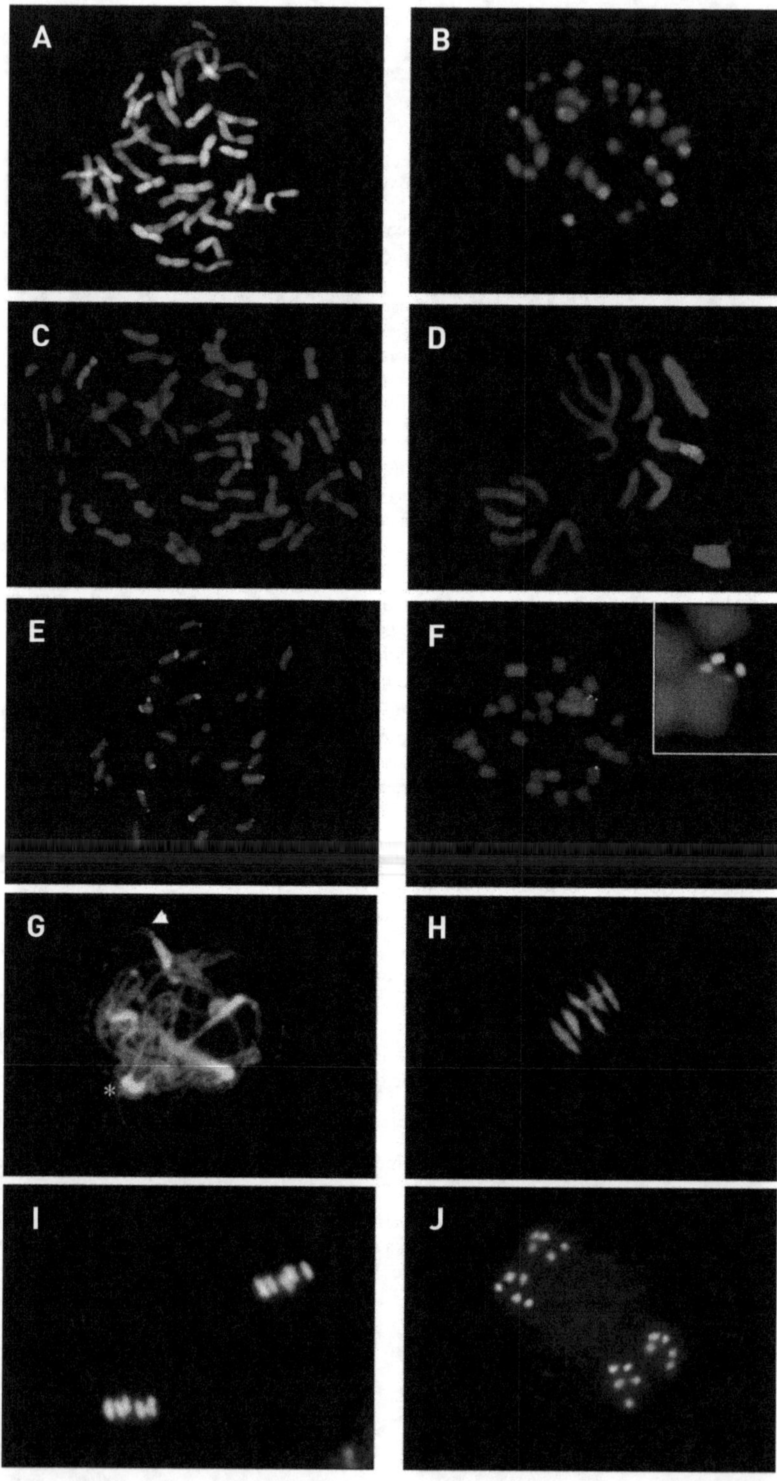

A-F. Chromosomes en mitose colorés au DAPI (4', 6-diamidino-2-phenylindole) (couleur bleue). Des signaux colorés, résultant d'une hybridation *in situ*, se superposent à cette coloration de fond. Photographies O. Coriton et V. Huteau (Plate-Forme Inra de Cytogénétique moléculaire du Département de Génétique et d'Amélioration des Plantes, UMR118 Inra-AgroCampus Rennes - Inra Centre de Rennes).

A. Hybridation *in situ* génomique (GISH) permettant de visualiser les trois génomes constitutifs du blé tendre (*Triticum œstivum*). Le blé tendre présente la particularité d'être allohexaploïde (AABBDD, 2n=6x=42). Il résulte de l'hybridation de trois espèces diploïdes : *T. urartu* (génome A), *Aegilops speltoides* (génome B), *A. tauschii* syn. *A. squarrosa* (génome D). Les 42 chromosomes du blé tendre forment 7 groupes d'homéologie de trois paires de chromosomes. Le génome du blé tendre est ainsi de grande taille (16000 Mb). Les génomes A, B et D sont marqués respectivement en rouge, en bleu et en vert.

B. GISH sur un hybride interspécifique entre la ravenelle (*Raphanus raphanistrum*) et le colza (*Brassica napus*). Le marquage rouge correspond au génome de la ravenelle.

C. Lignée d'addition *Aegilops ventricosa* dans le blé tendre. Le marquage rouge correspond à une paire chromosomique additionnelle d'*A. ventricosa*.

D. Lignée d'introgression de fétuque *(Festuca glaucescens)* dans le ray grass (*Lolium multiflorum*). Le marquage rouge correspond à un fragment de chromosome introgressé provenant de la fétuque.

E. Chromosomes de tomate (*Lycopersicon esculentum*). La sonde utilisée pour l'hybridation *in situ* (FISH) correspond à un clone contenant une séquence répétée télomérique. Ainsi, les deux extrémités des chromosomes sont marquées en rouge.

F. Chromosomes de tomate (*Lycopersicon esculentum*). Deux sondes correspondant à deux clones BAC ont été utilisées pour l'hybridation *in situ*, chaque clone étant spécifique d'un même chromosome, l'un est marqué en vert et l'autre en rouge. Vue agrandie du marquage : les deux chromatides sœurs sont distinguables, et marquées par deux points verts et deux points rouges.

G-J. Chromosomes d'*A. thaliana* en méiose, colorés au DAPI. Photographies M. Grelon/D. Vezon, IJPB-Inra Versailles.

G. Chromosomes au stade pachytène (Annexe 2). Les chromosomes sont en cours de compaction et les chromosomes homologues appariés sont visibles (flèche). Les 5 régions hétérochromatiqueS centromériques sont fortement marquées par le DAPI (étoile).

H. Métaphase I de la méiose : les 10 chromosomes sont associés en 5 bivalents.

I. Métaphase II de la méiose. Deux lots de 5 chromosomes.

J. Anaphase II de la méiose. Les 4 lots chromosomiques, de n=5 chromosomes résultant de la méiose, sont bien visibles.

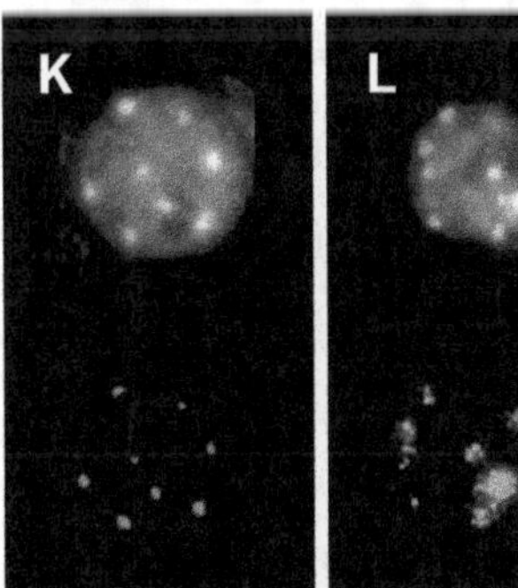
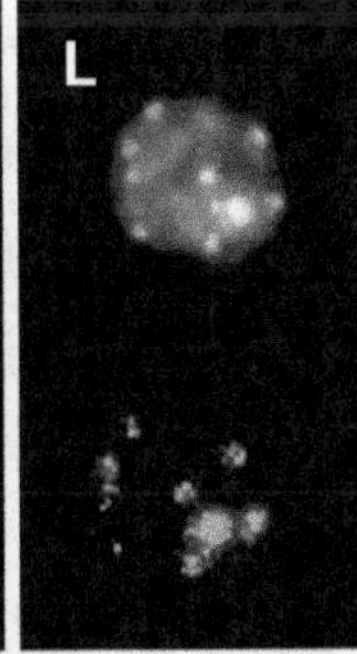

K. En haut, noyau coloré au DAPI ; en bas, marquage par hybridation FISH des régions centromériques (rouge).

L. En haut, noyau coloré au DAPI ; en bas, immunomarquage en utilisant un anticorps dirigé contre les cytosines méthylées. Les régions enrichies en cytosines méthylées sont ainsi visualisées en vert.

K-L. Photographies V. Gaudin, IJPB-Inra Versailles.

M-N. Marquage des chromosomes ou « chromosome painting » chez *A. thaliana* (extrait de la figure 1 de Pecinka *et al.*, 2004). Les ADN de clones BAC spécifiques d'un chromosome donné sont marqués par un fluorochrome spécifique. 5 sondes, correspondant aux 5 chromosomes, sont ainsi générées.

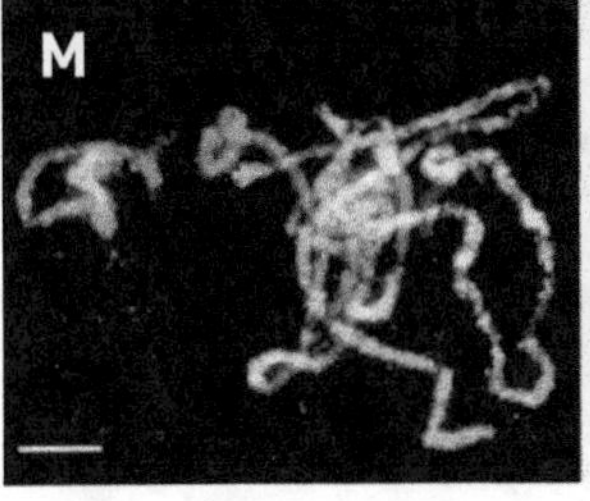
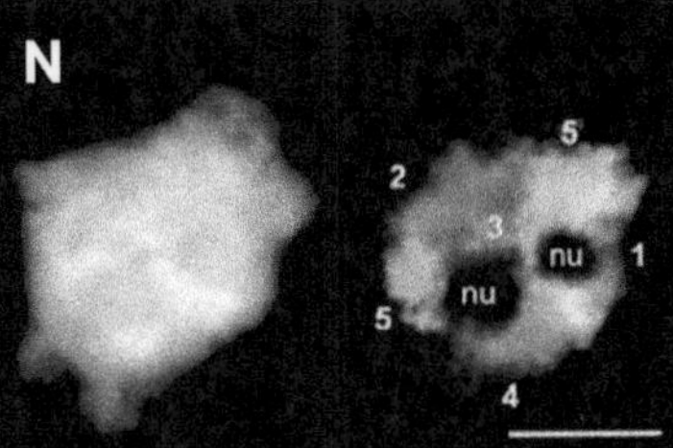

M. Marquage multicouleur des cinq paires de chromosomes au stade pachytène.

N. À gauche, noyau en interphase coloré au DAPI. A droite, après hybridation FISH, visualisation des territoires chromosomiques (1 à 5). nu : nucléole.

Les instabilités génétiques entraînent des modifications de la couleur des grains des épis de maïs. À gauche, un maïs mexicain produisant des grains pigmentés (violet). Les grains incolores sont le signe d'une mutation stable. À droite, des grains de maïs bigarrés, présentant des régions formées de cellules pigmentées et des régions incolores, ces dernières étant formées par des cellules comportant des insertions/excisions de transposons. Photographie N. Fedoroff.

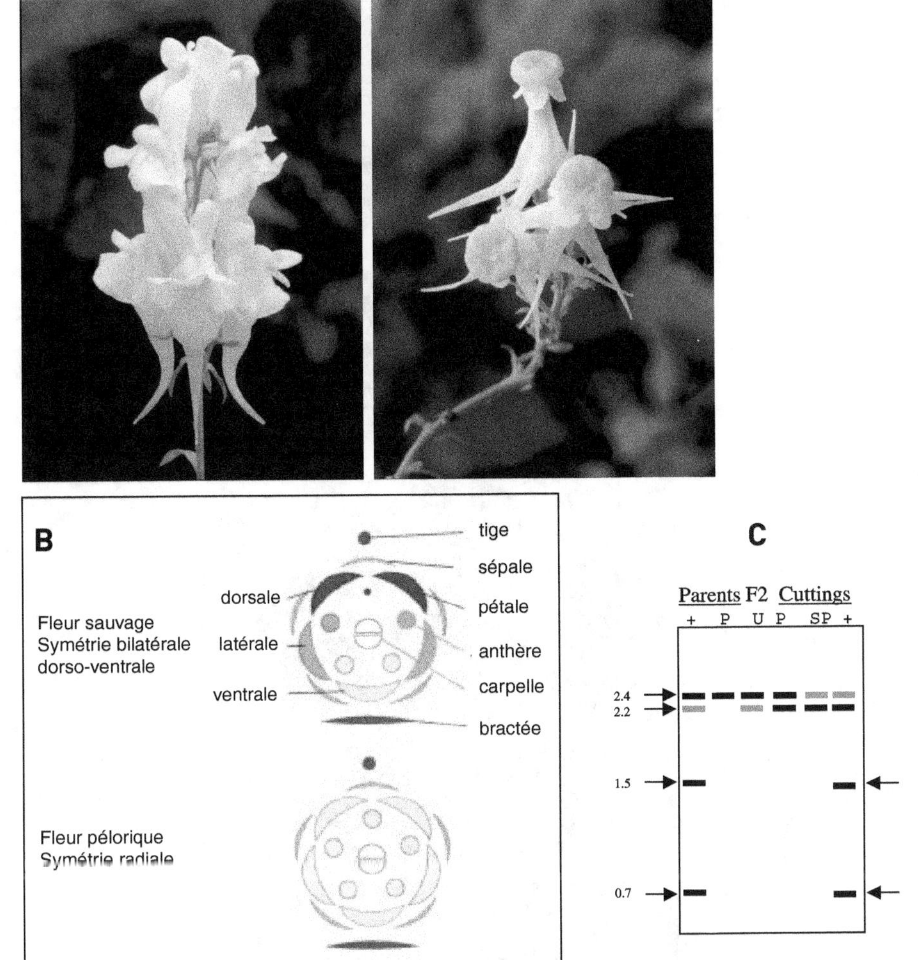

A. Fleurs de type sauvage (à gauche) et fleurs du variant naturel pélorique de *Linaria vulgaris* (à droite). Photographies E. Coen, John Innes Institute, Norwich, UK.

B. Diagrammes floraux des fleurs sauvage et pélorique présentant respectivement une symétrie bilatérale dorso-ventrale et une symétrie radiale. La position relative des organes est indiquée par le code couleur : jaune (ventrale), bleu (dorsale), brun (latérale). Chez le mutant, les pétales et anthères ont une identité ventrale et le gène homologue du gène *CYCLOIDEA* (*Lcyc*) qui contrôle la symétrie de la fleur n'est plus exprimé.

C. Le phénotype peut être instable : sur une même plante, on peut observer une gradation de phénotypes depuis des fleurs quasi normales jusqu'à des fleurs entièrement péloriques. Cette instabilité corrèle avec la déméthylation du gène *Lcyc*. L'hybridation de type Southern montre que la séquence du gène *Lcyc* chez le mutant pélorique (P) est fortement méthylée par rapport à la séquence du gène sauvage (+). U : ADN de mutant instable (descendance F2). *Cuttings* : différents matériels prélevés sur une plante instable tels que la fleur pélorique (P), la semi-pélorique (SP) et la fleur sauvage (+). Les molécules d'ADN ont été digérées par les enzymes de restriction *Hind*III/*Pst*I (*Pst*I est sensible à la méthylation des cytosines), séparées sur gel d'électrophorèse, transférées sur membrane puis hybridées avec une sonde correspondant au gène *Lcyc*. L'ADN méthylé n'est pas digéré par des enzymes sensibles à la méthylation. En analysant les intensités relatives des bandes 2,2 et 2,4 kpb (en noir, forte intensité ; en gris, faible intensité), on peut déduire que la séquence du gène *Lcyc* des fleurs semi-péloriques est moins méthylée que celle des fleurs péloriques, mais plus méthylée que celle des fleurs sauvages.

Trois exemples de cosuppression chez le pétunia. Un transgène codant une enzyme de la voie de biosynthèse des anthocyanes, la chalcone synthase, a été introduit dans un pétunia produisant des fleurs uniformément violettes. Des fleurs présentant des secteurs violets ou blancs sont obtenues après transformation. Photographies Dr. R.-A. Jorgensen.

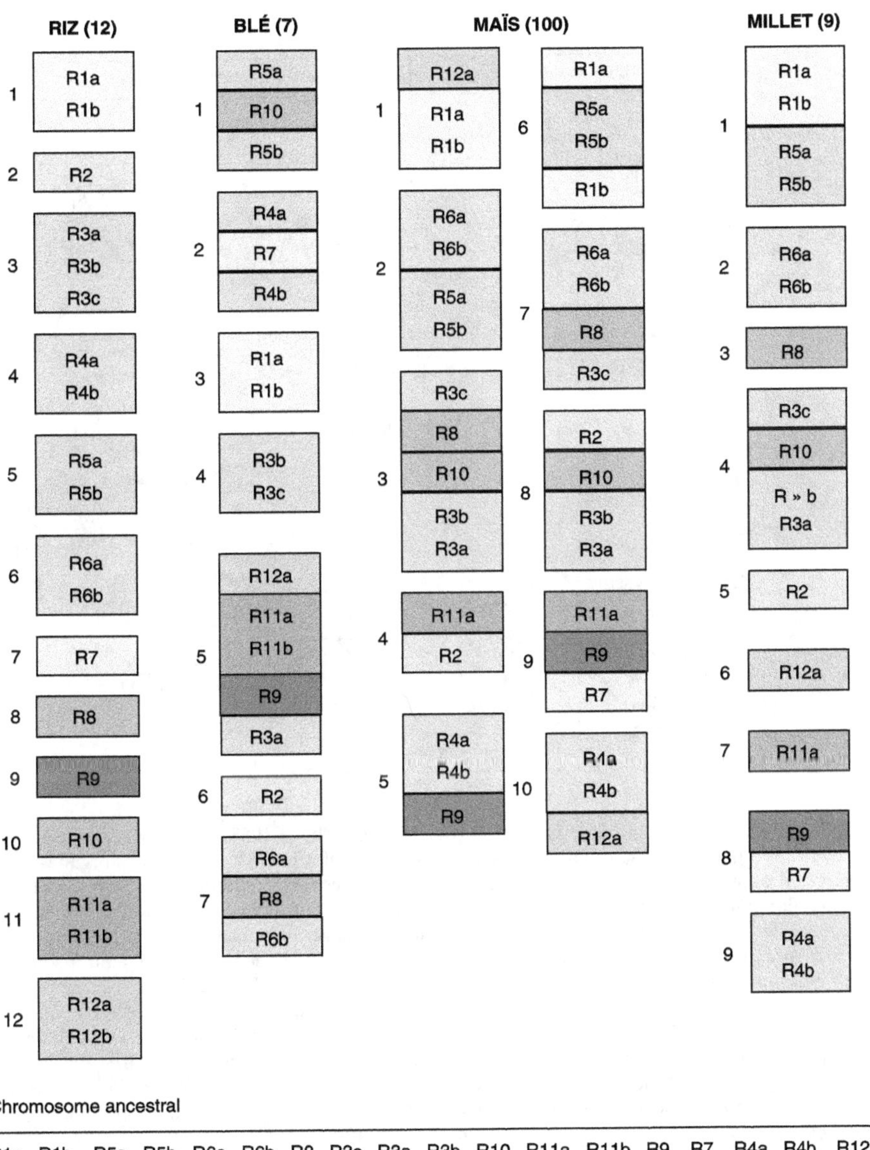

Les 12 chromosomes du riz sont représentés avec un code couleur et chacun d'eux présente de 1 à plusieurs blocs de liaison (R1a, R1b, etc.), définis sur la base de la conservation de l'ordre des gènes (synténie) avec les autres céréales. Les chromosomes du blé, du maïs et du millet sont représentés en prenant ces blocs pour référence. Dans le génome du maïs, les blocs de liaison sont dupliqués, suggérant une polyploïdie. Sur la base de la conservation des principaux blocs entre toutes ces céréales et de leur organisation, un chromosome ancestral a pu être défini (Moore *et al.*, 1995). Reproduit avec l'autorisation d'Elsevier.

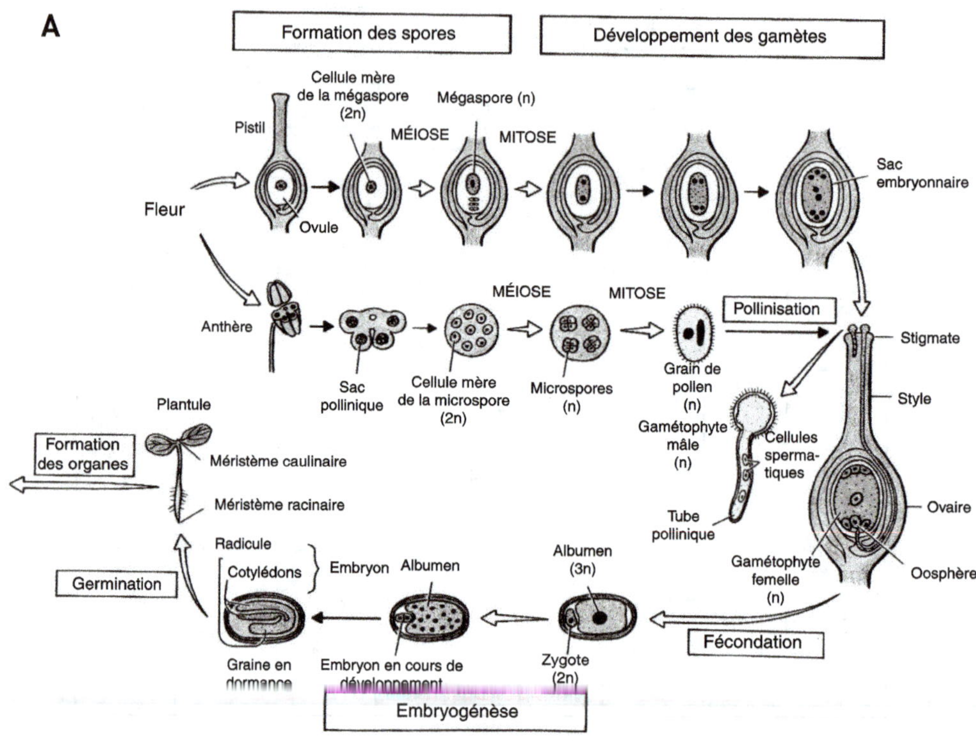

A. Cycle d'une angiosperme : *Arabidopsis thaliana* (dérivé de Goldberg, 1988).
Les fleurs de cette plante sont hermaphrodites, c'est-à-dire qu'elles portent à la fois des organes mâles, les étamines, et un organe femelle, le pistil. Les anthères portent les sacs polliniques. Au sein des étamines, à partir de la cellule-mère des microspores, la méiose produit une tétrade composée de 4 microspores haploïdes. Chacune subit deux divisions mitotiques successives afin de générer un gamète mâle, le grain de pollen. La première division mitotique produit un noyau végétatif et une cellule génératrice qui subit à son tour une seconde mitose qui donne deux cellules spermatiques. Le pistil, quant à lui, produit à la suite de la méiose des mégaspores qui subissent trois mitoses successives avant de générer l'ovule mature. Ces trois divisions produisent 7 cellules haploïdes : 3 cellules apicales, 1 ovocyte encadré par 2 synergides et 1 cellule centrale binucléée (cf. Figure A.1). Le grain de pollen germe une fois déposé au sommet du pistil, sur le stigmate. Le noyau végétatif produit un tube pollinique qui pénètre le pistil et se dirige vers l'ovule. Il y dépose alors les deux cellules spermatiques et l'ovule subit une double fécondation. La première cellule spermatique féconde les deux noyaux de la cellule centrale et forme ainsi un noyau triploïde. La seconde féconde l'oosphère et produit un zygote (2n). Le noyau triploïde se divise et produit un syncytium à l'origine de l'organe nutritif de l'embryon, l'albumen. Le zygote se divise également et engendre l'embryon.

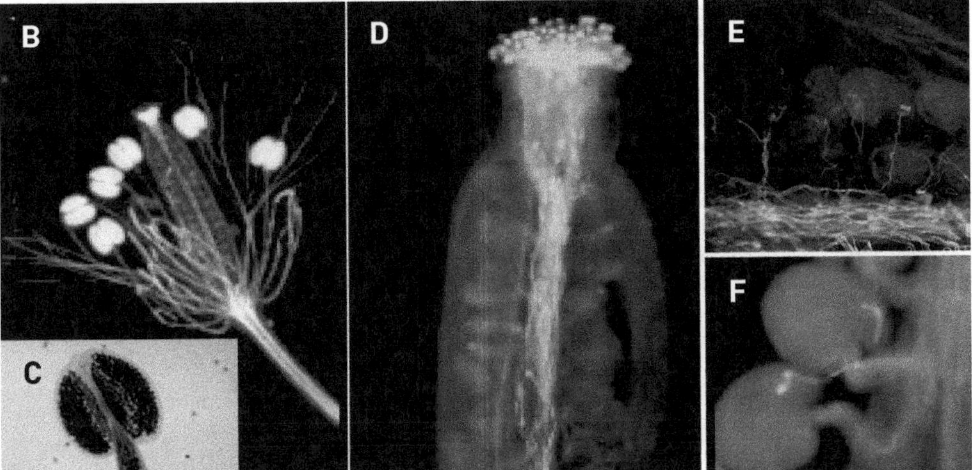

B. Fleur d'*Arabidopsis*. Les tissus sont rendus translucides après traitement au liquide de Herr. Les 6 anthères et le pistil avec ses deux carpelles sont bien visibles. Le contour des sépales et pétales décolorés est visible. Photographie C. Bellini (IJPB-Inra Versailles)

C. Anthère mature. Les grains de pollen situés dans les deux loges sont colorés par la technique d'Alexander. Observation en microscopie optique en contraste interférentiel (× 10).

D. Pistil d'*Arabidopsis* pollinisé. Les grains de pollen sont visibles sur les papilles stigmatiques (en blanc). Les tubes polliniques germent et descendent dans le style. Coloration au bleu d'anilline. Observation en microscopie optique en fluorescence (× 10).

E. Tubes polliniques se dirigeant vers les ovules. Coloration au bleu d'anilline. Observation en microscopie optique en fluorescence (× 25).

F. Visualisation des deux noyaux spermatiques ayant pénétré dans l'ovule et qui participent à la double fécondation. Coloration au bleu d'anilline et au DAPI. Observation en microscopie optique en fluorescence (× 50).

C-F. Photographies D. Vezon (IJPB-Inra Versailles).

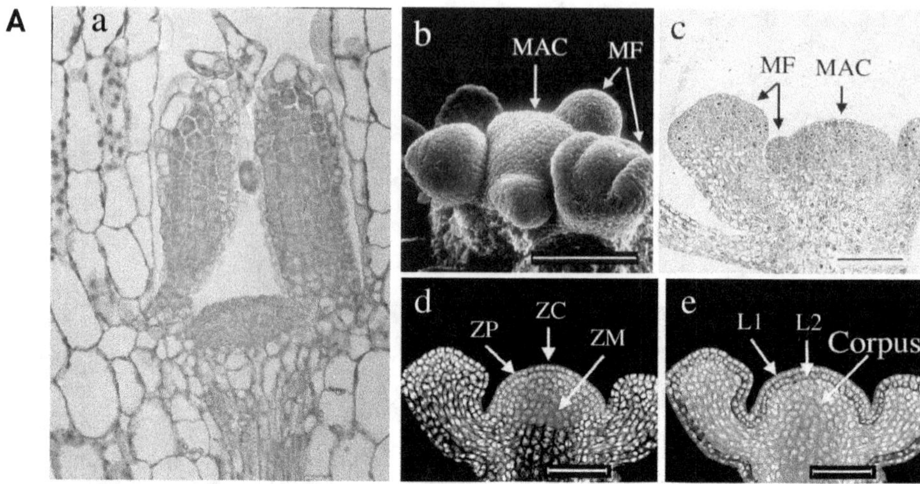

A. Méristèmes caulinaires

a. Coupe longitudinale d'un méristème apical caulinaire végétatif d'une jeune plantule d'*Arabidopsis*. Photographie P. Laufs (IJPB-Inra, Versailles).

b. Apex en microscopie électronique à balayage (MAC, méristème apical caulinaire ; MF, méristème floral).

c. Coupe transversale d'un apex en miscroscopie à transmission.

d-e. Coloration à l'iodure de propidium et visualisation des noyaux en microscopie confocale. Les différentes zones et couches cellulaires sont colorées. ZC : zone centrale ; ZP : zone périphérique ; ZM : zone médullaire ; assises L1 et L2.
b-e : extraits de Meyerowitz (1997) ; barre d'échelle de 50 μm.

B

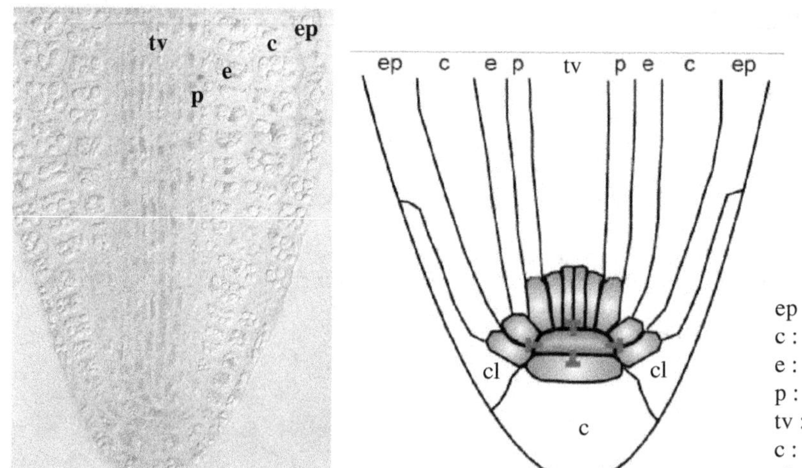

B. Méristème racinaire
Coupe longitudinale et schéma d'un méristème apical racinaire d'une jeune plantule d'*Arabidopsis*. Photographie P. Laufs (IJPB-Inra, Versailles). Schéma de l'apex racinaire d'après Baurle et Laux (2003) : le centre quiescent est représenté en bleu et les cellules souches à l'origine des différents tissus, en rose.

Annexe 1

Notions de biologie végétale

Les analyses phylogénétiques ont permis de classer les organismes en trois grands domaines : les archéobactéries (bactéries habitant souvent dans des environnements extrêmes), les eubactéries (comportant deux sous-groupes, Gram+ et Gram– selon le type de paroi cellulaire) et les eucaryotes. Les cellules eucaryotes possèdent un « vrai » noyau (du grec *caryon*, noyau et *eu*, vrai) car délimité par une double membrane. Ce noyau renferme l'essentiel du matériel génétique ou génome nucléaire. Les végétaux sont des organismes eucaryotes. La cellule végétale résulterait de plusieurs événements d'endosymbiose entre une cellule eucaryote primitive, une eubactérie (précurseur des mitochondries) et une cyanobactérie (bactérie photosynthétique précurseur des chloroplastes).

Les premiers végétaux, apparus il y a quelque 2 000 millions d'années, sont les algues. Les plantes terrestres, quant à elles, apparaissent au début de l'ère primaire (Cambrien), il y a environ 570 millions d'années et vont, parallèlement aux animaux, évoluer. Cela conduira à l'émergence et/ou à la disparition de groupes divers. L'embranchement des plantes dites « à fleurs », « à graines », spermaphytes (*sperma*, graine) ou phanérogames (*phaneros*, manifeste ; *gamos*, union) est le dernier à apparaître. Il comprend les gymnospermes, plantes à graines nues (*gumnos*, nu) et les angiospermes (*aggeion*, réceptacle), plantes dont les graines sont enfermées dans un fruit. Les angiospermes sont elles-mêmes divisées en plantes monocotylédones et plantes dicotylédones. Alors que les embryons des monocotylédones possèdent une seule feuille embryonnaire, le cotylédon, les embryons des dicotylédones en possèdent deux. Par ailleurs, les monocotylédones se caractérisent par des feuilles à nervures parallèles et par des fleurs à symétrie d'ordre 3.

La flore actuelle est dominée par les angiospermes apparues au Jurassique (environ 135 millions d'années). Les angiospermes sont représentées par plus de 250 000 espèces réparties en 300 familles environ, adaptées à pratiquement tous les biotopes. Les gymnospermes sont apparues au Carbonifère (environ 350 millions d'années), ont atteint leur apogée au Jurassique, avant de décliner et d'être supplantées par les angiospermes. Il subsiste quelques 600 espèces de gymnospermes.

▸▸ Cycle biologique des plantes à fleur

Le cycle de vie des plantes à fleurs comprend l'alternance de deux phases : une phase *diploïde* ou *sporophytique* prédominante et une phase *haploïde* ou *gamétophytique*, très discrète et réduite. Il est dit digénétique diplo-haplophasique. Le noyau des cellules d'un individu diploïde possède une paire de chromosomes homologues pour chaque type de chromosomes. Le noyau haploïde ne possède qu'un seul chromosome pour chacune des paires. L'ensemble des chromosomes constitue le matériel génétique de la cellule. Au cours de la méiose, la cellule diploïde subit deux divisions cellulaires successives au terme desquelles quatre cellules haploïdes (spores) sont produites. La réduction chromatique survenant à la méiose marque la fin de la phase sporophytique. La méiose permet une redistribution aléatoire des chromosomes homologues, des événements de recombinaison et donc un brassage génétique important.

Les angiospermes étant le groupe végétal le plus important, leur cycle est présenté (Planches 14 et 15). Pour des informations plus détaillées en botanique, les lecteurs devront consulter des ouvrages plus spécialisés (Raynals-Roques, 1994).

La fleur

Au cours du développement de la plante, en réponse à des facteurs endogènes (hormones, âge, etc.) et/ou environnementaux (température, lumière, photopériode, nutriments, etc.), la transition florale (passage entre la phase végétative et la phase reproductrice) s'opère et la plante produit des fleurs. Les fleurs des angiospermes sont le plus souvent hermaphrodites, c'est-à-dire qu'elles portent à la fois les organes reproducteurs femelles (pistils) et les organes mâles (étamines) ; c'est le cas d'*Arabidopsis*, du colza, etc. Cependant, chez certaines espèces, les fleurs sont unisexuées, mâles ou femelles. Lorsque les fleurs mâles et les fleurs femelles sont portées par un même individu, la plante est dite monoïque (maïs, melon, bouleau, noisetier, etc.) ; si elles le sont par deux individus distincts, la plante est dite dioïque (asperge, saule, houx, ginkgo, etc.). Les sépales et les pétales entourent les organes reproducteurs et peuvent avoir un rôle protecteur et/ou attractif pour les insectes pollinisateurs. Le pistil comprend l'ovaire, divisé en carpelles, et le style terminé par le stigmate, organe récepteur du pollen. Les étamines sont constituées par un filet staminal portant les anthères, ou sacs polliniques, renfermant les grains de pollen.

Gamétophyte femelle

Le sac embryonnaire est le gamétophyte femelle. Il est entouré de deux enveloppes ou téguments diploïdes, d'origine maternelle. Il renferme le gamète femelle (oosphère), le tout constituant l'ovule. L'ovule présente un petit orifice, le micropyle, ménagé entre les marges des téguments, en face du sac embryonnaire. Le gamétophyte femelle dérive d'une cellule diploïde qui donne naissance après méiose à quatre cellules haploïdes appelées « mégaspores ou macrospores ». Trois de ces spores dégénèrent. Après trois divisions mitotiques successives, la mégaspore restante forme le sac embryonnaire constitué par l'oosphère et deux

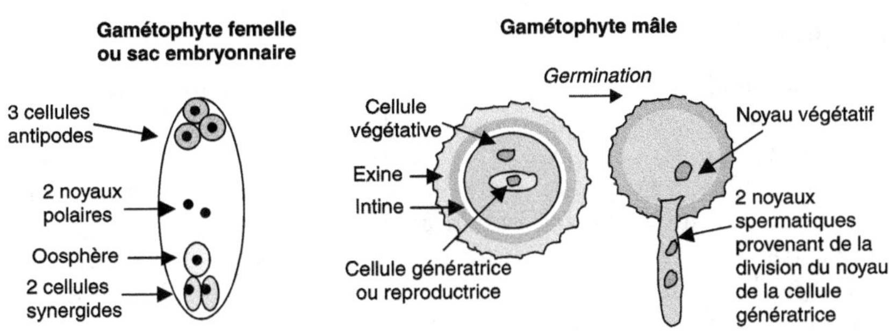

Figure A.1. Gamétophytes femelle et mâle.

cellules synergides (proches du micropyle) à un des pôles, par trois cellules antipodiales au pôle opposé, tandis qu'au centre, deux noyaux polaires sont présents (Figure A.1).

Gamétophyte mâle

Le grain de pollen est le gamétophyte mâle. Les grains de pollen se forment dans les anthères à partir des cellules-mères des spores. Chaque cellule-mère subit une division méiotique et donne une tétrade de quatre microspores qui se différencient en quatre grains de pollen. Chaque grain de pollen, entouré par une enveloppe protectrice (exine), est formé par deux cellules haploïdes, une cellule végétative et une cellule reproductrice ou génératrice (cellule spermatogène). Les grains de pollen permettent la dissémination des gamètes mâles (cf. Figure A.1).

Double fécondation

La pollinisation correspond à l'ensemble des phénomènes, depuis le dépôt du grain de pollen sur le stigmate jusqu'à la fécondation. Au contact du stigmate, le grain de pollen émet un tube pollinique ; le noyau de la cellule reproductrice du grain de pollen se divise en deux noyaux spermatiques qui sont conduits au contact de l'ovule grâce à ce tube pollinique (siphonogamie). Un des deux noyaux s'unit à l'oosphère pour former le zygote diploïde qui donnera l'embryon. Le second fusionne avec les deux noyaux polaires, ce qui conduit à la formation d'un deuxième zygote, triploïde, à l'origine de l'albumen, tissu nourricier pour l'embryon. Il y a ainsi une double fécondation. Dans certaines espèces comme les brassicacées ou les monocotylédones, la mitose du grain de pollen a lieu avant la germination du tube pollinique. Le grain de pollen à maturité est ainsi trinucléé.

La pollinisation implique la reconnaissance du pollen, le guidage du tube pollinique jusqu'au micropyle. Selon les espèces végétales, l'autofécondation est permise ou non. Le mécanisme de rejet de l'autopollen est déterminé par un système génétique polyallélique (phénomène d'incompatibilité pollinique) qui favorise le brassage génétique au sein de l'espèce. Il peut entraîner le blocage de l'hydratation du grain de pollen ou l'inhibition de la progression du tube pollinique dans le pistil.

Embryogenèse

Déclenchée par la fécondation, l'embryogenèse se déroule dans l'ovaire. Le zygote principal subit une série de divisions orientées donnant d'une part le suspenseur qui dégénèrera et d'autre part, l'embryon (Figure A.2). Assez rapidement, la compartimentation de l'embryon s'organise en 3 domaines. De haut en bas, on distingue un domaine apical précurseur du méristème apical caulinaire et des cotylédons, un domaine central à l'origine de la future tige et un domaine basal précurseur du méristème apical racinaire. Cette organisation polarisée conduit à la mise en place des méristèmes, dont le fonctionnement assurera l'organogenèse ultérieure. La maturation de la graine se poursuit avec le développement des téguments de la graine et la formation de réserves nutritives (glucidiques, lipidiques et protéiques) accumulées dans les cotylédons ou dans l'albumen. Selon les espèces, l'albumen est plus ou moins important (très réduit chez *A. thaliana*). Après une phase de forte déshydratation, la graine entre en dormance, sorte de mise au ralenti de son métabolisme. Le fruit qui renferme les graines provient de la transformation du pistil. L'invention du fruit par les angiospermes est un facteur adaptatif important et permet la dissémination des graines.

Germination de la graine

Après un temps de dormance variable, lorsque la graine tombée au sol trouve des conditions d'hydratation et de température convenables, elle germe. La plantule se développe en utilisant les réserves nutritives stockées par la plante-mère dans la graine ; elle est initialement hétérotrophe. Ensuite, elle devient autotrophe avec le développement des feuilles, lieu de la photosynthèse. Grâce à l'énergie lumineuse, elle synthétise ses propres substances organiques et un nouveau sporophyte se développe grâce au fonctionnement des méristèmes, recommençant le cycle.

▸▸ Quelques particularités végétales

Spécificités cytologiques

La cellule végétale se distingue de la cellule animale par la présence de trois structures visibles en cytologie : des plastes (leucoplastes et chromoplastes dont les chloroplastes), une paroi pecto-cellulosique assurant le maintien de la forme de la cellule et une vacuole occupant généralement un volume cellulaire important. La paroi pecto-cellulosique est rigide, jouant le rôle de « squelette » tout en conservant une certaine plasticité/élasticité permettant la croissance et la division cellulaires. Cette structure rigide impose certaines contraintes à la croissance végétale. Ainsi, la migration des cellules, qui a notamment lieu lors du développement chez les animaux, est un comportement cellulaire exclu chez les végétaux. La position de chaque cellule et les communications intercellulaires jouent un rôle important dans le développement et la morphogenèse des végétaux. La communication intercellulaire s'effectue grâce à des structures spécifiques traversant les parois, les plasmodesmes. Ils assurent une véritable continuité des cytoplasmes et permettent des échanges de diverses molécules (métabolites, macromolécules comme certains ARN).

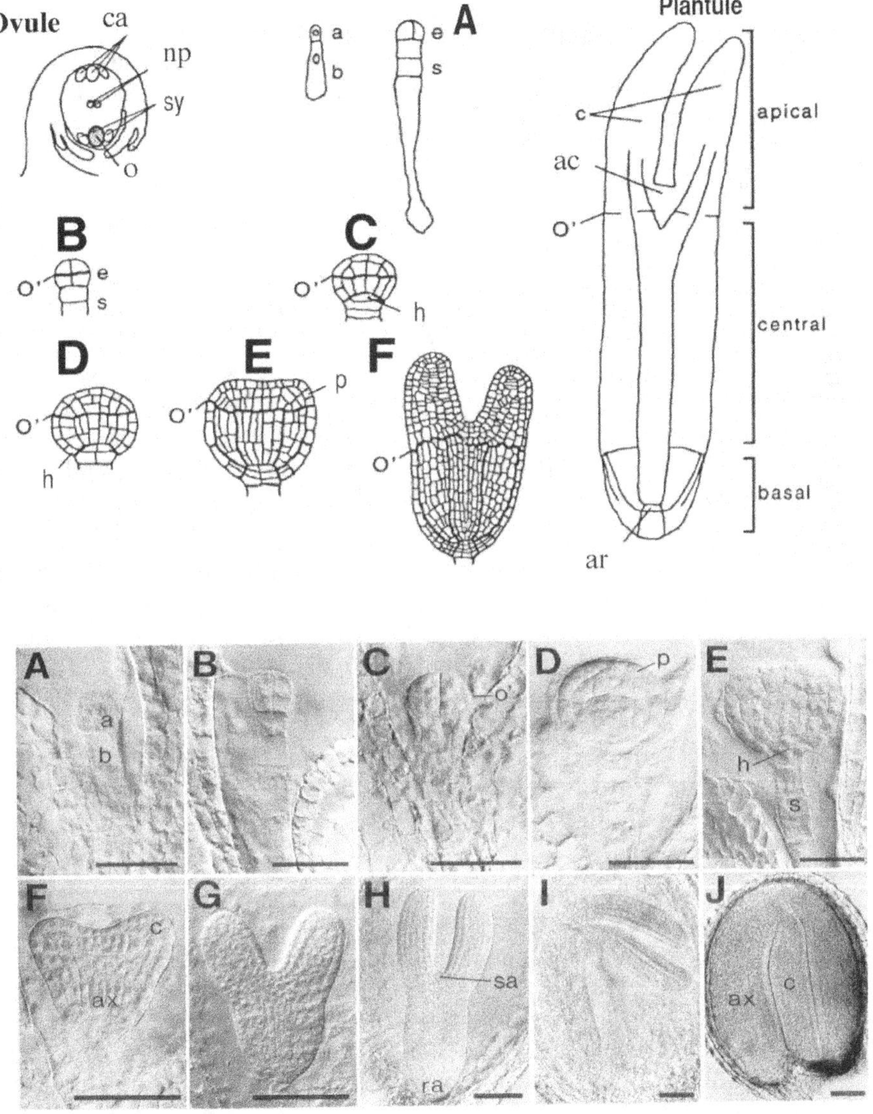

Figure A.2. Développement embryonnaire d'*Arabidopsis thaliana*.
Schéma du développement de l'ovule à la jeune plantule et photographies en microscopie électronique à contraste différentiel de quelques stades de développement (A-J).
a : cellule apicale ; ac (ou sa) : apex caulinaire (*shoot apex*) ; ar (ou ra) : apex racinaire (*root apex*) ; ax : axe ; b : cellule basale ; c : cotylédon ; Ca : cellules antipodiales ; e : embryon ; h : hypophyse ; np : noyaux polaires ; o : oosphère ; O' : plan de séparation entre la partie apicale et la partie basale ; p : protoderme ; s : suspenseur ; sy : synergides.
(A) L'embryon est formé par deux cellules provenant de la cellule apicale, tandis que la cellule basale donne lieu au suspenseur. (B) Stade « octane ». L'embryon est formé de 8 cellules, la ligne O' marque la séparation entre la partie apicale (aérienne) et la partie basale (racinaire) de la future plantule. (C) Stade globulaire précoce. (D) Stade globulaire tardif. (E) Stade transitoire. (F-G) Stade cœur, précoce (F) et plus tardif (G). (H) Embryon linéaire. (I) Recourbement de l'embryon. (J) Embryon mature. Échelles : de A à E, 25 μm ; de F à J, 50 μm. Schéma et photographies extraits de West et Harada (1993).

Méristèmes des végétaux

La plante se construit grâce à l'activité des *méristèmes* (cf. Planche 16). Ces tissus indifférenciés et spécifiques sont à l'origine de tous les organes et tissus de la plante et fonctionnent tout au long de sa vie. Les deux méristèmes primaires, le méristème apical racinaire et le méristème apical caulinaire, sont mis en place très tôt lors de l'embryogenèse. Ils déterminent la croissance en longueur de la plante et la mise en place de méristèmes secondaires qui participeront à la croissance en épaisseur. La croissance végétale est de type modulaire ; chaque module est constitué d'une feuille, d'un bourgeon et d'un segment internodal (entrenœud). Le développement des plantes et la formation de nouveaux tissus et organes tout au long de la vie du végétal se distinguent donc des processus développementaux chez les animaux, chez qui tous les organes et types de tissus sont formés lors de l'embryogenèse. En particulier, on n'observe pas de séparation précoce d'une lignée cellulaire germinale chez les plantes comme chez les animaux. Chez *A. thaliana*, le méristème végétatif (avant la transition florale) produit les organes végétatifs (feuilles). Après la transition florale, il devient méristème d'inflorescence et produit les méristèmes floraux et les organes reproducteurs, les fleurs.

Les méristèmes sont des territoires cellulaires organisés dont la structure et l'organisation sont très bien connues. Ainsi les méristèmes apicaux végétatifs, d'inflorescence ou floraux, présentent une organisation en assises cellulaires pour les couches cellulaires les plus externes (cf. Planche 16). On distingue :
– une assise externe, épidermique L1 dont le plan de division des cellules est perpendiculaire à la surface du méristème (plan anticline) ;
– une assise sous-jacente L2, composée d'une ou deux couches cellulaires dont les cellules se divisent de façon anticline ou péricline ;
– une assise interne L3 ou corpus, plus épaisse, dont les cellules n'ont pas de plan de division préférentiel.

Le méristème comporte également plusieurs zones ayant des caractéristiques cytologiques et des activités mitotiques différentes :
– la zone centrale est située au sommet de l'apex, c'est une région de divisions peu actives ;
– la zone périphérique, entourant la zone centrale, est une région de divisions cellulaires actives qui correspond à la zone d'émergence des nouveaux primordia ;
– la zone médulaire, située sous la zone centrale, est à l'origine des tissus de la tige.

La position des cellules au sein du méristème conditionne leur devenir. Le fonctionnement du méristème lui permet à la fois de se maintenir et de produire les nouveaux organes. La diversité et la complexité des formes végétales comme les différents tropismes sont les fruits de ce mode de croissance. Il explique la longévité de certaines espèces ligneuses ainsi que leur imposant développement.

Hormones végétales et facteurs environnementaux

La croissance cellulaire et l'organogenèse sont sous le contrôle de différentes phytohormones (auxines, cytokinines, gibérellines, acide abscissique, éthylène, etc.). L'équilibre entre auxines et cytokinines est un paramètre important de l'organogenèse et du développement (cf. Chapitre 5).

Des facteurs environnementaux interviennent également dans ce contrôle (température, lumière, eau, disponibilité des substances nutritives, etc.). La lumière contrôle ainsi certaines étapes du développement telles que la germination des graines, la formation des feuilles, la floraison et la sénescence.

Totipotence végétale

De nombreux végétaux sont capables de se multiplier sans passer par la reproduction sexuée. Cette reproduction asexuée, dite reproduction par voie « végétative », dépend de divers organes ou de tissus végétatifs et résulte des propriétés de totipotence des cellules végétales. En effet, les cellules végétales différenciées sont capables de se dédifférencier, d'acquérir de nouvelles propriétés et de participer à la formation de nouveaux organes, voire de nouveaux individus. Les techniques de greffe, de marcottage, de bouturage ou les techniques de culture *in vitro* (microbouturage, régénération de plantes à partir de divers explants, etc.) exploitent ces propriétés du végétal. Les individus issus de la reproduction végétative sont génétiquement identiques à la plante-mère et sont donc des clones naturels. Il peut arriver que la reproduction végétative *in vitro* génère des variants dits « variants somaclonaux ».

Les techniques de culture *in vitro* jouent sur les équilibres hormonaux pour orienter l'organogenèse et aboutir à la régénération d'une plante entière. Ces protocoles permettent la reformation de méristèmes ou d'embryons somatiques.

Autogamie et allogamie

On distingue les plantes allogames pour lesquelles la fécondation (allofécondation) n'est possible qu'entre des gamètes provenant de plantes différentes et les plantes autogames pour lesquelles les gamètes peuvent provenir de la même fleur, de la même plante (autofécondation). La plupart des espèces sont allogames. La classification n'est pas toujours stricte ; un certain pourcentage d'allogamie s'observe chez les plantes autogames. Il est en général possible d'imposer artificiellement à une plante un mode de reproduction : on peut pratiquer des allofécondations chez des plantes autogames pour créer des variétés hybrides.

Quelques spécificités des monocotylédones et des dicotylédones

Les angiospermes sont divisées en monocotylédones et dicotylédones selon un ensemble de critères[1] (Figure A.3), parmi lesquels le nombre de cotylédons (ou feuilles primordiales de la jeune plantule). L'embryon des monocotylédones n'a qu'un seul cotylédon, le bourgeon se trouvant généralement à sa base, en position latérale. L'embryon des dicotylédones comprend deux cotylédons situés face à face, encadrant et protégeant le bourgeon terminal.

---

1. Pour plus d'information sur la structure et la morphologie des végétaux, voir l'ouvrage de Raynals-Roques (1994).

Dans les tiges et les racines, les faisceaux conducteurs se situent à la périphérie du cylindre central dont le centre est occupé par la moelle. Le cylindre central est entouré par la zone corticale. Chez les dicotylédones, les faisceaux cribrovasculaires sont généralement disposés en couronne ou cycle, tandis que chez les monocotylédones, ils sont disposés sur plusieurs cycles concentriques. Les tiges des monocotylédones sont dépourvues du cambium et de formations secondaires : elles ne peuvent s'épaissir en épaisseur. Bien que l'on observe une grande diversité de morphologies foliaires, les feuilles des monocotylédones sont généralement entières, à nervation parallèle, et elles possèdent souvent une gaine à leur base. De plus, on ne peut faire de distinction entre un pétiole et le limbe. À ces grandes règles, il existe cependant des exceptions et cas particuliers.

	DICOTYLÉDONES	MONOCOTYLÉDONES
NOMBRE DE COTYLÉDONS	2 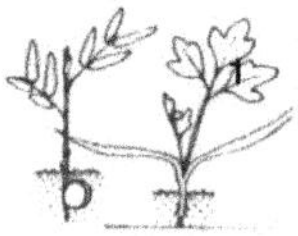	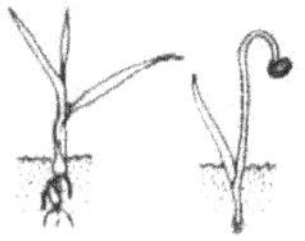 1
FEUILLES	Très variables mais jamais de type monocotylédones 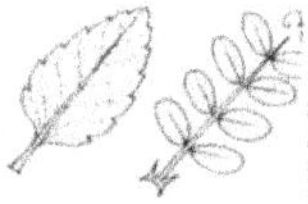	Gaine + limbe linéaire et entier ; nervures parallèles 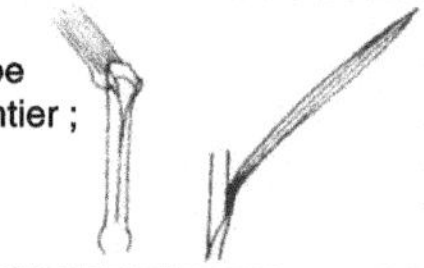
FLEURS	Très variables (souvent tétra- ou pentamères) 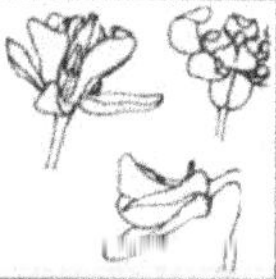	Trimères dérivés de la formule 3 Sép. + 3Pét. + (3 + 3) Eta. + 3 Car. 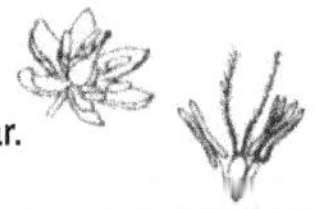
SYSTÈME VASCULAIRE	Faisceaux libéro-ligneux disposés en cylindre central dans la tige primaire 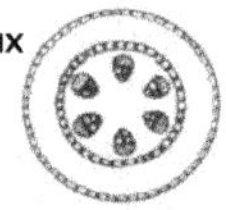	Faisceaux libéro-ligneux dispersés avec xylème en V 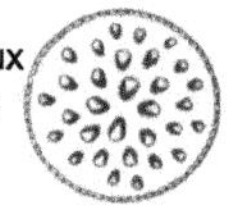

Figure A.3. Monocotylédones et dicotylédones : quelques caractéristiques structurales. Car. : carpelles ; Eta. : étamines ; Pét. : pétales ; Sép. : sépales. Tableau extrait de Jauzein (1995).

Annexe 2

Mitose et méiose

▸▸ Cycle cellulaire et mitose

Le déroulement normal du cycle cellulaire chez les eucaryotes a pour conséquence la formation de deux cellules-filles ayant des génomes identiques. Il comporte quatre phases : G1 (*Gap1* ou intervalle 1), S (synthèse de l'ADN, duplication du jeu de chromosomes), G2 (*Gap2*) et M (mitose) qui se succèdent dans un ordre immuable. Les trois premières phases G1, S et G2 constituent l'interphase pendant laquelle le noyau de la cellule est limité par son enveloppe. En mitose, cette enveloppe disparaît, les chromosomes se compactent, deviennent visibles et se séparent en deux jeux. La succession des quatre phases du cycle est hautement régulée, essentiellement par des kinases cycline-dépendantes (Cdk), mais également par des mécanismes de surveillance (points de contrôle ou *check point*) à chaque phase pour s'assurer qu'aucune modification au niveau génétique (réplication de l'ADN incorrecte) et structurale (fuseau mitotique mal formé) ne s'est produite.

La mitose comporte elle-même plusieurs phases (Figure A.4) : la prophase, la métaphase, l'anaphase, la télophase et la cytodiérèse. Pendant la prophase, les chromosomes se condensent, le fuseau mitotique constitué de microtubules polaires se forme. La métaphase débute par la rupture de l'enveloppe nucléaire ; les kinétochores se forment au niveau des centromères et les chromosomes se placent dans le plan équatorial de la cellule. En anaphase, les chromatides-sœurs se séparent et migrent vers les poles de la cellule, le long du fuseau mitotique. En télophase, les chromatides sont aux pôles et l'enveloppe nucléaire se reforme autour de chaque groupe de chromatides-sœurs ; la chromatine se décondense. La division s'achève par la division du cytoplasme (cytodiérèse).

▸▸ Méiose

Deux chromosomes sont représentés par souci de simplicité (Figure A.5).

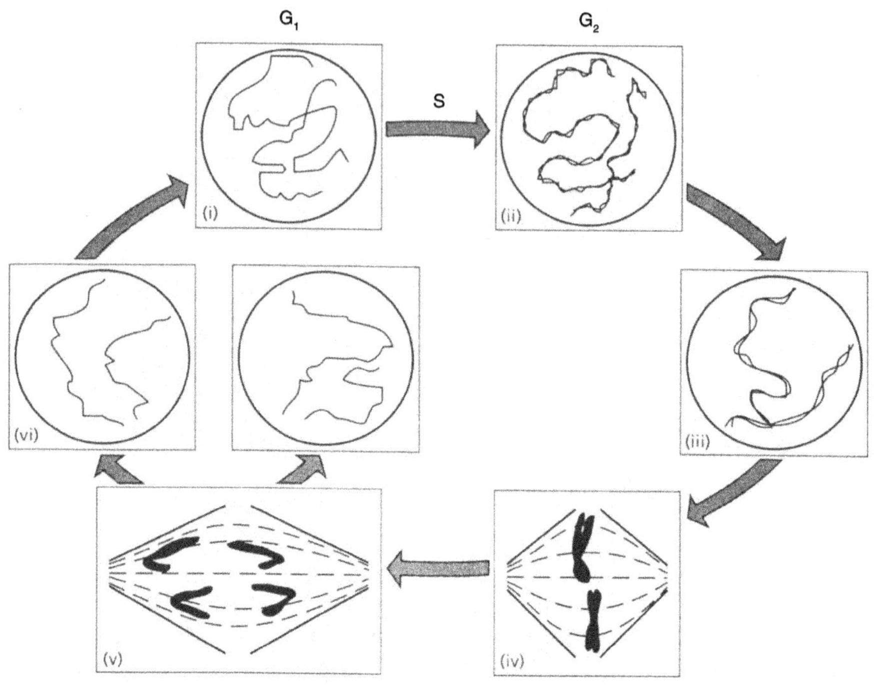

Figure A.4. Cycle mitotique.

(i) Interphase avant la réplication de l'ADN (phase G1 du cycle cellulaire). (ii) Interphase après réplication de l'ADN (phase G2 du cycle). (iii) Prophase : les chromosomes se condensent, début de formation du fuseau mitotique. (iv) Métaphase : les chromosomes sont au maximum de leur condensation et sont alignés à l'équateur du fuseau mitotique (il n'y a plus d'enveloppe nucléaire). (v) Anaphase : les chromosomes dupliqués migrent aux pôles du fuseau grâce à leurs centromères. (vi) Télophase : les enveloppes nucléaires se reforment et les chromosomes se décondensent. Schéma extrait de Fincham (1994).

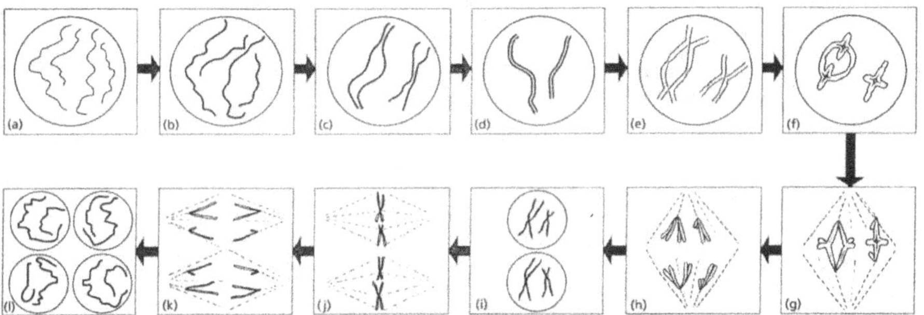

Figure A.5. Méiose.
(a-b) Noyau pré-méiotique avant (2n chromosomes à une chromatide) et après réplication de l'ADN (4n, soit 2n chromosomes à 2 chromatides). (c) Stade zygotène de la prophase de la première division méiotique : les chromosomes homologues commencent à s'apparier. (d) Stade pachytène : les chromosomes homologues sont complètement appariés et commencent à être visibles. (e) Stade diplotène : les chromosomes sont bien visibles, les deux chromatides sont liées au niveau des centromères. On observe des chiasmas correspondant à des événements d'enjambements entre les deux chromatides non-sœurs (recombinaison ou *crossing-over*). (f) Diacinèse : les paires de chromosomes associés (bivalents, soit 4 chromatides) poursuivent leur condensation. (g) Métaphase I : les bivalents s'alignent à l'équateur du fuseau. Chaque bivalent s'oriente vers les pôles grâce à l'interaction entre le fuseau et le centromère. (h) Anaphase I : les chiasmas se résolvent ; les chromatides-sœurs avec leur centromère non dissocié migrent vers les pôles. (i) Télophase I : les chromatides deviennent plus diffuses puis se condensent à la prophase II (non représentée). La membrane nucléaire réapparaît. Formation de deux cellules à 2n chromosomes qui sont différentes puisqu'il y a eu ségrégation aléatoire des chromosomes homologues et des échanges par recombinaison. (j) Métaphase II : après disparition de la membrane nucléaire, les chromatides s'alignent à l'équateur du fuseau de la deuxième division méiotique. (k) Anaphase II : les centromères se divisent et les deux chromosomes, à une seule chromatide, sont tractés vers les pôles opposés. (l) Télophase II : en fin de méiose, on observe quatre cellules avec n chromosomes. Schéma extrait de Fincham (1994).

Notions de génétique mendélienne

▸▸ Lois de Mendel

Les lois de la génétique mendélienne s'appliquent à la transmission des caractères phénotypiques monogéniques lors de la reproduction sexuée. Elles ont été déduites de l'analyse des descendances dérivées de croisements contrôlés entre individus ayant des phénotypes[1] visibles distincts (par exemple, des petits pois lisses ou ridés). Dans une population d'individus d'une même espèce, un gène (locus ou unité d'hérédité) se transmet d'une génération à la génération suivante par les gamètes. Dans une espèce diploïde, chaque individu possède 2 copies de chaque gène. Différentes formes d'un même gène (ou allèles) peuvent exister dans une population d'individus. Ainsi les gènes S, responsables de l'incompatibilité pollinique, et les microsatellites (cf. Chapitre 2) sont des loci polyalléliques.

Si un locus existe sous 2 formes alléliques « A » et « a » (locus biallélique), 3 génotypes[2] sont possibles : 2 génotypes homozygotes A/A, a/a et 1 génotype hétérozygote A/a. Si les 3 génotypes entraînent 3 phénotypes différents, les 2 allèles sont dits *codominants*. Si les individus A/A et A/a ont le même phénotype, l'allèle A est dit *dominant* et l'allèle a est dit *récessif*.

Première Loi de Mendel

À partir de deux parents de génotypes A/A et a/a, toute la génération F1 issue du croisement est de génotype A/a et le phénotype des individus obtenus est le même pour tous. La génération F2, obtenue par autofécondation des individus de la génération F1, se caractérise par une distribution suivant les proportions 3/1 des 2 types de phénotypes parentaux (Tableau A.1). La 1re loi de Mendel est déduite de cette distribution.

---

1. Phénotype : ensemble des caractères observables d'un individu ; expression visible d'un génotype dans un environnement donné.
2. Génotype : ensemble des allèles pour un gène ou un ensemble de gènes responsables d'un ou plusieurs caractères chez un individu.

Tableau A.1. Distribution génétique lors du croisement de plantes différant d'un caractère.

Gamètes	A	a
A	*AA*	*Aa*
a	*Aa*	*aa*

Première loi ou loi de ségrégation : loi de pureté des gamètes

Les allèles des différents gènes ségrègent de manière aléatoire à la méiose. Les gamètes issus de la méiose ne possèdent qu'un seul allèle, ils sont dits « purs ».

Deuxième loi de Mendel

L'étude de la transmission de 2 caractères monogéniques *A* et *B*, à partir de parents de génotypes *A*/*A B*/*B* et *a*/*a b*/*b* (dihybridisme), conduit à 4 types de gamètes générant $4^2 = 16$ combinaisons, $3^2 = 9$ génotypes et $2^2 = 4$ types de phénotypes [*AB*], [*Ab*], [*aB*] et [*ab*] dans les proportions 9-3-3-1, respectivement, lorsque *A* est dominant sur *a* et *B* sur *b* (Tableau A.2). Ces résultats conduisent à l'énoncé de la deuxième loi de Mendel. La distribution des génotypes et des phénotypes résulte de la séparation aléatoire des allèles à la méiose et de l'indépendance des différents allèles des deux loci. Les proportions des 4 phénotypes et 4 génotypes issus d'un rétrocroisement (*backcross*, BC) entre un individu F1 (de génotype *A*/*a B*/*b*) et un individu doublement récessif *a*/*a b*/*b* sont : 1-1-1-1.

Tableau A.2. Distribution génétique lors du croisement de plantes différant de 2 caractères.

Gamètes	*AB*	*Ab*	*aB*	*ab*
AB	*AABB*	*AABb*	*AaBB*	*AaBb*
Ab	*AABb*	*AAbb*	*AaBb*	*Aabb*
aB	*AaBB*	*AaBb*	*aaBB*	*aaBb*
ab	*AaBb*	*Aabb*	*aaBb*	*aabb*

La proportion des phénotypes obtenus est la suivante : [*AB*] = 9 ; [*Ab*] = [*aB*] = 3 ; [*ab*] = 1.

Deuxième loi ou loi d'assortiment indépendant

Les allèles des différents gènes ségrègent de manière aléatoire et indépendante durant la formation des gamètes.

►► Liaison génétique, recombinaison et distance génétique

Des gènes proches, portés par un même chromosome, peuvent être transmis ensemble, on dit qu'ils sont liés génétiquement. Dans ce cas, la deuxième loi de Mendel est rarement vérifiée. La distribution des génotypes dans une population F2 ou une population issue d'un rétrocroisement peut présenter des proportions éloignées du rapport 9-3-3-1. Des génotypes recombinants apparaissent, résultant de mécanismes de recombinaison génétique à la méiose ou *crossing-over*. La recombinaison permet un échange de fragments chromosomiques plus ou moins important entre les chromatides des chromosomes homologues, appariés et dupliqués pendant la phase S précédant la mitose. Ce mécanisme permet de déduire la distance entre deux loci et d'établir des cartes génétiques.

Suite à un rétrocroisement entre un individu d'une génération F1 (*A/a B/b*) et le parent de génotype *a/a b/b*, si la ségrégation des caractères est indépendante, des proportions égales pour les 4 génotypes et phénotypes seront obtenues. Sinon, les proportions sont fréquemment différentes de ce qui est attendu. Parmi les 4 génotypes et phénotypes prévisibles, deux sont majoritaires et correspondent à ceux des parents en admettant les 2 loci *A* et *B* liés (transmis en bloc) et 2 sont minoritaires, résultant d'une recombinaison. La proportion des minoritaires représente la valeur du taux de recombinaison (r) en % (Figure A.6).

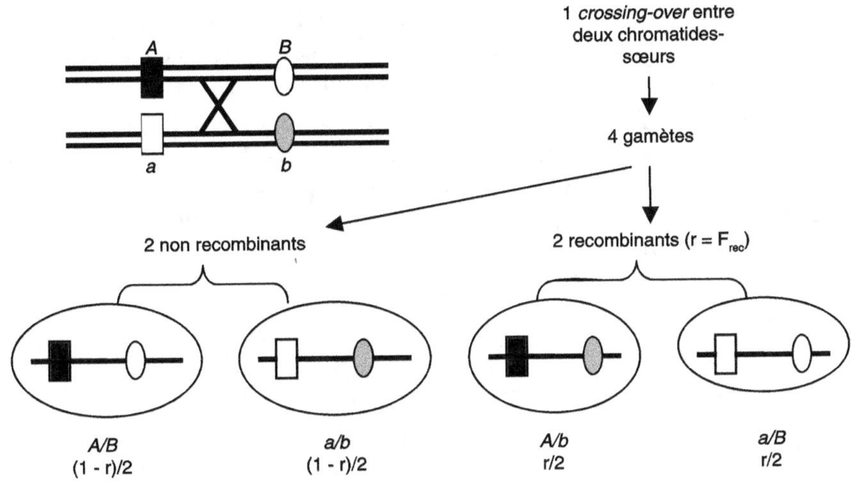

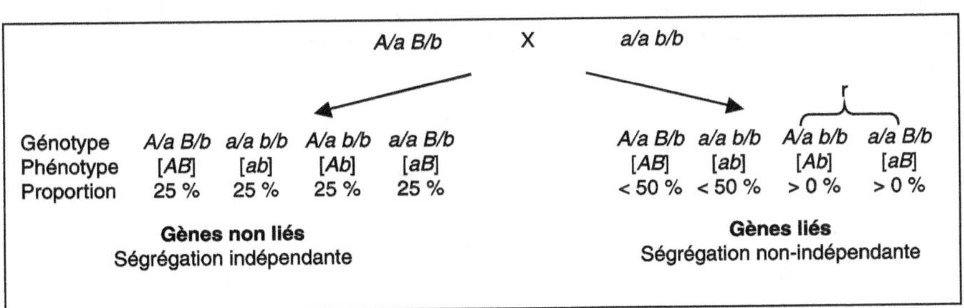

Figure A.6. Ségrégation de caractères liés.
La recombinaison méiotique est une recombinaison homologue. Elle a lieu pendant le stade pachytène. À ce stade de la méiose, les chromosomes sont sous forme de bivalents : chaque bivalent comprend les deux chromosomes homologues contenant chacun deux chromatides-sœurs maintenues accolées par des protéines (cohésine, condensine), déposées le long des chromatides et au niveau du centromère. L'appariement des chromosomes homologues fait intervenir le complexe synaptonémal. Cet échange génétique ou *crossing-over* peut être suivi par des techniques de cytogénétique ; le mécanisme moléculaire sous-jacent reste cependant incomplètement compris. F_{rec} ou r : fréquence de recombinaison.

Par convention, la distance génétique entre 2 marqueurs est évaluée par la fréquence d'apparition des individus recombinants, soit la fraction ou le pourcentage des individus recombinants. L'unité de distance génétique est le centiMorgan (cM) et est égale à 1 % de recombinaison. La valeur limite en cM de la distance détectable par analyse génétique entre 2 marqueurs est de 50 cM ; une fréquence de recombinants de 50 % est observée dans le cas de 2 marqueurs non liés. Une recombinaison intrachromosomique entre 2 marqueurs liés distants de 50 cM a le même effet que la recombinaison interchromosomique entre 2 marqueurs non liés. La connaissance des distances génétiques entre les marqueurs génétiques permet d'établir de proche en proche la carte génétique d'une espèce (d'un croisement). En réalité, plus la distance est grande et plus la probabilité d'apparition de plusieurs événements de recombinaison entre 2 points augmente. Ainsi, comme une deuxième recombinaison peut annuler la recombinaison génétique telle qu'on peut la lire entre 2 marqueurs donnés, la relation entre distance et fréquence des recombinants (et des événements de recombinaison générateurs) n'est pas linéaire. Les distances génétiques ne sont pas strictement additives.

Parmi les différentes formules mathématiques permettant le calcul de la distance génétique à partir de la fréquence des recombinants, la relation de Haldane est l'une des plus couramment utilisées. La valeur de la distance génétique de Haldane donnée par la formule est supérieure à la valeur de la proportion expérimentale des recombinants effectifs :

$$d = -\tfrac{1}{2} \, \mathrm{Ln}(1 - 2r)$$

avec d, la distance de Haldane en Morgan et r, la fraction des recombinants.

Pour les faibles valeurs de r (< 0,1), la distance de Haldane est proche de r, soit d = 0,11 M (pour r = 0,1) ; pour les valeurs de r élevées, tendant vers la limite de 0,5, la distance génétique calculée s'en écarte de plus en plus ; pour r = 0,49, on obtient d = 1,95.

Pour plus de détails sur les notions de génétique, les lecteurs sont encouragés à consulter des ouvrages spécialisés (Griffiths *et al.*, 2006).

Expression des gènes eucaryotes

L'organisation structurale et fonctionnelle fondamentale des gènes est commune à tous les êtres vivants. Cette unité du monde vivant se manifeste par l'universalité du code génétique. Les principes biochimiques qui permettent aux organismes de reproduire leurs spécificités structurales et physiologiques sont identiques de la bactérie à l'homme. L'information génétique d'un gène est constituée par l'enchaînement linéaire et ordonné de 4 types de désoxyribonucléotides qui comportent les bases adenine (A), guanine (G), cytosine (C) ou thymine (T). L'information portée par le brin « sens » de l'ADN est transcrite en une molécule d'ARN messager (ARNm).

L'*unité transcriptionnelle* d'un gène est ainsi transcrite en ARNm puis traduite en protéine. Quel que soit le gène (codant une protéine, codant des ARN ribosomaux [ARNr], des ARN de transfert [ARNt] ou d'autres petits ARN), il comprend l'unité transcriptionnelle et des séquences régulatrices de part et d'autre de l'unité transcriptionnelle (Figure A.7). L'unité transcriptionnelle des gènes procaryotes est continue et souvent polycistronique, tandis que l'unité transcriptionnelle des gènes eucaryotes est généralement discontinue, interrompue par des introns. Elle est généralement *monocistronique*.

▸▸ Éléments régulateurs en *cis* de l'unité transcriptionnelle

Les séquences régulatrices adjacentes de l'unité transcriptionnelle (situées en *cis*) comprennent le *promoteur* localisé en position 5' de l'unité transcriptionnelle, le terminateur situé en 3' du gène et des séquences activatrices (*enhancer*) ou inhibitrices (*silencer*) plus distantes, situées du côté 5' en général.

Elles permettent la fixation de divers facteurs protéiques agissant en *trans* sur la régulation de la transcription. En effet, ces facteurs protéiques sont codés par des séquences distantes du gène régulé. Les facteurs régulateurs possèdent généralement un domaine protéique permettant la liaison à une séquence d'ADN en *cis* du gène régulé et un domaine responsable de la régulation transcriptionnelle (activation ou répression), interagissant directement ou non avec la machinerie de transcription.

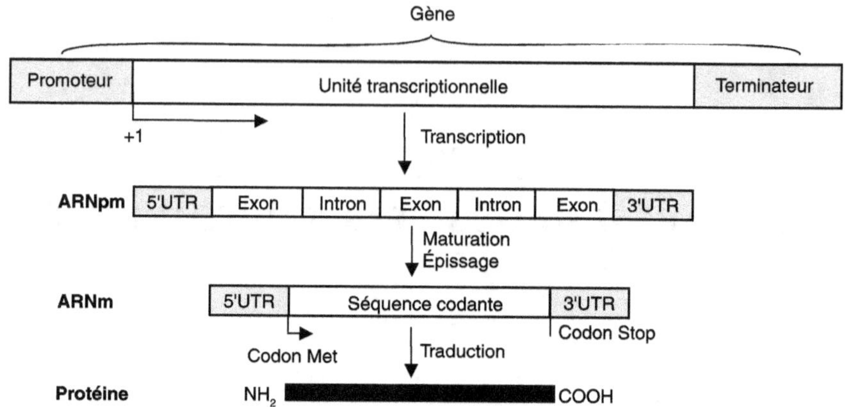

Figure A.7. Relation message nucléique – message peptidique.
Le gène comprend des éléments régulateurs (promoteur et terminateur). La transcription du brin sens à partir du nucléotide + 1 de transcription produit un ARN pré-messager (ARNpm). L'ARN messager (ARNm) mature est produit par épissage des introns. Il porte la séquence codante (CDS) et des séquences non traduites (séquences 5'UTR et 3'UTR). L'enchaînement de codons, délimité par un codon AUG (Met) et un codon « stop », définit la séquence codante.

▸▸ Relation séquence nucléique – séquence peptidique

Le code génétique permet la correspondance entre la séquence nucléotidique et la séquence protéique avec son enchaînement d'acides aminés. Une combinaison de 3 nucléotides forme un triplet de nucléotides ou *codon* auquel correspond un acide aminé particulier. Il y a ainsi $4^3 = 64$ codons possibles à partir des 4 bases A, C, G et T. Certains acides aminés sont codés par plusieurs triplets (par exemple, les 4 triplets GGA, GGC, GGT et GGG correspondent à la glycine) ; on parle de codons synonymes. On dit que le code comporte une certaine dégénérescence. Sur les 64 codons, 61 ont une correspondance avec l'un des 20 acides aminés et 3 codons « stop » signifient la fin de la traduction en protéine.

Le message porté par l'ARNm commence par un codon d'initiation (AUG) qui code la méthionine (Met) et se termine par un des 3 codons Stop (UAA, UAG, UGA). L'enchaînement des codons compris entre le codon AUG et le codon Stop définit la séquence codante, CDS (*Coding DNA Sequence*) ou ORF[1] (*Open Reading Frame*).

Le caractère morcelé des gènes eucaryotes en exons et introns, observé initialement chez les virus animaux puis chez les gènes animaux, a été mis en évidence plus tardivement (1980) chez les végétaux. Les signaux marquant les bornes des introns, GU en 5' et AG en 3', sont communs aux gènes eucaryotes animaux et végétaux. La transcription du brin sens de l'unité transcriptionnelle conduit à la production d'un

---

1. L'ORF est aussi définie actuellement (pour l'annotation des génomes) comme la séquence séparant deux codons Stop. Cela élimine les difficultés liées à la confusion possible entre codon d'initiation et codon méthionine.

194

ARN pré-messager (ARNpm). L'ARN messager mature est produit par excision/épissage des introns et religation des exons. Il porte la séquence codante de la protéine et des séquences non traduites ou séquences 5'UTR et 3'UTR (*UnTranslated Region*) (Encadré A.1). La stabilité des ARNm est variable (Encadré A.2).

Encadré A.1. De l'ARN pré-messager à l'ARN mature

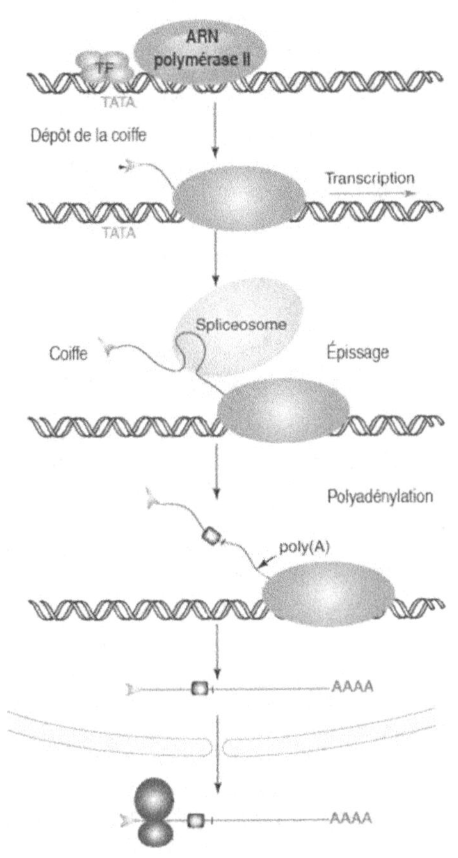

L'unité transcriptionnelle donne un ARN pré-messager. L'ARN messager mature est produit par excision/épissage des introns et religation des exons. Il porte la séquence codante de la protéine et des séquences non traduites ou séquences 5'UTR et 3'UTR.

L'ARN produit lors de la transcription d'un gène eucaryote ou transcrit primaire est un long ARN nucléaire. L'initiation de la transcription est une étape soumise à de nombreux contrôles (structure de la chromatine, disponibilité en facteurs de transcription spécifiques, présence de répresseurs, etc.).

Le complexe d'élongation de la transcription comportant l'ARN polymérase II permet la séparation des deux brins d'ADN (bulle de transcription), la formation d'un duplex hybride avec l'ARN en cours d'élongation, l'incorporation des nucléosides triphosphates (NTP) de façon matrice-dépendante, la translocation du complexe de proche en proche. Derrière son passage, le duplex ADN se reforme, libérant l'ARN. L'élongation de la transcription est aussi une étape sensible à divers facteurs ou signaux qui peuvent bloquer l'élongation, entraînant soit une pause transitoire, soit un arrêt du complexe avec son décrochage de la matrice ADN et une terminaison précoce de la transcription. La terminaison permet la libération de l'ARN qui sera conduit vers le cytoplasme pour être traduit.

L'ARN pré-messager subit plusieurs étapes de transformation pour donner un ARN mature et traduisible en une protéine, l'ARN messager (ARNm). L'ARNm comporte : (i) une coiffe en 5', (ii) une queue poly(A) en 3', (iii) une séquence codante délimitée par un codon d'initiation de la traduction (ATG) et un codon « stop » et (iv) des séquences non traduites en 5' et 3'. On distingue quatre étapes de maturation, concomitantes de l'élongation de la transcription.

La première étape est une maturation en 5'. Elle correspond à l'addition d'une « coiffe », une molécule de 7-méthylguanosine, à l'extrémité 5' par l'intermédiaire d'un pont triphosphate.

...

Cette coiffe protège l'extrémité 5' contre l'action des exoribonucléases et intervient dans la reconnaissance de l'extrémité 5' de l'ARNm par le ribosome lors de la formation du complexe d'initiation de la traduction.

La seconde étape consiste en un épissage, mécanisme très bien conservé chez les végétaux et les animaux. L'épissage consiste en l'excision coordonnée des introns, sans perte d'information ni altération du cadre de lecture, et la religation des exons. Cela implique un repérage précis des transitions exon/intron grâce à la présence de signaux d'épissage aux bornes des introns (les dinucléotides GU côté 5' et AG côté 3' de l'intron) et nécessite l'intervention d'un système enzymatique ribonucléoprotéique complexe, le spliceosome, permettant la précision de cette étape. La machinerie enzymatique qui clive et ligature est un assemblage de plusieurs protéines et ARN courts ou snRNA (*small nuclear RNA*) servant de guides pour le clivage ciblé du transcrit primaire. Dans les deux règnes, l'épissage d'un intron passe par la formation d'un intermédiaire en « lasso » ou lariat ; de légères différences portent sur les séquences consensus des jonctions exon/intron. Selon que l'épissage des introns est plus ou moins complet, un ARN pré-messager peut donner lieu à différents ARNm. Cet épissage dit « alternatif » est un niveau de régulation très important car il peut, à partir d'un gène donné, générer plusieurs protéines aux propriétés pouvant différer.

La troisième étape est une maturation en 3' du transcrit. Chez les procaryotes, la terminaison de la transcription résulte du dépassement d'une structure en épingle à cheveux sur l'ARN. La terminaison des gènes eucaryotes, et végétaux en particulier, est moins strictement déterminée. Le terminateur comporte généralement une séquence ou signal de polyadénylation (séquence AAUAAA), très conservé chez les mammifères mais peu chez les plantes. Plusieurs sites potentiels de polyadénylation peuvent coexister en 3' d'un gène. La maturation en 3' de l'ARN consiste en un clivage endonucléolytique, permettant ensuite l'addition en 3' de l'ARN d'une série d'adénosine phosphate formant une terminaison poly(A) grâce à l'action d'une poly(A) polymérase. Cette maturation a une grande importance pour la stabilité du messager, pour son exportation hors du noyau et pour l'efficacité de la traduction.

La dernière étape consiste en l'exportation de l'ARN mature du noyau vers le cytosol où se réalise la traduction. Un système complexe de translocation de l'ARNm associé à des ribonucléoprotéines contrôle les échanges entre les deux compartiments *via* les pores nucléaires (Figure extraite de Sharp [2005] et simplifiée).

La traduction met en jeu une machinerie moléculaire complexe qui assure le déchiffrage du message codé dans l'ARNm et la polymérisation ordonnée des acides aminés constitutifs de la protéine. Elle met en jeu des ribosomes, des ARN de transfert spécifiques (nombre > 20), de nombreux facteurs et enzymes dont les aminoacyl-ARNt synthétases. Ces dernières possèdent une double spécificité de reconnaissance, l'une pour un ARNt spécifique d'un codon et l'autre pour l'acide aminé correspondant. Ces enzymes réalisent le lien entre les deux types de macromolécules, les acides nucléiques (code à 4 lettres) et les 20 acides aminés.

Chez tous les eucaryotes, la structure des gènes ainsi que les mécanismes de transcription, de maturation et de traduction sont globalement conservés. Quelques spécificités mineures distinguent les plantes des autres eucaryotes.

Les protéines, une fois produites, peuvent subir différentes maturations selon leurs destinations cellulaires (clivage de peptide signal, par exemple) et/ou des modifica-

Encadré A.2. Voies de dégradation de l'ARNm

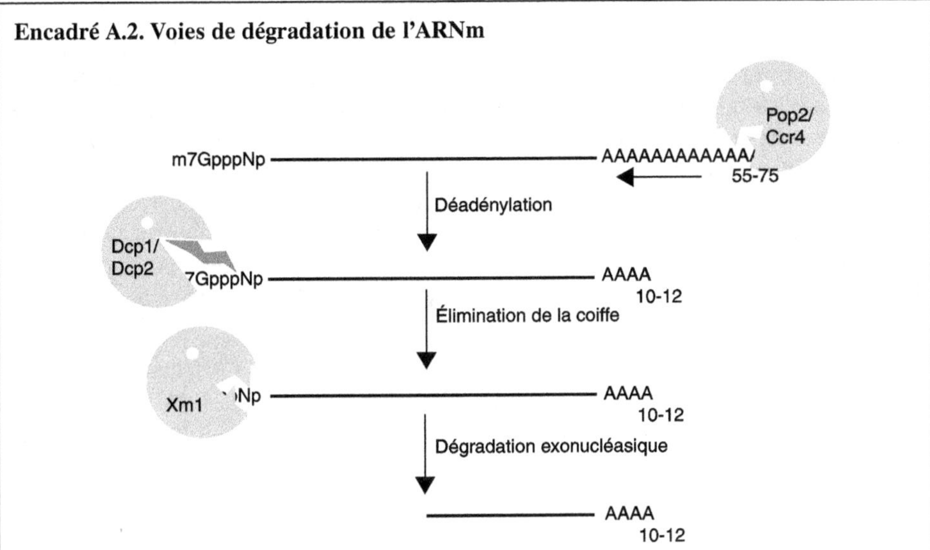

L'abondance d'un ARNm est dépendante de son taux de synthèse, mais également de son taux de dégradation. La stabilité d'un ARNm est très variable de quelques minutes à plusieurs heures.

Une première étape de dégradation est due à la déadénylation de l'ARNm. La queue de polyA est dégradée par une ribonucléase qui agit de l'extrémité 3' vers l'extrémité 5' (déadénylase, Pop2/Ccr4). Cette dégradation est suivie de la perte de la coiffe en 5' (*via* les enzymes de « *décapping* », Dcp1/Dcp2). Enfin l'ARN est dégradé par une exonucléase (Xm1) qui agit de l'extrémité 5' vers l'extrémité 3'.

Par ailleurs, une terminaison de transcription avant la maturation ou le clivage de l'ARNm par une endonucléase (suite par exemple à l'intervention de petits ARN) peut entraîner la dégradation de l'ARNm, bien que la queue de polyA n'ait pas été hydrolysée.

Les ARNm ayant une demi-vie courte possèdent dans leur région 3' non traduite un domaine ARE (riche en séquences AU). Les domaines ARE recruteraient des protéines qui affecteraient spécifiquement la stabilité des ARNm qui les possèdent.

tions post-traductionnelles. C'est le cas notamment des histones pour lesquelles les modifications post-traductionnelles sont très importantes pour la régulation génique (cf. Chapitre 4).

▸▸ Régulations post-traductionnelles[2]

Les protéines, synthétisées sous forme d'un enchaînement linéaire d'acides aminés, acquièrent ensuite une structure tridimensionnelle spécifique nécessitant des repliements spécifiques. Ces modifications conformationnelles se réalisent spontanément et/ou par interaction avec des protéines dites « chaperones ».

---

2. Pour des détails complémentaires, se référer à Battey *et al.* (1993) et à Huber et Hardin (2004).

Les protéines après synthèse peuvent contenir des séquences qui conditionneront leur localisation dans les différents organites de la cellule. Lorsque les protéines ont atteint l'organite dans lequel elles doivent être stockées, la séquence d'adressage est clivée. Pour les protéines membranaires ou les protéines sécrétées, la protéine en cours de synthèse rentre dans le réticulum endoplasmique de manière cotraductionnelle. En effet, les ribosomes en train de synthétiser la protéine s'associent au niveau du réticulum endoplasmique rugueux. C'est également dans ce compartiment que se réalise la formation de ponts disulfure qui contribuent à la structure secondaire de la protéine. Les protéines peuvent être modifiées par l'addition de différentes « décorations » comme la glycosylation, la phosphorylation, etc.

La N-glycosylation des protéines débute dans le réticulum endoplasmique et se termine dans l'appareil de Golgi, tandis que l'O-glycosylation s'effectue dans l'appareil de Golgi. Dans tous les cas, la glycosylation consiste en l'addition au polypeptide d'un oligosaccharide (appelé glycanne) qui se fixe sur un acide aminé, généralement l'asparagine. D'autres acides aminés (sérine, thréonine, hydroxylysine) peuvent aussi être modifiés. La protéine devient alors une glycoprotéine.

D'autres modifications chimiques interviennent également après la synthèse protéique. L'acétylation concerne 80 % des protéines et correspond au transfert d'un groupe acétyle au groupe aminé N-terminal. Cette modification semble être un facteur déterminant pour la durée de vie des protéines. L'acylation par un acide gras permet la liaison de la protéine à la bicouche lipidique membranaire. La phosphorylation correspond à l'estérification par un groupe phosphate des acides aminés à fonction hydroxyle (sérine, thréonine, tyrosine). Cette réaction est catalysée par des protéines kinases utilisant l'ATP comme donneur de groupement phosphate : la déphosphorylation par hydrolyse est catalysée par des phosphatases. La phosphorylation intervient dans la régulation du cycle cellulaire et dans de nombreuses étapes de signalisation, notamment en réponse à des modifications de l'environnement. Enfin, il faut mentionner la méthylation, c'est-à-dire l'addition d'un groupe méthyle sur les résidus lysine ou arginine (cf. Chapitre 4).

Les protéines peuvent également subir une maturation qui modifie leur activité, par exemple un clivage par une protéase pour libérer un fragment actif. Enfin, il faut mentionner que le repliement final et l'association de plusieurs chaînes polypeptidiques peuvent dépendre de protéines qui guident ce repliement et qui sont appelées protéines chaperones.

Le taux d'accumulation d'une protéine dépend de son taux de synthèse et de son taux de dégradation. Les protéines peuvent être dégradées dans les vacuoles riches en protéases. L'autre voie de dégradation implique un peptide de 73 acides aminés, l'ubiquitine, qui se fixe de façon covalente à la protéine. La protéine ainsi modifiée est reconnue par un complexe de dégradation, le protéasome.

Références bibliographiques

A

AGI (*Arabidopsis* Genome Initiative), 2000. Analysis of the genome sequence of the flowering plant *Arabidopsis thaliana*. *Nature,* 408 (6814), 796-815.

Alberts B., Johnson A., Lewis J., Raff M., Roberts K., Walter P., 1992. *Biologie moléculaire de la cellule.* Flammarion Médecine, 3e édition (2007). 1 300 p.

Allfrey V.G., Faulkner R., Mirsky A.E., 1964. Acetylation and methylation of histones and their possible role in the regulation of RNA synthesis. *Proc Natl Acad Sci U S A,* 51, 786-794.

Allis C.D., Jenuwein T., Reinberg D., Caparros M.L., (eds), 2007. *Epigenetics.* Cold Spring Harbor, New York, Cold Spring Harbor Laboratory Press. 502 p.

Ausubel F., Brent R., Kingston R., Moore D., Seidman J., Smith J., Struhl K., 1995. *Current Protocols In Molecular Biology.* John Wiley and Sons Inc Edition. New York. 2 100 p.

Azpiroz-Leehan R., Feldmann K.A., 1997. T-DNA insertion mutagenesis in Arabidopsis: going back and forth. *Trends Genet,* 13 (4), 152-156.

B

Battey N.H., Dickinson H.G., Hetherington A.M., 1993. *Post-translational Modifications in Plants.* Society for Experimental Biology Seminar Series. Cambridge University Press. Serie Seminar series (Society for Experimental Biology, Great Britain). Editor A.M. Hetherington, 310 p.

Baulcombe D., 2002. RNA silencing. *Curr Biol,* 12 (3), R82-84.

Baurle I., Laux T., 2003. Apical meristems: the plant's fountain of youth. *Bioessays,* 25 (10), 961-970.

Bechtold N., Ellis J., Pelletier G., 1993. *In planta Agrobacterium* mediated gene transfer by infiltration of adult *Arabidopsis thaliana* plants. C. R. Acad. Sci. Paris, Life Sciences 316, 1194-1199.

Bennetzen J.L., 1996. The Mutator transposable element system of maize. *Curr Top Microbiol Immunol,* 204, 195-229.

Berger F., Gaudin V., 2003. Chromatin dynamics and *Arabidopsis* development. *Chromosome Research*, 11, 277-304.

Berger F., 2004. Plant sciences. Imprinting--a green variation. *Science,* 303 (5657), 483-485.

Bernstein E., Caudy A.A., Hammond S.M., Hannon G.J., 2001. Role for a bidentate ribonuclease in the initiation step of RNA interference. *Nature,* 409 (6818), 363-366.

Blundy K.S., Blundy M.A., Carter D., Wilson F., Park W.D., Burrell M.M., 1991. The expression of class I patatin gene fusions in transgenic potato varies with both gene and cultivar. *Plant Mol Biol,* 16 (1), 153-160.

Bock R., 2000. Sense from nonsense: how the genetic information of chloroplasts is altered by RNA editing. *Biochimie,* 82 (6-7), 549-557.

Britten R.J., Davidson E.H., 1976. Studies on nucleic acid reassociation kinetics: empirical equations describing DNA reassociation. *Proc Natl Acad Sci U S A,* 73 (2), 415-419.

Burr B., Burr F.A., 1991. Recombinant inbreds for molecular mapping in maize: theoretical and practical considerations. *Trends Genet,* 7 (2), 55-60.

Byrne P.F., McMullen M.D., Snook M.E., Musket T.A., Theuri J.M., Widstrom N.W., Wiseman B.R., Coe E.H., 1996. Quantitative trait loci and metabolic pathways: genetic control of the concentration of maysin, a corn earworm resistance factor, in maize silks. *Proc Natl Acad Sci U S A,* 93 (17), 8820-8825.

C

Chilton M.D., Drummond M.H., Merio D.J., Sciaky D., Montoya A.L., Gordon M.P., Nester E.W., 1977. Stable incorporation of plasmid DNA into higher plant cells: the molecular basis of crown gall tumorigenesis. *Cell,* 11 (2), 263-271.

Coen E.S., Carpenter R., Martin C., 1986. Transposable elements generate novel spatial patterns of gene expression in *Antirrhinum majus*. *Cell,* 47 (2), 285-296.

Cook A., Conti E., 2006. Dicer measures up. *Nat Struct Mol Biol,* 13 (3), 190-192.

Cubas P., Vincent C., Coen E., 1999. An epigenetic mutation responsible for natural variation in floral symmetry. *Nature,* 401 (6749), 157-161.

D

Dessaux Y., Petit A., Tempé J., 1992. Opines in *Agrobacterium* Biology. *In Molecular signals in plant-microbe communications*, D. P. S. Verma, ed (London: CRC Press), 109-136.

Dessaux Y., Petit A., Tempé J., 1993. Chemistry and biochemistry of opines, chemical mediators of parasitism. *Phytochemistry,* 34 (1), 31-38.

De Vienne D., 1997. *Les marqueurs moléculaires en génétique et biotechnologies végétales*. Paris, INRA Éditions. 2e édition revue et augmentée (1 janvier 1998). 200 p.

Dewey R.E., Siedow J.N., Timothy D.H., Levings C.S., 3rd, 1988. A 13-kilodalton maize mitochondrial protein in *E. coli* confers sensitivity to *Bipolaris maydis* toxin. *Science,* 239 (4837), 293-295.

Dinesh-Kumar S.P., Whitham S., Choi D., Hehl R., Corr C., Baker B., 1995. Transposon tagging of tobacco mosaic virus resistance gene N: its possible role in the TMV-N-mediated signal transduction pathway. *Proc Natl Acad Sci U S A,* 92 (10), 4175-4180.

Doebley J.F., Gaut B.S., Smith B.D., 2006. The molecular genetics of crop domestication. *Cell,* 127 (7), 1309-1321.

E

Erikson O., Hertzberg M., Nasholm T., 2004. A conditional marker gene allowing both positive and negative selection in plants. *Nat Biotechnol,* 22 (4), 455-458.

F

Farineau J., Morot-Gaudry J.-F., 2006. *La photosynthèse. Processus physiques, moléculaires et physiologiques*. Inra éditions, 412 p.

Fauron C., Casper M., Gao Y., Moore B., 1995. The maize mitochondrial genome: dynamic, yet functional. *Trends Genet,* 11 (6), 228-235.

Fedoroff N.V., 1989. About maize transposable elements and development. *Cell,* 56 (2), 181-191.

Fincham J.R.S., 1994. Genetic Analysis: Principles, Scope and Objectives. Wiley-Blackwell, 240 p.

Fire A., Xu S., Montgomery M.K., Kostas S.A., Driver S.E., Mello C.C., 1998. Potent and specific genetic interference by double-stranded RNA in Caenorhabditis elegans. *Nature,* 391 (6669), 806-811.

Fox Keller E., 1983. *A Feeling for the Organism: The Life and Work of Barbara McClintock – L'Intuition du vivant: la vie et l'œuvre de Barbara McClintock*. San Francisco / Paris, Freeman / Deuxtemps Tierce. Editeur : Times Books; Édition (février 1984). 272 p.

Fransz P.F., Armstrong S., de Jong J.H., Parnell L.D., van Drunen C., Dean C., Zabel P., Bisseling T., Jones G.H., 2000. Integrated cytogenetic map of chromosome arm 4S of *A. thaliana*: structural organization of heterochromatic knob and centromere region. *Cell,* 100 (3), 367-376.

G

Gelvin S.B., 2000. Agrobacterium and Plant Genes Involved in T-DNA Transfer and Integration. *Annu Rev Plant Physiol Plant Mol Biol,* 51, 223-256.

Goldberg R.B., 1988. Plants: novel developmental processes. *Science,* 240 (4858), 1460-1467.

Gollop R., Even S., Colova-Tsolova V., Perl A., 2002. Expression of the grape dihydroflavonol reductase gene and analysis of its promoter region. *J Exp Bot,* 53 (373), 1397-1409.

Grandbastien M.A., Spielmann A., Caboche M., 1989. Tnt1, a mobile retroviral-like transposable element of tobacco isolated by plant cell genetics. *Nature,* 337 (6205), 376-380.

Griffiths A.J.F., Miller J.H., Suzuki D.T., Lewontin R.C., Gelbart W.M., 2006. *Introduction à l'analyse génétique*. De Boeck Édition : 4e édition (24 juillet 2006). 782 p.

H

Hamilton A., Voinnet O., Chappell L., Baulcombe D., 2002. Two classes of short interfering RNA in RNA silencing. *Embo J,* 21 (17), 4671-4679.

Hamilton A.J., Baulcombe D.C., 1999. A species of small antisense RNA in posttranscriptional gene silencing in plants. *Science,* 286 (5441), 950-952.

Hammond S.M., Bernstein E., Beach D., Hannon G.J., 2000. An RNA-directed nuclease mediates post-transcriptional gene silencing in Drosophila cells. *Nature,* 404 (6775), 293-296.

Harjes C.E., Rocheford T.R., Bai L., Brutnell T.P., Kandianis C.B., Sowinski S.G., Stapleton A.E., Vallabhaneni R., Williams M., Wurtzel E.T., Yan J., Buckler E.S., 2008. Natural genetic variation in lycopene epsilon cyclase tapped for maize biofortification. *Science,* 319 (5861), 330-3.

Herr A.J., Jensen M.B., Dalmay T., Baulcombe D.C., 2005. RNA polymerase IV directs silencing of endogenous DNA. *Science,* 308 (5718), 118-120.

Heun M., Schäfer-Pregl R., Klawan D., Castagna R., Accerbi M., Borghi B., Salamini F., 1997. Site of einkorn wheat domestication identified by DNA fingerprinting. *Science,* 278, 1312-1314.

Hirochika H., Sugimoto K., Otsuki Y., Tsugawa H., Kanda M., 1996. Retrotransposons of rice involved in mutations induced by tissue culture. *Proc Natl Acad Sci U S A,* 93 (15), 7783-7788.

Huber S.C., Hardin S.C., 2004. Numerous posttranslational modifications provide opportunities for the intricate regulation of metabolic enzymes at multiple levels. *Curr Opin Plant Biol,* 7 (3), 318-322.

J

Jauzein P., 1995. *Flore des champs cultivés,* Éditions Inra, Paris, 898 p.

Jenuwein T., Allis C.D., 2001. Translating the histone code. *Science,* 293 (5532), 1074-1080.

Jones D.A., Thomas C.M., Hammond-Kosack K.E., Balint-Kurti P.J., Jones J.D., 1994. Isolation of the tomato Cf-9 gene for resistance to *Cladosporium fulvum* by transposon tagging. *Science,* 266 (5186), 789-793.

K

Kakutani T., Jeddeloh J.A., Flowers S.K., Munakata K., Richards E.J., 1996. Developmental abnormalities and epimutations associated with DNA hypomethylation mutations. *Proc Natl Acad Sci U S A,* 93 (22), 12406-12411.

Kapitonov V.V., Jurka J., 2001. Rolling-circle transposons in eukaryotes. *Proc Natl Acad Sci U S A,* 98 (15), 8714-8719.

Koes R., Verweij W., Quattrocchio F., 2005. Flavonoids: a colorful model for the regulation and evolution of biochemical pathways. *Trends Plant Sci,* 10 (5), 236-242.

L

Lanfermeijer F.C., Dijkhuis J., Sturre M.J., de Haan P., Hille J., 2003. Cloning and characterization of the durable tomato mosaic virus resistance gene Tm-2(2) from Lycopersicon esculentum. *Plant Mol Biol,* 52 (5), 1037-1049.

Lee R.C., Feinbaum R.L., Ambros V., 1993. The C. elegans heterochronic gene lin-4 encodes small RNAs with antisense complementarity to lin-14. *Cell,* 75 (5), 843-854.

Lewin B., 2007. *Genes IX.* Jones & Bartlett Publrs., U S. Editeur, Édition : 9Rev Ed (6 mars 2007). 912 p.

Llave C., Xie Z., Kasschau K.D., Carrington J.C., 2002. Cleavage of Scarecrow-like mRNA targets directed by a class of Arabidopsis miRNA. *Science,* 297 (5589), 2053-2056.

Lloyd A.M., Walbot V., Davis R.W., 1992. Arabidopsis and Nicotiana anthocyanin production activated by maize regulators R and C1. *Science,* 258 (5089), 1773-1775.

M

Mallory A.C., Reinhart B.J., Jones-Rhoades M.W., Tang G., Zamore P.D., Barton M.K., Bartel D.P., 2004. MicroRNA control of PHABULOSA in leaf development: importance of pairing to the microRNA 5' region. *Embo J,* 23 (16), 3356-3364.

Manning K., Tor M., Poole M., Hong Y., Thompson A.J., King G.J., Giovannoni J.J., Seymour G.B., 2006. A naturally occurring epigenetic mutation in a gene encoding an SBP-box transcription factor inhibits tomato fruit ripening. *Nat Genet,* 38 (8), 948-952.

Matzke M.A., Primig M., Trnovsky J., Matzke A.J., 1989. Reversible methylation and inactivation of marker genes in sequentially transformed tobacco plants. *Embo J,* 8 (3), 643-649.

Mello C.C., Conte D., Jr., 2004. Revealing the world of RNA interference. *Nature,* 431 (7006), 338-342.

Meyerowitz E.M., 1997. Genetic control of cell division patterns in developing plants. *Cell,* 88 (3), 299-308.

Michelmore R.W., Paran I., Kesseli R.V., 1991. Identification of markers linked to disease-resistance genes by bulked segregant analysis: a rapid method to detect markers in specific genomic regions by using segregating populations. *Proc Natl Acad Sci U S A,* 88 (21), 9828-9832.

Miyao A., Tanaka K., Murata K., Sawaki H., Takeda S., Abe K., Shinozuka Y., Onosato K., Hirochika H., 2003. Target site specificity of the Tos17 retrotransposon shows a preference for insertion within genes and against insertion in retrotransposon-rich regions of the genome. *Plant Cell,* 15 (8), 1771-1780.

Moore G., Devos K.M., Wang Z., Gale M.D., 1995. Cereal genome evolution. Grasses, line up and form a circle. *Curr Biol,* 5 (7), 737-739.

Morot-Gaudry J.F., Briat J.F., (eds) 2004. *La génomique en biologie végétale.* Paris, Inra Éditions. 582 p.

Mustilli A.C., Fenzi F., Ciliento R., Alfano F., Bowler C., 1999. Phenotype of the tomato high pigment-2 mutant is caused by a mutation in the tomato homolog of DEETIOLATED1. *Plant Cell,* 11 (2), 145-157.

N

Napoli C., Lemieux C., Jorgensen R., 1990. Introduction of a Chimeric Chalcone Synthase Gene into Petunia Results in Reversible Co-Suppression of Homologous Genes in trans. *Plant Cell,* 2 (4), 279-289.

O

Onodera Y., Haag J.R., Ream T., Nunes P.C., Pontes O., Pikaard C.S., 2005. Plant nuclear RNA polymerase IV mediates siRNA and DNA methylation-dependent heterochromatin formation. *Cell,* 120 (5), 613-622.

P

Paterson A.H., Lander E.S., Hewitt J.D., Peterson S., Lincoln S.E., Tanksley S.D., 1988. Resolution of quantitative traits into Mendelian factors by using a complete linkage map of restriction fragment length polymorphisms. *Nature,* 335 (6192), 721-726.

Pecinka A., Schubert V., Meister A., Kreth G., Klatte M., Lysak M.A., Fuchs J., Schubert I., 2004. Chromosome territory arrangement and homologous pairing in nuclei of Arabidopsis thaliana are predominantly random except for NOR-bearing chromosomes. *Chromosoma,* 113 (5), 258-269.

Pelissier T., Bousquet-Antonelli C., Lavie L., Deragon J.M., 2004. Synthesis and processing of tRNA-related SINE transcripts in *Arabidopsis thaliana. Nucleic Acids Res,* 32 (13), 3957-3966.

Pouteau S., Grandbastien M.A., Boccara M., 1994. Microbial elicitors of plant defence responses activate transcription of a retrotransposon. *The Plant Journal,* 5, 535-542.

Prat D., Faivre Rampant P., Prado E., 2006. *Analyse du génome et gestion des ressources génétiques forestières.* Paris, INRA Éditions. 456 p.

R

Rangwala S.H., Elumalai R., Vanier C., Ozkan H., Galbraith D.W., Richards E.J., 2006. Meiotically stable natural epialleles of Sadhu, a novel *Arabidopsis* retroposon. *PLoS Genet,* 2 (3), 36.

Ratcliff F., Harrison B.D., Baulcombe D.C., 1997. A Similarity Between Viral Defense and Gene Silencing in Plants. *Science,* 276, 1558-1560.

Raynals-Roques A., 1994. *La botanique redécouverte.* Paris, Éditions INRA-Belin. 512 p.

S

Saiki R.K., Scharf S., Faloona F., Mullis K.B., Horn G.T., Erlich H.A., Arnheim N., 1985. Enzymatic amplification of beta-globin genomic sequences and restriction site analysis for diagnosis of sickle cell anemia. *Science,* 230 (4732), 1350-1354.

Sambrook J., Russell D., 2001. *Molecular Cloning: A Laboratory Manual.* Cold Spring Harbor Laboratory Press. 600 p.

Searle I.R., Men A.E., Laniya T.S., Buzas D.M., Iturbe-Ormaetxe I., Carroll B.J., Gresshoff P.M., 2003. Long-distance signaling in nodulation directed by a CLAVATA1-like receptor kinase. *Science,* 299 (5603), 109-112.

Sharp P.A., 2005. The discovery of split genes and RNA splicing. *Trends Biochem. Sciences,* 30 (6), 279-281.

Shinozaki K., Ohme M., Tanaka M., Waka-sugi T., Hayashida N., Matsubayashi T., Zaita N., Chunwongse J., Obokata J., Yama-guchi-Shinozaki K., Ohto C., Torazawa K., Meng B.Y., Sugita M., Deno H., Kamo-gashira T., Yamada K., Kusuda J., Takaiwa F., Kato A., Tohdoh N., Shimada H., Sugiura M., 1986. The complete nucleotide sequence of the tobacco chloroplast genome: its gene organization and expression. *Embo J,* 5 (9), 2043-2049.

Shirley B.W., Hanley S., Goodman H.M., 1992. Effects of ionizing radiation on a plant genome: analysis of two Arabidopsis transparent testa mutations. *Plant Cell,* 4 (3), 333-347.

Stack S.M., Comings D.E., 1979. The chromosomes and DNA of *Allium cepa. Chromosoma,* 70 161-181.

Sundaresan V., Springer P., Volpe T., Haward S., Jones J.D., Dean C., Ma H., Martienssen R., 1995. Patterns of gene action in plant development revealed by enhancer trap and gene trap transposable elements. *Genes Dev,* 9 (14), 1797-1810.

bell M., Carlson J., Chalot M., Chapman J., Chen G.L., Cooper D., Coutinho P.M., Couturier J., Covert S., Cronk Q., Cunningham R., Davis J., Degroeve S., Dejardin A., Depamphilis C., Detter J., Dirks B., Dubchak I., Duplessis S., Ehlting J., Ellis B., Gendler K., Goodstein D., Gribskov M., Grimwood J., Groover A., Gunter L., Hamberger B., Heinze B., Helariutta Y., Henrissat B., Holligan D., Holt R., Huang W., Islam-Faridi N., Jones S., Jones-Rhoades M., Jorgensen R., Joshi C., Kangasjarvi J., Karlsson J., Kelleher C., Kirkpatrick R., Kirst M., Kohler A., Kalluri U., Larimer F., Leebens-Mack J., Leple J.C., Locascio P., Lou Y., Lucas S., Martin F., Montanini B., Napoli C., Nelson D.R., Nelson C., Nieminen K., Nilsson O., Pereda V., Peter G., Philippe R., Pilate G., Poliakov A., Razumovskaya J., Richardson P., Rinaldi C., Ritland K., Rouze P., Ryaboy D., Schmutz J., Schrader J., Segerman B., Shin H., Siddiqui A., Sterky F., Terry A., Tsai C.J., Uberbacher E., Unneberg P., Vahala J., Wall K., Wessler S., Yang G., Yin T., Douglas C., Marra M., Sandberg G., Van de Peer Y., Rokhsar D., **2006.** The genome of black cottonwood, Populus trichocarpa (Torr. & Gray). *Science,* 313 (5793), 1596-1604.

Tzfira T., Li J., Lacroix B., Citovsky V., 2004. Agrobacterium T-DNA integration: molecules and models. *Trends Genet,* 20 (8), 375-383.

T

Tanksley S.D., Ganal M.W., Prince J.P., de Vicente M.C., Bonierbale M.W., Broun P., Fulton T.M., Giovannoni J.J., Grandillo S., Martin G.B., et al., 1992. High density molecular linkage maps of the tomato and potato genomes. *Genetics,* 132 (4), 1141-1160.

Till B.J., Reynolds S.H., Weil C., Springer N., Burtner C., Young K., Bowers E., Codomo C.A., Enns L.C., Odden A.R., Greene E.A., Comai L., Henikoff S., 2004. Discovery of induced point mutations in maize genes by TILLING. *BMC Plant Biol,* 4, 12.

**Tuskan G.A., Difazio S., Jansson S., Bohlmann J., Grigoriev I., Hellsten U., Putnam N., Ralph S., Rombauts S., Salamov A., Schein J., Sterck L., Aerts A., Bhalerao R.R., Bhalerao R.P., Blaudez D., Boerjan W., Brun A., Brunner A., Busov V., Camp-

V

van der Krol A.R., Mur L.A., Beld M., Mol J.N., Stuitje A.R., 1990. Flavonoid genes in petunia: addition of a limited number of gene copies may lead to a suppression of gene expression. *Plant Cell,* 2 (4), 291-299.

Van Larebeke N., Engler G., Holsters M., Van den Elsacker S., Zaenen I., Schilperoort R.A., Schell J., 1974. Large plasmid in *Agrobacterium tumefaciens* essential for crown gall-inducing ability. *Nature,* 252 (5479), 169-170.

Vazquez F., Vaucheret H., Rajagopalan R., Lepers C., Gasciolli V., Mallory A.C., Hilbert J.L., Bartel D.P., Crete P., 2004. Endogenous trans-acting siRNAs regulate the accumulation of *Arabidopsis* mRNAs. *Mol Cell,* 16 (1), 69-79.

W

West M., Harada J.J., 1993. Embryogenesis in Higher Plants: An Overview. *Plant Cell,* 5 (10), 1361-1369.

Y

Yoshikawa M., Peragine A., Park M.Y., Poethig R.S., 2005. A pathway for the biogenesis of trans-acting siRNAs in *Arabidopsis. Genes Dev,* 19 (18), 2164-2175.

Yoshioka Y., Matsumoto S., Kojima S., Ohshima K., Okada N., Machida Y., 1993. Molecular characterization of a short interspersed repetitive element from tobacco that exhibits sequence homology to specific tRNAs. *Proc Natl Acad Sci U S A,* 90 (14), 6562-6566.

Z

Zhang H., Kolb F.A., Jaskiewicz L., Westhof E., Filipowicz W., 2004. Single processing center models for human Dicer and bacterial RNase III. *Cell,* 118 (1), 57-68.

Zupan J., Muth T.R., Draper O., Zambryski P., 2000. The transfer of DNA from agrobacterium tumefaciens into plants: a feast of fundamental insights. *Plant J,* 23 (1), 11-28.

Liste des abréviations

ADN	Acide désoxyribonucléique
ADNc	ADN complémentaire
ADNcp	ADN chloroplastique
ADN-T	ADN transféré
AFLP	*Amplified Fragment Length Polymorphism*
AIA	Acide indole acétique
ARE	*Auxin Response Element*
ARF	*Auxin Responsive Factor*
ARN	Acide ribonucléique
ARNdb	ARN double brin
ARNi	Interférence par l'ARN
ARNm	ARN messager
ARNr	ARN ribosomique
ARNt	ARN de transfert
ATP	Adénosine triphosphate
BAC	*Bacterial Artificial Chromosome*
BC	*Back-Cross*
bHLH	*basic Helix-Loop-Helix*
BIBAC	*Binary Bacterial Artificial Chromosome*
bZIP	*basic leucine Zipper*
BSA	*Bulk Segregant Analysis*
CaMV	*Cauliflower Mosaïc Virus*
CAPS	*Cleaved Amplified Polymorphic Sequence*
CAT	Chloramphénicol acétyltransférase
CHI	Chalcone isomérase
CHS	Chalcone synthétase
cM	centiMorgan
DAPI	4,6-diamidino-2-phenylindole
DFR	Dihydroxyflavonol réductase
EMS	Éthyl méthane sulfonate
EST	*Expressed Sequenced Tag*
FISH	*Fluorescence In Situ Hybridization*

FT	Facteur de transcription
GFP	*Green Fluorescent Protein*
GST	*Gene-Specific Tag*
GUS	Glucuronidase
HAT	Histone acétyltransférase
HDAC	Histone déacétylase
HMT	Histone méthyltransférase
HPT	Hygromycine phosphotransférase
IAA	Indole acide acétique
IGS	*Intergenic Sequence*
IR	*Inverted Repeat*
ITS	*Intergenic Transcribed Sequence*
LINE	*Long Interspersed Element*
LTR	*Long Terminal Repeat*
MITE	*Miniature Inverted-repeat Transposable Element*
NADPH	Nicotinamide adénine dinucléotide phosphate
NOR	*Nucleolar Organisation Region*
OGM	Organisme génétiquement modifié
ORF	*Open Reading Frame*
PAL	Phénylalanine ammonium lyase
pNos	promoteur de la nopaline synthase
PTGS	*Post-Transcriptional Gene Silencing*
QTL	*Quantitative Trait Loci*
RAPD	*Random Amplified Polymorphic DNA*
RdRP	*RNA-dependent RNA Polymerase*
RFLP	*Restriction Fragment Length Polymorphism*
RISC	*RNA-Induced Silencing Complex*
SAM	Sélection assistée par marqueurs
siRNA	*small interfering RNA*
SINE	*Short Interspersed Nucleotide*
SNP	*Simple Mutation Polymorphism*
SSR	*Simple Sequence Repeat*
STS	*Sequence Tagged Site*
Su(var)	*Suppressor of variegation*
stRNA	*small temporal RNA*
SUMO	*Small Ubiquitin-related Modifier*
TFII	*Transcription Factor of RNA polymerase II*
TGS	*Transcriptional Gene Silencing*
TIR	*Terminal Inverted Repeat*
tmr	*tumor morphology rooty*
VIGS	*Virus-induced Gene Silencing*

Index